"十三五"职业教育课程改革项目成果
工程造价专业系列规划教材

建筑材料

张　涛　主编

张广田　齐　凤　陶　辉　副主编
李东兴　韩　杰

付士峰　赵占山　主审

科学出版社

北　京

内 容 简 介

本书编写的主导思想是针对高职高专学生，以理论够用为度，以实验指导为配套，内容简明扼要，突出常用建筑材料的性能特点及其在工程中的应用，突出材料试验步骤与试验报告的适用性。

本书分为材料理论知识和材料试验指导两部分，其中第 1 部分共 8 章，包括课程导入、建筑材料的基本性质、无机胶凝材料、混凝土与砂浆、砌筑材料与装饰材料、沥青及合成高分子材料、建筑钢材、灌浆材料与其他功能材料等。第 2 部分为试验部分，共 7 章，介绍了水泥性质试验、砂、石骨料试验、普通水泥混凝土试验、砂浆性质试验、石油沥青试验、钢材力学性能试验，并列举了一些常见实验报告样式。

本书可作为高职高专建筑工程专业教材，也可作为土木、建筑类专业相关材料，还可作为函授、电大、夜大等土建类专业的教材。此外，本书还可作为建筑、建材等部门相关科研、设计、施工管理、生产人员参考用书。

图书在版编目（CIP）数据

建筑材料/张涛主编. —北京：科学出版社，2015
（"十三五"职业教育课程改革项目成果 • 工程造价专业系列规划教材）
ISBN 978-7-03-045495-9

I. ①建…　Ⅱ. ①张…　Ⅲ. ①建筑材料—高等职业教育—教材
Ⅳ. ①TU5

中国版本图书馆 CIP 数据核字（2015）第 201706 号

责任编辑：万瑞达 / 责任校对：王万红
责任印制：吕春珉 / 封面设计：曹　来

科 学 出 版 社 出版
北京东黄城根北街 16 号
邮政编码：100717
http://www.sciencep.com

百善印刷厂 印刷
科学出版社发行　　各地新华书店经销

*

2016 年 6 月第 一 版　　开本：787×1092　1/16
2016 年 6 月第一次印刷　　印张：17 3/4
字数：389 000

定价：38.00 元
（如有印装质量问题，我社负责调换〈百善〉）
销售部电话 010-62136230　编辑部电话 010-62135120-2005（VA03）

教材编写指导委员会

前　言

　　建筑材料是建筑工程类专业必修的一门专业基础课，该课程的任务是使学生掌握建筑材料基本知识，熟悉和掌握建筑材料的性质及应用，为学习后续的专业课程打好基础。

　　本书主要介绍了常用的建筑材料的基本成分、原材料及生产工艺、技术性质、工程应用、材料性能测试方法等基本理论及应用技术，并简单介绍了国内外建筑材料的新成果、新技术。

　　本书汲取同类教材的精华，着重把握教材的科学性、系统性和实用性。删减了一部分已经过时或者不太常用的传统材料，更新和补充了部分常用新型材料。对于每一种常见的建筑材料的论述，力求概念阐述的准确性与科学性，并着力突出其实际应用。

　　本书由材料理论知识部分和材料试验指导部分组成，其中第1部分共8章，包括课程导入、建筑材料的基本性质、无机胶凝材料、混凝土与砂浆、砌筑材料与装饰材料、沥青及合成高分子材料、建筑钢材、灌浆材料与其他功能材料等。第2部分为试验部分，共7章，介绍了水泥性质试验、砂与石骨料试验、普通水泥混凝土试验、砂浆性质试验、石油沥青试验、钢材力学性能试验，并列举了一些常见试验报告样式。

　　本书主编张涛，建筑与土木工程专业高级工程师，具有国家注册一级建造师、国家注册监理工程师执业资格，现任教于河北轨道运输职业技术学院、石家庄铁路运输学校。

　　参与编写人员有：北京科技大学土木与环境工程学院、河北建研科技有限公司张广田，河北轨道运输职业技术学院陶辉、齐凤，石家庄中天工程建设监理有限公司李东兴，河北工业大学土木工程学院、河北省建筑科学研究院付士峰，河北省建筑科学研究院赵占山，云南建工集团有限公司商品混凝土部郝国祥，河北省总工会温塘工人疗养院刘赟，石家庄铁路运输学校王伟男。

　　具体编写分工如下：课程导入由张涛、陶辉编写，第1章、第2章由张涛编写，第3章、第4章由张涛、张广田编写，第5章由齐凤、韩杰编写，第6章由张广田编写，第7章由李东兴编写；第8章、第10章由张涛、张广田编写，第9章由赵占山、刘赟、王伟男编写，第11章由韩杰、郝国祥编写，第12章由付士峰、李东兴编写，第13章由张涛、陶辉编写，第14章由付士峰编写。

　　近几年来建筑业新材料、新品种不断推陈出新，因此本书未涵盖所有建筑材料。同时由于编者水平所限，书中难免有不妥之处，敬请读者批评指正。

编　者

2015年9月

目　　录

第1部分　材料理论知识

第 2 部分　材料试验指导

课程导入 了解建筑材料

学习目标

掌握建筑材料的概念、分类、发展方向及其技术标准，以及"建筑材料"课程的学习方法。

能力目标

掌握建筑材料的应用。

"建筑材料"这门课程介绍了土木工程中常用的建筑材料，例如水泥、混凝土、建筑钢材、沥青等，重点讲述了这些材料的组成、技术性质以及合理选用方法。建筑材料是指在建筑工程中所使用的各种材料的总称，是建筑工程的物质基础。在我国建筑工程的总造价中，建筑材料的费用占 40%～60%。不同建筑材料的性能、生产和使用成本以及破坏机制各不相同，正确选择和合理使用建筑材料对工程结构的安全性、适用性、经济性和耐久性有着直接影响。随着科技的迅猛发展，结构设计和施工工艺日益进步，各种新材料不断涌现，要求建筑工程的设计和施工技术人员，必须具备材料科学方面的基本知识，熟悉常用的各类建筑材料的组成结构、技术性能、检测方法和选用规则。

学习这门课程的主要目的是正确地选用材料，这就需要掌握材料的各种性能与使用要求，具体的学习方法如下。

1. 参与式学习

不是被动地接受知识，而是在教师授课和技能训练中主动地学习。在学习过程中不宜急于讨论分析结果，而应多思考。

2. 点面结合，突出重点

本课程是以组成、结构、性能与应用为主线，对生产过程只做一般性的介绍，重点讲解性能与应用。因此，在学习中，对种类繁多的土木工程材料，不应面面俱到，平均分配力量，对各材料应注意比较其异同点，包括两种材料的对比以及一种材料与多种材料的对比。如水泥有很多种，在学好硅酸盐水泥的基础上，将其与其他水泥进行对比，从而掌握各种水泥的技术性能。

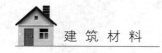

3. 理论联系实际

除学习基本理论、基本知识和基本技能外，还应注意结合工程实际来学习。一方面结合本课程所提供的工程实例进行学习，另一方面多观察身边的工程实际问题，理论联系实际地学习。

4. 强化环保意识

学习本课程应充分注意土木工程材料的环保问题，如某些涂料所逸放的有害气体、某些花岗岩饰板的放射性问题等。

此外，试验课是本课程的一个重要环节，通过试验，我们可以对建材的性能有进一步的了解，还能学习到一定的试验方法，培养科研能力和严谨的科学态度，为今后大家走向工作岗位打下良好的基础。

0.1 建筑材料的定义和分类

0.1.1 定义

广义定义：是指用于土木工程建筑中的所有材料及其制品的总称。

建筑物的所有材料：砂石、水泥、石灰、混凝土、钢材、沥青、沥青混合料、装饰材料。

施工过程中的辅助材料：脚手架、模板。

建筑器材：消防设备、给排水设备、网络通信设备。

狭义定义：是指直接构成工程实体的所有材料。

0.1.2 建筑材料的分类

1. 按化学成分分类

按化学成分分类，建筑材料可分为无机材料和有机材料。

（1）无机材料：是指由无机物单独或混合其他物质制成的材料。无机材料包括金属材料和非金属材料。

金属材料：金属材料一般是指工业应用中的纯金属或合金。常见的纯金属有铁、铜、铝、锡、镍、金、银、铅、锌等；而合金常指两种或两种以上的金属或金属与非金属结合而成，且具有金属特性的材料，常见的合金有：铁和碳所组成的钢合金；铜和锌所形成的合金为黄铜等。

黑色金属：以铁元素为主要成分的金属及其合金。如铁、低碳钢、不锈钢等；

有色金属：以其他金属元素为主要成分的金属及其合金。如铝、铜及其合金等。

非金属材料：非金属材料由非金属元素或化合物构成的材料。自 19 世纪以来，随着生产和科学技术的进步，尤其是无机化学和有机化学工业的发展，人类以天然的矿物、植物、石油等为原料，制造或合成了许多新型非金属材料，如水泥、人造石墨、特种陶瓷、合成橡胶、合成树脂（塑料）、合成纤维等。

天然石材：砂、石子以及大理石、花岗岩板材等。天然石材是最古老的建筑材料之一，世界上许多著名的古建筑，如埃及的金字塔、河北的赵州桥等都是由天然石材建造而成。还有用于宾馆、商场等公共建筑工程的地面的天然大理石也是天然石材中的一种。

烧土制品：黏土砖、瓦、玻璃、陶瓷制品等。

无机胶凝材料：石灰、石膏、水泥、混凝土及硅酸盐制品等。

无机纤维材料：碳纤维、玻璃纤维、矿物棉等。

（2）有机材料：有机材料指的是成分为有机化合物的材料，它们最基本的组成要素是都含碳元素，如棉、麻、化纤、塑料、橡胶等都属于此类。目前对有机高分子化合物研究比较多，根据不同的需要产生了众多有机高分子材料，被广泛运用于生产、生活的各个领域。

有机材料包括植物材料、沥青材料、合成高分子材料和复合材料等。

植物材料：木材、竹材、秸秆制品等。

沥青材料：石油沥青、煤沥青、沥青制品。

合成高分子材料：塑料、涂料、胶黏剂、合成橡胶等。

复合材料：由两种以上不同性质的材料经加工而合成一体的材料。如玻璃钢、钢筋混凝土、钢纤维混凝土、聚合物混凝土、沥青混凝土等。

2. 按部位和使用功能分类

建筑结构材料：构成建筑物受力构件和结构所用的材料，常用的有砖、石、钢筋混凝土。

墙体材料：起围护和隔断作用的材料，常用的有空心黏土砖、混凝土墙板、石膏板、金属板和复合墙板。

建筑功能材料：满足除了力学性能之外的要求，担负某些建筑功能的非承重用材料。例如：涂料、防水材料、吸声材料。

建筑器材：除了上述三种之外的器材，如灯具、水暖等。

一般来说，建筑物的安全度和可靠度主要取决于建筑结构材料所组成的构件和结构体系。建筑物的使用功能以及建筑的质量水平决定于建筑功能材料。此外，对某种具体材料可以兼具多种功能。

0.2 建筑材料的发展

0.2.1 建筑材料的发展历史

建筑材料是随着人类社会生产力和科技水平的提高而逐步发展起来的。

原始时代——天然材料：木材、岩石、竹、黏土等。

石器时代——金字塔：石材、石灰、石膏。

万里长城：条石、大砖、石灰砂浆。

布达拉宫：石材、石灰砂浆。

罗马圆形大剧场：石材、石灰砂浆。

18～19 世纪，建筑材料进入了一个全新的发展阶段。钢材、水泥、混凝土等相继问世，使人类的建筑活动突破了几千年来所受土、木、砖石的限制，为现代建筑奠定了基础。

进入 20 世纪，由于社会生产力突飞猛进的发展，以及材料科学和工程学的形成和发展，建筑材料性能和质量不断得到提高，品种也不断增加，以有机材料为主的合成材料异军突起，一些具有特殊功能的建筑材料，如绝热材料、吸声隔声材料、装饰材料以及最新的纳米材料等应运而生。同时，为了节约材料和资源，将不同组成与结构的材料复合形成的各种复合材料，可充分发挥各种材料的优势，如纤维混凝凝土和金属陶瓷等。

0.2.2 现代建筑材料的发展方向

依靠材料科学和化学等现代科学技术，人们已开发出许多高性能和多功能的新型建筑材料。而社会进步、环境保护和节能降耗对建筑材料提出了更多、更高的要求。

建筑材料的发展方向如下：

（1）高性能化：研制轻质、高强、高韧性、高保温性、优异装饰性能和高耐久性的材料，对提高建筑物的安全性、适用性、经济性和耐久性有着非常重要的意义。

（2）复合化、多功能化：利用复合技术生产多功能材料、特殊性能材料以及智能材料，这对提高建筑物的使用功能、提高施工效率十分重要。

（3）绿色化：在生产应用建筑材料过程中，充分利用地方可再生资源和工业废料，减少对环境的污染和对自然生态环境的破坏。

0.3 建筑材料在国民经济中的地位

建筑材料在国民经济中的地位是：物质基础、质量基础、经济基础，并能够对土木工程技术的进步起到促进作用。

1）物质基础

建筑材料是建筑工程的物质基础，没有了建筑材料也就无所谓建筑工程了，俗话说，"巧妇难为无米之炊"，如果没有建筑材料，即使再高超的建筑师也不能将设计变为建筑。

2）质量基础

材料的生产、选择、运输、保存、使用等任何一个环节出现问题，都会造成工程事故。

3）经济基础

在我国目前的建筑工程中，与建筑材料有关的费用占工程总投资的 50%～60%，材料的选择、使用、管理等费用对工程成本影响很大。

广东某跨海大桥的桥面原来使用钢纤维混凝土，使用一年后桥面出现裂缝，后来又要铲去，重新铺沥青混凝土，这就大大地增加了工程造价。因此从工程技术经济的角度讲，学好这门课非常重要。

4）材料对土木工程技术进步的促进作用

钢材、水泥的出现取代了传统的砖、石，钢筋混凝土在结构材料中占据主要地位，改进了建筑物的性能。泵送混凝土的出现大大地改进了混凝土施工。例如，环保涂料不仅起到装饰作用，使建筑物绚丽多彩，还赋予其多种环保功能。

0.4　建筑材料标准

0.4.1　技术标准

技术标准是生产和使用单位检验、证明产品质量是否合格的技术文件。

标准的表示方法为

标准=代号+编号+名称

例如：GB 175—2007《硅酸盐水泥、普通硅酸盐水泥国家标准》等。

代号：反映了该标准的等级。目前，我国常用的标准主要有国家标准、行业标准、地方标准和企业标准四类。

（1）国家标准：有强制性国家标准（代号 GB）和推荐性国家标准（代号 GB/T）。强制性国家标准是全国必须执行的技术指导文件，产品的技术指标都不得低于标准中规定的要求。推荐性国家标准是非强制性的，执行时也可采用其他相关标准的规定。

（2）行业标准：是各行业（或主管部门）为了规范本行业的产品质量而制定的技术标准，也是全国性的指导文件，但是它是由主管生产部门发布的。

例如：交通行业 JT，建材行业 JC，建筑工业 JG，铁道 TB，水利 SD，冶金行业 YJ，林业 LY，石油化工 SH，推荐性标准 "/T"。

（3）地方标准：地方主管部门发布的地方性技术指导文件（代号 DB），适于在该地区使用。

（4）企业标准：由企业制定发布的指导本企业生产的技术指导文件（QB），仅适用于本企业。

0.4.2 国际标准

（1）团体标准和公司标准：是指国际上有影响的团体和公司的标准。如美国材料与试验协会标准（ASTM）等。

（2）区域性标准：如德国工业标准（DIN）、日本工业标准（JIS）等。

（3）国际标准化组织标准，代号 ISO。

编号：表示标准的顺序号和颁布年代号（阿拉伯数字）。

0.4.3 标准的更新

标准是根据一个时期的技术水平制定的，因此它只能反映一个时期的技术水平，具有暂时的相对稳定性。随着科学技术的发展，不变的标准不但不能满足技术飞速发展的需要，而且会对技术的发展起到限制和束缚作用，所以标准需要更新。目前，全世界都确定为每 5 年左右修订一次标准。

第1部分

材料理论知识

第1章 建筑材料的基本性质

📢 **学习目标**

掌握材料的基本物理性质、力学性质、耐久性及与水有关的性质。

了解材料与热有关的性质。

📢 **能力目标**

在掌握材料力学性质的基础上，能够进行与材料结构状态有关的基本参数的计算。

1.1 材料的基本物理性质

在建筑工程中，由于工程性质、结构部位及环境条件的不同，对材料有不同的要求。例如，用作受力构件的结构材料，要承受各种外力的作用，材料必须要有一定的强度；工业建筑或基础设施常受到外界介质或环境的物理化学作用，材料必须具备抵抗这些作用的耐久性；民用建筑和住宅应外形美观、功能完善、使用方便、环境舒适，材料还必须具有防水防潮、隔声吸声、保温隔热和装饰等功能。

建筑工程对材料性能的要求是复杂和多方面的。同时，建筑材料的选择和使用还应考虑材料对人居环境和经济社会可持续发展的影响。因此，有必要掌握材料的基本性质，并了解它们与材料的组成、结构的关系，从而合理地选用建筑材料。

1.1.1 与质量有关的性质

1. 密度

（1）定义：在绝对密实状态下，单位体积材料所具有的质量。

绝对密实状态是指假设材料中没有孔存在时的状态。任何材料在一般情况下都很难达到这种状态。

例如：一块砖放入水中，拿出来后，砖湿了，表明一部分水被吸到砖的孔隙中，说明砖内部是存在孔隙的；对于钢材和玻璃，其内部的孔体积<1%，所产生的误差在允许的范围内，所以认为它们近似于绝对密实状态。

（2）表示方法及测试：

$$\rho = \frac{m}{V}$$

式中：ρ——密度，g/cm^3；

　　　m——干燥状态下材料的质量，g；

　　　V——绝对密实状态下材料的体积，cm^3。

　　利用排液法测体积时，开口孔的体积和通孔的体积都没有包括在内，但是闭口孔的体积包括在内，这时将材料磨细，细度达到一定程度时，便可以将所有的闭口孔变成开口孔，这样测得的体积就是材料的实体积，常用李氏瓶来测量材料的实体积。另外，水泥和水反应，故只能用油来测定其密度。

　　工程上还经常用到比重的概念，比重又称相对密度，用材料的质量与同体积水（4℃）的质量的比值来表示，比重是无量纲的，即无单位，一般随温度和压力的改变而变化。

　　2．表观密度

　　在工程中，许多材料中存在孔隙，所以密度的应用意义不大。例如，梁的体积×梁的密度≠梁的自重，在这种情况下，就需要用到表观密度。

　　（1）定义：在自然状态下，单位体积材料所具有的质量。

　　（2）表示方法及测试：

$$\rho_0 = \frac{m}{V_0}$$

式中：ρ_0——表观密度，g/cm^3 或 kg/m^3；

　　　m——材料的质量，g 或 kg；

　　　V_0——材料在自然状态下的体积，cm^3 或 m^3。

　　测试时，材料的质量可以是任意含水状态下的，但要注明含水状况；不加以说明时，是指气干状态下的质量。形状不规则的材料，须涂蜡后采用排水法测定其体积。

　　3．堆积密度

　　（1）定义：散粒材料在自然堆积状态下单位体积的质量。

　　（2）表示方法及测试：

$$\rho_0' = \frac{m}{V_0'}$$

式中：ρ_0'——堆积密度，g/cm^3 或 kg/m^3；

　　　m——材料的质量，g 或 kg；

　　　V_0'——材料的堆积体积，cm^3 或 m^3。

　　堆积体积是在自然松散状态下按一定的方法装入一定容积的容器，包括颗粒体积和颗粒之间空隙的体积。堆积密度与材料堆积的紧密程度有关，可分为松堆密度和紧堆密度，一般是指材料的松堆密度。堆积体积采用容积筒测定，容积筒的大小视颗粒的大小而定，一般砂子采用 1L 的容量筒，石子采用 10L、20L 或 30L 的容量筒。

4．比较

在相同质量的状态下，$\rho_0' < \rho_0 \leqslant \rho$ 对一种材料而言，ρ 是不变的，ρ_0 和 ρ_0' 是可变的。

1.1.2　密实度与孔隙率

1．密实度

（1）定义：是指材料的体积内被固体物质充实的程度。

（2）表示：

$$D = \frac{V}{V_0} \times 100\% = \frac{\rho_0}{\rho} \times 100\%$$

式中：D——材料的密实度，%。

2．孔隙率

（1）定义：是指材料的体积内，孔隙体积所占其自然状态下总体积的百分率。

（2）表示：

$$P = \frac{V_0 - V}{V_0} \times 100\% = \left(1 - \frac{\rho_0}{\rho}\right) \times 100\%$$

式中：P——材料的孔隙率，%。

（3）对材料性能的影响：孔隙率的大小直接反映了材料的致密程度。材料内部孔隙（见图 1.1）的构造，可分为连通与封闭两种。连通孔隙不仅彼此连通，而且与外界连通；而封闭孔隙不仅彼此封闭，且与外界相隔绝。孔隙可按其孔径尺寸的大小分为极微细孔隙、细小孔隙和粗大孔隙。在孔隙率一定的前提下，孔隙结构和孔径尺寸及其分布对材料的性能影响较大。

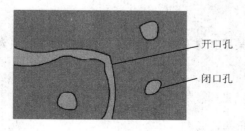

开口孔

闭口孔

图 1.1　材料内部孔隙示意

 工程实例分析

1．保温层的选择

某工程顶层欲加保温层，图 1.2（a）、（b）所示为两种材料的剖面，请确定所选材料。

（a）　　　　　　　　　　　　　　　（b）

图 1.2　材料剖面

解答：保温层的目的是外界温度变化对住户的影响，材料保温性能的主要描述指标为导热系数和热容量，其中导热系数越小越好。观察这两种材料的剖面，可见图 1.2（a）材料为多孔结构，（b）材料为密实结构，多孔材料的导热系数较小，适于做保温层材料。

2. 加气混凝土砌块吸水分析

某施工队原使用普通烧结黏土砖，后改为多孔、容量仅 700 kg/m³ 的加气混凝土砌块。在抹灰前采用同析方式往墙上浇水，发觉原使用的普通烧结黏土砖易吸足水量，而加气混凝土砌块表面看来浇水不少，但实则吸水不多，请分析原因。

解答：加气混凝土砌块虽多孔，但其气孔大多数为"墨水瓶"结构，肚大口小，毛细管作用差，只有少数孔是水分蒸发形成的毛细孔，故吸水及导湿均缓慢。材料的吸水性不仅要看孔数量的多少，还需看孔的结构。

1.1.3　填充率与空隙率

1. 填充率

（1）定义：是指在某堆积体积中，被散粒材料的颗粒所填充的程度。

（2）表示：

$$D' = \frac{V_0}{V_0'} \times 100\% = \frac{\rho_0}{\rho_0'} \times 100\%$$

式中：D'——材料的填充率，%。

2. 空隙率

（1）定义：在某自然堆积体积中，散粒材料颗粒之间的空隙体积所占的百分率。

（2）表示：

$$P' = \frac{V_0' - V_0}{V_0'} \times 100\% = \left(1 - \frac{\rho_0'}{\rho_0}\right) \times 100\%$$

空隙率的大小反映了散粒材料的颗粒之间相互填充的程度。空隙率可作为控制混凝土集料的级配及计算砂率的依据。在大量配制混凝土、砂浆等材料时，宜选用空隙率（P'）小的砂、石。

1.1.4　材料与水相关的性质

1.　材料的亲水性与憎水性

土木工程中的建筑物、构筑物常与水或大气中的水汽相接触。水分与不同的材料表面接触时，其相互作用的结果是不同的。玻璃表面的水会铺展开，若玻璃表面涂层蜡之后再向上面滴水，则水会呈现球形。

（1）定义：

亲水性：材料在空气中与水接触时，其表面能被水所润湿的性能。

憎水性：材料在空气中与水接触时，其表面不能被水所润湿的性能。

（2）亲水性与憎水性的判断：根据润湿边角判断。

在材料、水和空气的交点处，沿水滴表面的切线与水和固体接触而所成的夹角(θ)称为润湿边角。润湿边角θ愈小，浸润性愈好。如果润湿边角θ为零，则表示该材料完全被水所浸润。

当$\theta \leqslant 90°$时，如图 1.3（a）所示，水分子之间的内聚力小于水分子与材料表面分子之间的相互吸引力时，这种材料称为亲水性材料。

当$\theta > 90°$时，如图 1.3（b）所示，水分子之间的内聚力大于水分子与材料表面分子之间的吸引力，材料表面不会被水浸润，这种材料称为憎水性材料。

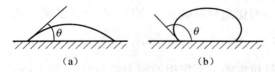

（a）　　　　　　　　　　（b）

图 1.3　亲水性材料和憎水性材料

2.　材料的吸水性与吸湿性

1）吸水性

（1）定义：材料与水接触吸收水分的性质，称为材料的吸水性，并以吸水率表示。材料的吸水率有质量吸水率和体积吸水率两种表示方法。

（2）表示指标：

质量吸水率：材料吸水饱和后吸入水的质量占材料干燥质量的百分率。

$$W_m = \frac{m_b - m_g}{m_g} \times 100\%$$

式中：W_m——材料的质量吸水率，%；

　　　m_b——材料吸水饱和后的质量，g 或 kg；

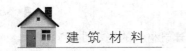

m_g——材料在干燥状态下的质量，g 或 kg。

体积吸水率：材料吸水饱和后吸入水的体积占材料表观体积的百分率。

$$W_V = \frac{V_w}{V_0} \times 100\% = W_m \times \rho_0 = \frac{m_b - m_g}{V_0} \cdot \frac{1}{\rho_{\text{水}}} \times 100$$

式中：W_V——体积吸水率，%；

V_w——材料吸水饱和时水的体积，cm^3 或 m^3；

$\rho_{\text{水}}$——水的密度，常温下 $\rho_{\text{水}} = 1.0 g/cm^3$。

（3）影响因素：

材料内部的孔隙——如果材料具有细微且连通的孔隙，则吸水率较大。若是封闭孔隙，则水分不易渗入；粗大的孔隙水分虽然容易渗入，但仅能润湿孔隙表面而不易在孔中留存。所以，含封闭或粗大孔隙的材料，吸水率较低。

2）吸湿性

（1）定义：材料在潮湿空气中吸收水分的性质称为吸湿性，并用含水率表示。

（2）表示指标：

$$W = \frac{m_1 - m}{m} \times 100\%$$

式中：W——材料的含水率，%；

m——材料在干燥状态下的质量，g；

m_1——材料在含水状态下的质量，g。

（3）对其他性能的影响：例如，木制门轴在潮湿环境中往往不易开关，就是由于木材吸湿膨胀而引起的。而保温材料吸湿含水后，导热系数将增大，保温性能会降低。

3. 材料的耐水性

（1）定义：材料抵抗水的破坏作用的能力称为材料的耐水性。

材料的耐水性应包括水对材料的力学性质、光学性质、装饰性质等多方面性质的劣化作用。但习惯上将水对材料的力学性质及结构性质的劣化作用称为耐水性，亦可称为狭义耐水性。

材料强度下降的原因是，水分子进入材料后，由于材料表面力的作用，会在材料表面定向吸附，产生劈裂破坏作用，导致材料强度有不同程度的降低；水分子进入材料内部后，也可能使某些材料发生吸水膨胀，导致材料开裂破坏。

材料内部某些可溶性物质发生溶解，也将导致材料孔隙率增加，进而降低强度。

（2）指标：软化系数

$$K_p = \frac{\text{吸水饱和状态下的抗压强度}}{\text{干燥状态下的抗压强度}}$$

（3）选用标准：

材料的软化系数为 $K_p = 0 \sim 1.0$，$K_p \geqslant 0.85$ 的称为耐水性材料。长期处于潮湿或经常遇水的结构，需选用 $K_p \geqslant 0.75$ 的材料，重要结构需选用 $K_p \geqslant 0.85$ 的材料。

材料的耐水性主要与其组成成分在水中的溶解度和材料的孔隙率有关。溶解度很小或不溶的材料，则软化系数(K_p)一般较大。若材料可微溶于水且含有较大的孔隙率，则其软化系数(K_p)较小或很小。

4. 材料的抗渗性

（1）定义：材料抵抗压力水渗透的性质称为抗渗性，常用渗透系数表示其抗渗性。

（2）表示：渗透系数

$$K = \frac{Qd}{AtH}$$

式中：K——渗透系数，cm/h；

$\quad\ Q$——透水量，cm^3；

$\quad\ d$——试件厚度，cm；

$\quad\ A$——透水面积，cm^2；

$\quad\ t$——时间，h；

$\quad\ H$——静水压力水头，cm。

（3）影响因素：

孔隙率越大，开口孔越多，抗渗性越差。

在土木工程中，对混凝土、砂浆，常用抗渗等级来评价其抗渗性。

地下建筑及水工建筑等，因经常受压力水的作用，所用的材料应具有一定的抗渗性。对于防水材料，则应具有好的抗渗性。

1.2 材料的基本力学性质

材料的力学性质是指材料在外力作用下所引起的变化的性质，这些变化包括材料的变形和破坏。材料的变形是指在外力的作用下，材料通过形状的改变来吸收能量。根据变形的特点，材料变形分为弹性变形和塑性变形。材料的破坏是指当外力超过材料的承受极限时，材料出现断裂等丧失使用功能的变化。根据破坏形式的不同，材料可分为脆性材料和韧性材料。

1.2.1 建筑材料强度

（1）定义：材料在外力（荷载）的作用下，抵抗破坏的能力称为强度。

从本质上来说，材料的强度应是其内部质点间结合力的表现。受外力作用时，在材料内部产生了应力，此应力随外力的增大而增大，当应力增大到材料内部质点间结合力所能承受的极限时，应力再增加便会导致内部质点间的断开，此极限应力值就是材料的极限强度，通常简称为强度。

（2）理论强度：材料在理想状态下应具有的强度。

（3）分类：根据外力作用方式的不同，材料强度分为抗压强度 [见图 1.4（a）]、抗拉强度 [见图 1.4（b）]、抗弯强度 [见图 1.4（c）] 及抗剪强度 [见图 1.4（d）] 等。

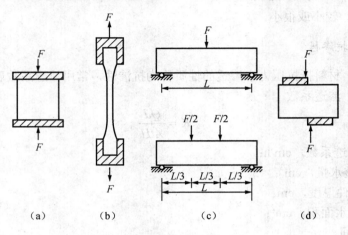

图 1.4　强度示意图

① 材料的抗压强度、抗拉强度、抗剪强度的计算公式如下：

$$f = \frac{F_{max}}{A}$$

式中：f——材料的强度，N/mm^2 或 MPa；

　　F_{max}——材料破坏时的最大荷载，N；

　　A——受力截面的面积，mm^2。

② 抗弯强度的计算公式：

$$f = \frac{3F_{max}L}{2bh^2} \quad （单点集中加荷）$$

$$f = \frac{F_{max}L}{bh^2} \quad （三分点加荷）$$

式中：f——材料的抗弯强度，N/mm^2 或 MPa；

　　F_{max}——破坏时的最大荷载，N；

　　L——两支点的间距，mm；

　　b，h——试件横截面的宽与高，mm。

（4）强度等级：各种材料的强度差别很大，工程使用上常按结构材料强度的大小划分成若干等级。如普通硅酸盐水泥主要按抗压强度的大小分为 42.5、42.5R、52.5 和 52.5R 共 4 个等级；普通混凝土按抗压强度分为 C15、C20、…、C80 共 14 个等级；钢筋混凝土用热轧带肋钢筋按屈服强度特征值分为 335、400 和 500 共 3 个等级。

了解结构材料的强度等级，对于掌握材料性能，合理选用材料，正确进行设计，精心组织施工和严格控制质量都十分重要。

（5）比强度：比强度是指按单位体积质量计算的材料强度，即材料的强度与其表观密度之比（f / ρ_0）。

结构材料在土木工程中的主要作用，就是承受结构荷载，对大部分建（构）筑物来说，相当一大部分的承载能力用于承受材料本身的自重。因此，欲提高结构材料承受外荷载的能力，一方面应提高材料的强度；另一方面应减轻材料本身的自重，这就要求材料应具备轻质高强的特点。因此要研究材料的比强度，比强度的大小对于保证建筑物的强度、减轻自重、节约材料具有重要意义。

（6）强度的影响因素。

① 材料的组成。

② 材料的结构、孔隙率与孔隙特征。

③ 试件的形状和尺寸。

④ 加荷速度。

⑤ 试验环境的湿度。

⑥ 受力面状态。

1.2.2 建筑材料弹性与塑性

1. 弹性与弹性变形

定义：材料在外力作用下产生变形，当外力除去后变形随即消失，完全恢复原来形状的性质叫做弹性。例如，弹簧、球类等。这种可完全恢复的变形称为弹性变形。

工程意义：如果人进入建筑物，梁变形，人离开后变形不消失，长久下去，变形累加，梁会越来越低。

2. 塑性与塑性变形

定义：材料在外力的作用下，当应力超过一定限值时产生显著变形，且不产生裂缝或发生断裂，外力取消后，仍保持变形后的形状和尺寸的性质叫做塑性。这种不能恢复的变形称为塑性变形。

3. 弹塑性转变

实际上，在真实材料中，完全的弹性材料或完全的塑性材料是不存在的。有的材料在低应力作用下，主要发生弹性变形；而在应力接近或高于其屈服强度时，则产生塑性变形（如建筑钢材）。有的材料在受力时，弹性变形和塑性变形同时发生，这种弹塑性

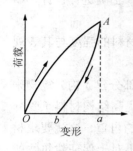

图 1.5 弹塑性变形

变形（见图 1.5）在取消外力后，弹性变形可以恢复，而塑性变形则不能恢复（如混凝土材料）。

弹性变形为可逆变形，其数值大小与外力成正比，其比例系数称为弹性模量，材料在弹性变形范围内，弹性模量为常数。弹性模量是衡量材料抵抗变形能力的一个指标，弹性模量越大，材料越不易变形，弹性模量是结构设计的重要参数。塑性变形为不可逆变形。

实际上，单纯的弹性材料是没有的，大多数材料在受力不大的情况下表现为弹性，受力超过一定限度后则表现为塑性，所以可称为弹塑性材料。

1.2.3 建筑材料脆性与韧性

1. 脆性

当外力达到一定限度后，材料突然破坏，且破坏时无明显的塑性变形，材料的这种性质称为脆性。

其特点是材料在外力作用下，达到破坏荷载时的变形很小。脆性材料不利于抵抗振动和冲击荷载，会使结构发生突然性破坏，是工程中应避免的。陶瓷、玻璃、石材、砖瓦、混凝土、铸铁等都属于脆性较大的材料。

2. 韧性

在冲击、振动荷载的作用下，材料能够吸收较大的能量，不发生破坏的性质，称为韧性（亦称冲击韧性）。

课堂讨论：脆性材料与韧性材料

具有脆性性质的材料称脆性材料。脆性材料的抗压强度远大于其抗拉强度，可高达数倍甚至数十倍，脆性材料抵抗冲击载荷或振动作用的能力较差，脆性材料只适合用作承压构件。土木工程材料中大部分无机非金属材料均为脆性材料，如烧结普通砖、混凝土等。

具有韧性性质的材料称韧性材料。在建筑工程中，对于要求承受冲击载荷和有抗震要求的结构，如吊车梁、桥梁、路面等所用的材料，均应具有较高的韧性。土木工程常用的低碳钢、有色金属等都是韧性材料。

1.3 建筑材料的耐久性

建筑材料除要求具有良好的使用性能外，还必须具有良好的环境协调性能，即具有好的耐久性、低的环境负荷值和高的可循环再生率，强调环保绿色。

1.3.1　定义

材料的耐久性是指材料在使用中，抵抗其自身和环境的长期破坏作用，保持其原有性能而不破坏、不变质的能力。它是一种复杂的、综合的性质，包括材料的抗冻性、耐热性、大气稳定性和耐腐蚀性等。

材料在使用过程中，除受到各种外力的作用外，还要受到环境中各种自然因素的破坏作用，这些破坏作用可分为物理作用、化学作用和生物作用。因此，要根据材料所处的结构部位和使用环境等因素，综合考虑其耐久性，并根据各种材料的耐久性特点，合理地选用。

1.3.2　衡量指标

衡量材料耐久性的指标主要有抗冻性、耐水性、抗渗性等。

抗冻性：材料抵抗多次"冻融循环"而不疲劳、不破坏的性质。

耐水性：材料长期在饱和水的作用下而不受破坏，其强度也不显著降低的性质，用特征强度降低的软化系数 K 来表示。

抗渗性：材料在水、油等压力作用下抵抗渗透的性质。

1.3.3　提高耐久性的措施

（1）将材料与周围介质隔离，例如：涂层、对材料进行表面处理等。

（2）增加材料的密实度，使得侵蚀性介质不易进入材料内部。

（3）对原材料进行质量控制，从根本上保证耐久性。

（4）进行合理的设计，使其满足建筑要求。

思　考　题

1．什么是材料的密度？

2．什么是材料的表观密度？什么是材料的堆积密度？

3．什么是材料的亲水性、憎水性？

4．什么是材料的强度？

5．什么是材料的弹性、塑性？

6．提高材料耐久性的措施有哪些？

第2章 无机胶凝材料

掌握气硬性胶凝材料（石灰及建筑石膏消化、硬化过程，技术性质和应用）。

掌握硅酸盐水泥矿物的成分与特性、水化与凝结硬化的机理和主要技术性质。

掌握掺混合材硅酸盐水泥的技术性质、特点以及应用。

了解水玻璃以及其他水泥的特点、性质及应用。

在掌握无机胶凝材料的基础上，能够根据工程需要选择合适的无机胶凝材料。

2.1 胶凝材料概述

2.1.1 定义

在土木工程材料中，胶凝材料是指凡是经过一系列物理、化学作用，可由塑性浆体变成坚硬固体，并能将散粒材料或块、片状材料胶结成具有一定强度的复合固体的材料。

2.1.2 分类

根据胶凝材料的化学组成，一般可分为有机胶凝材料和无机胶凝材料两大类。

（1）有机胶凝材料以天然的或合成的有机高分子化合物为基本成分，常用的有沥青、合成树脂等。

（2）无机胶凝材料则以无机化合物为基本成分。根据无机胶凝材料凝结硬化条件的不同，又可分为气硬性胶凝材料和水硬性胶凝材料。

① 气硬性胶凝材料是指只能在空气中硬化，也只能在空气中保持或继续发展其强度的胶凝材料，常用的有石膏、石灰、水玻璃等。

② 水硬性胶凝材料是指不但能在空气中硬化，还能更好地在水中硬化，保持并继续增长其强度的胶凝材料，常用的有各种水泥等。

2.2 气硬性胶凝材料

2.2.1 石灰

1. 石灰的生产及分类

1）生产

凡是以碳酸钙为主要成分的天然矿石，如石灰石、白云石、白垩、贝壳等，都可以用来生产石灰。原材料中要求黏土杂质含量应小于 8%，否则制成的石灰具有一定的水硬性，这种石灰常称为水硬性石灰。

将主要成分为碳酸钙的天然岩石，在适当的温度下煅烧，所得以氧化钙为主要成分的产品即为石灰，又称生石灰。其化学反应为

$$CaCO_3 \xrightarrow{900\sim1000℃} 2CaO + CO_2 \uparrow$$

在大气压下，石灰石的分解温度约为 900℃。实际生产中，为加快分解，煅烧温度常提高到 1000～1200℃。在煅烧过程中，若温度较低、岩石尺寸过大或煅烧时间不足，使得 $CaCO_3$ 不能完全分解，部分仍为石块而不能熟化，故称为欠火石灰。欠火石灰的产浆量较低，使用时缺乏黏结力，质量较差。如果煅烧时间过长或温度过高，将生成颜色较深、结构致密的过火石灰，其表面常包裹一层熔融物，熟化很慢。若使用在工程上，过火石灰颗粒往往会在石灰硬化以后，仍继续吸湿熟化而发生体积膨胀，影响工程质量。

2）分类

按照硬化条件分类：气硬性石灰（纯 CaO）和水硬性石灰（含>15%的黏土）。

按照氧化镁含量的多少分类：钙质石灰（氧化镁含量<5%）和镁质石灰（氧化镁含量>5%）。

2. 石灰的熟化及硬化

1）石灰的熟化（消化）

（1）过程。

$$CaO + H_2O \longrightarrow Ca(OH)_2 + 64.9kJ$$

按用途，石灰熟化的方法有两种。

① 用于拌制石灰砌筑砂浆或抹灰砂浆时，需将生石灰熟化成石灰膏。生石灰在化灰池中熟化成石灰浆后，通过筛网流入储灰坑，石灰浆在储灰坑中沉淀并除去上层水分后称为石灰膏。

② 用于拌制石灰土（石灰、黏土）、三合土（石灰、黏土、砂石或炉渣等）时，将生石灰熟化成消石灰粉。生石灰熟化成消石灰粉时，理论上需水 32.1%，由于一部分水消耗于蒸发，实际加水量常为生石灰重量的 60%～80%，应以能充分消解而又不过湿成团为度。工地可采用分层浇水法，每层生石灰块厚约 50cm。或在生石灰块堆中插入有

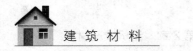

孔的水管，缓慢地向内灌水。

（2）特点：放热、体积膨胀。

（3）陈伏。生石灰中常含有欠火石灰和过火石灰，欠火石灰会降低石灰的利用率；过火石灰颜色较深，密度较大，表面常破格土杂质融化形成的玻璃釉状物包覆，熟化很慢。当石灰已经硬化后，其中过火颗粒才开始熟化，体积膨胀，引起隆起和开裂。通常，石灰中不都会含有未分解的碳酸钙及过大石灰颗粒物。

为了消除过火石灰的危害，石灰浆应在储灰池中"陈伏"两星期以上。"陈伏"期间，石灰浆表面应保有一层水分，与空气隔绝，以免碳化。"陈伏"处理后，才可以使用。

2）石灰的硬化

石灰浆体在空气中逐渐硬化，包含下面三个同时进行的过程。

（1）干燥作用——石灰膏失去水分的过程。

（2）结晶作用——游离水分蒸发，氢氧化钙逐渐从饱和溶液中结晶。

（3）碳化作用——氢氧化钙与空气中的二氧化碳化合生成碳酸钙结晶。

$$Ca(OH)_2+CO_2+mH_2O \longrightarrow CaCO_3+(m+1)H_2O$$

碳化作用实际是二氧化碳与水形成碳酸，然后与氢氢化钙反应生成碳酸钙。所以这个作用不能在没有水分的全干状态下进行。而且，碳化作用在长时间内只限于表层，氢氧化钙的结晶作用则主要在内部发生。所以，石灰浆体硬化后，是由表里两种不同的晶体组成的。随着时间的延长，表层碳酸钙的厚度逐渐增加。

3. 石灰的技术要求

按石灰中氧化镁的含量将生石灰、生石灰粉划分为钙质石灰(MgO<5%)和镁质石灰(MgO>5%)；按消石灰中氧化镁的含量将消石灰粉划分为钙质消石灰粉（MgO<4%）、镁质消石灰粉(4%<MgO<24%)和白云石消石灰粉(24%<MgO<30%)。按石灰中化合物(CaO+MgO)含量、产浆量或细度等，将生石灰、生石灰粉、消石灰粉划分为优等品、一等品、合格品三个等级。

1）供货形式

将煅烧成的块状生石灰经过不同的加工，可得到工程中常用的生石灰粉、消石灰粉和石灰膏。其中，生石灰粉是将块状生石灰磨细成粉，消石灰粉和石灰膏则是生石灰加水消解而成的。

2）消石灰粉

（1）细度：大于 0.125mm "死烧" 石灰颗粒，在工程使用前的处理过程中不可能消解，仍以颗粒状被抹到墙上，数日之后，因吸水逐渐消解体积膨胀，这时墙面上出现了"麻点"，破坏了墙面的平整美观。此外，筛余残渣中的不消化物，如石粒、煤、灰渣等的存在，影响产品的黏度和白度，降低了使用价值。

（2）化学式：$Ca(OH)_2$。

（3）游离水：是指外在水分，不包括化学结合水部分。残余水分过多蒸发后，留下孔隙，会加剧消石灰粉碳化现象的产生，从而影响工程质量。消石灰粉微溶于水，对皮肤和织物有腐蚀作用。

（4）体积安定性：在硬化过程中，要蒸发掉大量的水分，引起体积显著收缩，易出现干缩裂缝。

3）块状生石灰

（1）有效钙镁含量：$CaO+MgO$。

（2）未消化残渣含量：未消化残渣中包括"生烧"石核，"死烧"灰核及煤瘤等杂物。根据其量的增减，可判断出窑炉热工程序是否正常等。未消化残渣含量也是建筑用户比较关注的指标，因为它和单位工程石灰耗用量、残渣外排量及施工环境污染程度密切相关。因此减少未消化残渣的含量，可以降低工厂成本和满足用户要求。所以在标准中对生石灰的未消化残渣含量指标做了规定。

（3）CO_2 含量：CO_2 指标是为了控制石灰石生烧，造成产品中未分解完全的碳酸盐增多。CO_2 含量高，则未分解完全的碳酸盐含量越高，$(CaO+MgO)$含量则降低，影响产品胶凝性能。

4．石灰的性质

（1）可塑性好。生石灰熟化后形成的石灰浆中，石灰粒子形成氢氧化钙胶体结构，颗粒极细，其表面吸附一层较厚的水膜，使颗粒间的摩擦力减小，因而其塑性较好。

（2）硬化慢、强度低。石灰经过干燥结晶以及碳化作用而硬化，由于空气中的二氧化碳含量低，且碳化后形成的碳酸钙硬壳阻止二氧化碳向内部渗透，也妨碍水分向外蒸发，因而硬化缓慢。硬化后的强度也不高，这主要是因为石灰浆中含有较多的游离水，水分蒸发后形成了较多的空孔隙。

（3）耐水性差。

（4）硬化时体积收缩大。

5．石灰的应用

1）石灰乳和砂浆

将消石灰粉或石灰膏加入大多量的水搅拌稀释，成为石灰乳，主要用于内墙和顶棚刷白，在我国农村也用于外墙。石灰乳中调入少量磨细粒化高炉矿渣或粉煤灰，可提高其耐水性；调入聚乙烯醇、干酪素、氯化钙或明矾，可减少涂层粉化现象；掺入各种色彩的耐碱颜料，可获得更好的装饰效果。

2）石灰土和三合土

消石灰粉或生石灰粉与黏土拌和，称为石灰土（灰土），若加入砂石或炉渣、碎砖等即成三合土。石灰土和三合土在夯实或压实后，可用作墙体、建筑物基础、路

面和地面的垫层或简易地面。石灰土和三合土的强度形成机理尚待继续研究，它们都具有较高的强度和耐水性。例如我国万里长城居庸关、八达岭段，采用砖石结构，墙身用条石砌筑，中间填充碎石黄土，顶部再用三四层砖铺砌，以石灰作砖缝材料，坚固耐用。

3）生产硅酸盐制品

以磨细生石灰（或消石灰粉）与硅质材料（如粉煤灰、粒化高炉矿渣、浮石、砂等）加水拌和，必要时加入少量石膏，经成型、蒸养或蒸压养护等工序而成的建筑材料，统称为硅酸盐制品。

1. 内外墙粉刷层爆裂

上海某新村四幢六层楼 1989 年 9～11 月进行内外墙粉刷，1990 年 4 月交付甲方使用。此后陆续发现内外墙粉刷层发生爆裂。5 月份阴雨天，爆裂点迅速增多，破坏范围上万平方米。爆裂源为微黄色粉粒或粉料。该内外墙粉刷用的"水灰"，系宝山某厂自办的"三产"性质的部门供应，该部门由个人承包。

经了解，粉刷过程中发现有的"水灰"中有一些粗颗粒。对爆裂采集的微黄色爆裂物作 X 射线衍射分析，证实除含石英、长石、CaO、$Ca(OH)_2$、$CaCO_3$ 外，还含有较多的 MgO、$Mg(OH)_2$ 以及少量白云石。

解答：该"水灰"含有相当数量的粗颗粒，相当一部分为 CaO 与 MgO，这些未充分消解的 CaO 和 MgO 在潮湿的环境下缓慢水化，分别生成 $Ca(OH)_2$ 和 $Mg(OH)_2$，固相体积膨胀约两倍，从而产生爆裂破坏。还需说明的是，MgO 的水化速度更慢，更易造成危害。显然，使用劣质建材，就是给工程埋下定时炸弹，严重危害人民利益。

2. 石灰的选用

某工地急需配制石灰砂浆，当时有消石灰粉、生石灰粉及生石灰材料可供选用。因生石灰的价格相对较便宜，便选用了，并马上加水配制石灰膏，再配制成石灰砂浆。使用数日后，石灰砂浆出现众多凸出的膨胀性裂缝，如图 2.1 所示，请分析原因。

解答：该石灰的陈伏时间不够。数日后部分过火石灰在已硬化的石灰砂浆中熟化，体积膨胀，以致产生膨胀性裂纹。因工程时间长，若无现成合格的石灰膏，可选用消石灰粉或生石灰粉。消石灰粉在磨细的过程中，把过火石灰磨成细粉，克服了过火石灰在熟化时造成的体积安定性不良的危害。故不必陈伏即可直接使用，且生石灰熟化时放出的热可大大加快砂浆的凝结硬化，加水量亦较少，硬化后的砂浆强度亦较高。

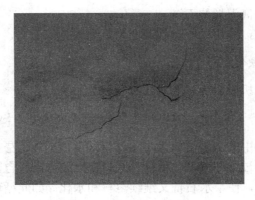

图 2.1　石灰砂浆的膨胀性裂缝

2.2.2　石膏

1. 生产

原料主要是天然二水石膏（$CaSO_4 \cdot 2H_2O$）矿石，也可用含有二水石膏的化工副产品和废渣（称为化工石膏）。

根据加热的方式和煅烧温度的不同，可生产出不同性质的石膏胶凝材料产品。

将主要成分为二水石膏的天然二水石膏或化工石膏加热时，随着温度的升高将发生如下变化。

当加热温度为 65～75℃时，$CaSO_4 \cdot 2H_2O$ 开始脱水，至 107～170℃时，生成半水石膏（$CaSO_4 \cdot \frac{1}{2}H_2O$），其反应式为

$$CaSO_4 \cdot 2H_2O \xrightarrow{107\sim170℃} CaSO_4 \cdot \frac{1}{2}H_2O + \frac{3}{2}H_2O$$

在该加热阶段，因加热条件不同，所获得的半水石膏有α型和β型两种形态。若将二水石膏在非密闭的窑炉中加热脱水，得到的是β型半水石膏，称为建筑石膏。建筑石膏的晶粒较细，调制成一定稠度的浆体时，需水量较大，因而硬化后强度较低。若将二水石膏置于 0.13MPa、124℃的过饱和蒸汽条件下蒸炼脱水，或置于某些盐溶液中沸煮，可得到α型半水石膏，称为高强石膏。高强石膏的晶粒较粗，调制成一定稠度的浆体时，需水量较小，因而硬化后强度较高。

当加热温度为 170～200℃时，半水石膏继续脱水，成为可溶性硬石膏，与水调和后仍能很快凝结硬化。

当加热温度为 200～250℃时，石膏中残留很少的水，凝结硬化非常缓慢。

当加热温度为 400～750℃时，石膏完全失去水分，成为不溶性硬石膏，失去凝结硬化能力，成为死烧石膏。

当温度高于 800℃时，部分石膏分解成的氧化钙起催化作用，所得产品又重新具有

凝结硬化性能，这就是高温煅烧石膏。

在土木建筑工程中，应用的石膏胶凝材料主要是建筑石膏。

2. 水化以及凝结硬化

（1）水化：是指无机胶凝材料与水发生反应的过程。

$$CaSO_4 \cdot \frac{1}{2}H_2O + \frac{3}{2}H_2O \Longrightarrow CaSO_4 \cdot 2H_2O$$

由于二水石膏在水中的溶解度仅为半水石膏溶解度的 1/5 左右，半水石膏的饱和溶液对于二水石膏就成了过饱和溶液。所以二水石膏以胶体微粒自溶液中析出，从而破坏了半水石膏溶解的平衡，使半水石膏又继续溶解和水化。如此循环进行，直到半水石膏全部耗尽。

（2）凝结：是指具有流动性的浆体逐渐失去塑性的过程。

在这一过程中，浆体中的自由水分因水化和蒸发而逐渐减少，二水石膏胶体微粒数量不断增加，浆体的稠度逐渐增大，可塑性逐渐减小，表现为石膏的"凝结"。

（3）硬化：是指失去塑性的浆体逐渐增加强度的过程。

其后，浆体继续变稠，胶体微粒逐渐凝聚成为晶体，晶体逐渐长大、共生和相互交错，使浆体产生强度，并不断增长，这就是石膏的"硬化"。

3. 技术性质

建筑石膏为白色粉末，密度为 2.60～2.758g/cm³，堆积密度为 800～1000kg/m³。建筑石膏按强度、细度、凝结时间等技术要求分为优等品、一等品、合格品三个等级，其基本技术要求见表 2.1。

表 2.1　建筑石膏的技术指标（参考 GB 9776—2008）

等级		优等品	一等品	合格品
细度（孔径为 0.2mm 筛余量）/%		≤10.0		
抗折强度（烘干至质量恒定后）/MPa		≥6.0	≥4.0	≥3.0
抗压强度（烘干至质量恒定后）/MPa		≥3.0	≥2.0	≥1.0
凝结时间/min	初凝时间	≥3.0		
	终凝时间	≤30		

4. 特性

1）凝结时间短

建筑石膏初凝和终凝时间都很短，为便于使用，需降低其凝结速度，可加入缓凝剂。常用的缓凝剂有硼砂、酒石酸钾钠、柠檬酸、聚乙烯醇、石灰活化骨胶或皮胶等。缓凝剂的作用在于降低半水石膏的溶解度和溶解速度。

2）强度较低

建筑石膏水化反应的理论需水量只占半水石膏重量的 18.6%，在使用中为使浆体具有足够的流动性，通常加水量可达 60%～80%，因而硬化后，由于多余水分的蒸发，在内部形成大量孔隙，孔隙率可达 50%～60%，导致与水泥相比，表观密度小。

3）调湿和保温性能好

由于石膏制品的孔隙率大，因而导热系数小，吸声性强，吸湿性大，可调节室内的温度和湿度。

4）硬化后体积膨胀

凝固时它不像石灰和水泥那样出现体积收缩，反而略有膨胀（膨胀量约为 1%）。

5）装饰性

石膏制品质地洁白细腻，可浇注出纹理细致的浮雕花饰，所以是一种较好的室内装饰材料。

6）耐水性和抗冻性较差

建筑石膏硬化后有很强的吸湿性，在潮湿条件下，晶粒间的结合力减弱，导致强度下降。若长期浸泡在水中，水化生成物二水石膏晶体将逐渐溶解，导致被破坏。若石膏制品吸水后受冻，会因孔隙中水分结冰膨胀而破坏。所以，石膏制品的耐水性和抗冻性较差，不宜用于潮湿部位。

5．应用

建筑石膏常用于抹面材料、各种墙体材料（如纸面石膏板、石膏空心条板、石膏砌块等）、装饰制品（如各种装饰石膏板、石膏浮雕花饰、雕塑制品）等。

 工程实例分析

1．石膏饰条黏贴失效

某工人用建筑石膏粉拌水制成一桶石膏浆，用以在光滑的天花板上直接黏贴，石膏饰条前后半小时完工。几天后最后黏贴的两条石膏饰条突然坠落，请分析原因。

解答：① 建筑石膏拌水后一般于数分钟至半小时左右凝结，后来黏贴石膏饰条的石膏浆已初凝，黏结性能差。可掺入缓凝剂，延长凝结时间；或者分多次配制石膏浆，即配即用。

② 在光滑的天花板上直接贴石膏条，黏贴难以牢固，宜对表面予以打刮，以利于黏贴；或者在黏结的石膏浆中掺入部分黏结性强的黏结剂。

2．石膏制品发霉变形

某住户喜爱石膏制品，全宅均用普通石膏浮雕板作装饰。使用一段时间后，客厅、卧室效果相当好，但厨房、厕所、浴室的石膏制品出现发霉及变形。请分析原因。

解答：厨房、厕所、浴室等处一般较潮湿，普通石膏制品具有较强的吸湿性和吸水性，在潮湿的环境中，晶体间的黏结力削弱，强度下降、变形，且还会发霉。

建筑石膏一般不宜在潮湿和温度过高的环境中使用。欲提高其耐水性，可在建筑石膏中掺入一定量的水泥或其他含活性 SiO_2、Al_2O_3 及 CaO 等材料，如粉煤灰、石灰。掺入有机防水剂亦可改善石膏制品的耐水性。

2.2.3 水玻璃

1. 水玻璃的硬化

水玻璃在空气中吸收 CO_2 形成无定性硅胶，硅胶脱水为空间网状结构 SiO_2 晶体，并逐渐干燥而硬化。

2. 水玻璃的应用

水玻璃的应用主要有以下几方面。

（1）涂刷材料表面，提高其抗风化能力。以密度为 $1.35g/cm^3$ 的水玻璃浸渍或涂刷黏土砖、水泥混凝土、硅酸盐混凝土、石材等多孔材料，可提高材料的密实度、强度、抗渗性、抗冻性及耐水性等。

（2）配制速凝防水剂。

（3）修补砖墙裂缝。将水玻璃、粒化高炉矿渣粉、砂及氟硅酸钠按适当比例拌和后，直接压入砖墙裂缝，可起到黏结和补强的作用。

（4）硅酸钠水溶液可做防火门的外表面。

2.3 硅酸盐水泥

2.3.1 硅酸盐水泥概述

1. 定义

水泥：水泥是加水拌和成塑性浆体，能胶结砂石等材料，并能在空气和水中硬化并且发展强度的粉末状胶凝材料。

硅酸盐水泥：由硅酸盐水泥熟料、0～5%石灰石或粒化高炉矿渣，以及适量石膏磨细制成的水硬性胶凝材料。

不掺加混合材料的称为 I 型硅酸盐水泥（P·I）。

掺加不超过水泥质量5%的石灰石或粒化高炉矿渣的混合材料的称为 II 型硅酸盐水泥（P·II）。

2. 分类

1）按用途和性能分

（1）通用水泥（六大水泥）：硅酸盐水泥、普通硅酸盐水泥、粉煤灰水泥、矿渣水泥、火山灰水泥、复合水泥。

（2）专用水泥：适用于专门用途的水泥，如道路水泥、大坝水泥。

（3）特种水泥：抗硫酸盐水泥（海水中用，耐腐蚀性好）、膨胀水泥（补偿收缩混凝土，用作防渗混凝土）、白水泥（墙体贴汉白玉板材时，用白水泥勾缝）。

2）按组成分

（1）硅酸盐水泥。

（2）铝酸盐水泥：以铝矾土和石灰石为原料，经过煅烧得到以铝酸钙为主、$Al_2O_3 > 50\%$ 的熟料磨制的水硬性胶凝材料，又称高铝水泥。它的特点是快硬、高强、耐腐蚀。

（3）硫铝酸盐水泥：以硫铝酸钙和硅酸二钙（$2CaO \cdot SiO_2$，简写 C_2S）为主要成分的熟料，加入适量石膏和 $0 \sim 10\%$ 的石灰石，磨细制成。

3. 发展历史

水泥的发明是人类在长期生产实践中不断积累的结果，是在古代建筑胶凝材料的基础上发展起来的，经历了一个漫长的历史过程。

公元前 2000～3000 年，中国、埃及、希腊以及罗马等开始利用煅烧的石膏或石灰来调制砌筑砂浆，例如埃及的金字塔、中国的万里长城都是用石灰和石膏作为胶凝材料砌筑而成的。

随着生产的发展，建筑中逐渐要求使用强度较高并能防止被水侵蚀和冲毁的胶凝材料。到了公元初，古希腊人和罗马人都已经发现，在石灰中掺加某些火山灰沉积物，不仅强度提高了，而且能抵御淡水或盐水的侵蚀。当时应用较多的是普佐里（Pozzoli）附近所产的火山灰凝灰岩，因此，在意大利语中将"Pozzolana"作为火山灰的名称并且沿用至今。

到 18 世纪后期，先后出现了水硬性石灰和罗马水泥，都是将含有适量黏土的黏土质石灰经过煅烧而得，并在此基础上，发展到用天然水泥岩（黏土含量为 20%～25% 的石灰石）煅烧、磨细而得到天然水泥。18 世纪中叶，英国航海业已较发达，但船只触礁和撞滩等海难事故频繁发生。为了避免海难事故，采用灯塔进行导航。当时英国建造灯塔的材料有两种：木材和"罗马砂浆"。然而，木材易燃，遇海水易腐烂；"罗马砂浆"虽然有一定的耐水性能，但尚经不住海水的侵蚀和冲刷。由于材料在海水中不耐久，所以灯塔经常损坏，船只无法安全航行，给迅速发展的航运业遇到了重大瓶颈。为解决航运安全问题，寻找抗海水侵蚀的材料和建造耐久的灯塔成为 18 世纪 50 年代英国经济发展的当务之急。对此英国国会不惜重金，招聘人才，被尊称为"英国土木之父"的工程师史密顿（J. Smeaton）应聘承担了建设灯塔的任务。1756 年史密顿在建造灯塔的过程中，研究了"石灰—火山灰—砂子"三组分砂浆中不同石灰石对砂浆性能的影响，发现含有黏土的石灰石经煅烧和细磨处理后，加水制成的砂浆能慢慢硬化，在海水中的强度较"罗马砂浆"高得多，能耐海水的冲刷。史密顿使用新发现的砂浆建造了举世闻名的普利茅斯港的漩岩(Eddys-tone)大灯塔。用含黏土石灰石制成的石灰被称为水硬性石灰。史密顿的这一发现是水泥发明过程中知识积累的一大飞跃，不仅对英国航海业作出了贡献，也对"波特兰水泥"的发明起到了重要作用。

1824 年，英国阿斯普丁（J. Aspdin）用人工配合原料，再经煅烧、磨细得到水硬性胶凝材料。这种胶凝材料凝结后的外观、颜色与当时建筑上常用的英国波特兰岛出产的石灰石相似，故称为波特兰水泥（Portland Cement），并于当年首先取得了该产品的专利权。阿斯普丁父子长期对"波特兰水泥"生产方法保密，采取了各种保密措施：在工厂周围建筑高墙，未经他们父子许可，任何人不得进入工厂；工人不准到自己工作岗位以外的地段走动；为了制造假象，经常用盘子盛着硫酸铜或其他粉料，在装窑时将其撒在干料上。波特兰水泥的首批大规模使用实例是 1825～1843 年修建的泰晤士河隧道桥工程。

到 20 世纪初，仅硅酸盐水泥、石灰、石膏等几种胶凝材料已经不能满足工业建设和军事工程的需要，于是逐渐发展出各种不同用途的水泥，如快硬水泥、抗硫酸盐水泥、油井水泥等。

2.3.2　硅酸盐水泥的生产与矿物组成

1．生产过程

硅酸盐水泥生产使用的原料：石灰质原料（如石灰石等）与黏土质原料（黏土、页岩等）为主，有时加入少量铁矿粉。

硅酸盐水泥生产过程如下：

原料配料、磨细、均化→生料 煅烧（1450℃）→熟料 加入石膏、磨细→水泥

"两磨一烧"：制备生料、煅烧熟料、粉磨水泥。

2．矿物组成

1）矿化反应

$$3CaO + SiO_2 \longrightarrow 3CaO \cdot SiO_2$$
$$2CaO + SiO_2 \longrightarrow 2CaO \cdot SiO_2$$
$$3CaO + Al_2O_3 \longrightarrow 3CaO \cdot Al_2O_3$$
$$4CaO + Al_2O_3 + Fe_2O_3 \longrightarrow 4CaO \cdot Al_2O_3 \cdot Fe_2O_3$$

2）水泥熟料组成

硅酸盐水泥的主要熟料矿物的名称和含量范围如下：

硅酸三钙 $3CaO \cdot SiO_2$，简写为 C_3S，含量 37%～60%。

硅酸二钙 $2CaO \cdot SiO_2$，简写为 C_2S，含量 15%～37%。

铝酸三钙 $3CaO \cdot Al_2O_3$，简写为 C_3A，含量 7%～15%。

铁铝酸四钙 $4CaO \cdot Al_2O_3 \cdot Fe_2O_3$，简写为 C_4AF，含量 10%～18%。

在以上的主要熟料矿物中，硅酸三钙和硅酸二钙的总含量在 70% 以上，铝酸三钙与铁铝酸四钙的含量在 25% 左右，故称为硅酸盐水泥。除主要熟料矿物外，水泥中还含有少量游离氧化钙、游离氧化镁和碱，但其总含量一般不超过水泥总量的 10%。

2.3.3　硅酸盐水泥的水化及凝结硬化

1. 水化

熟料矿物与水发生的水解或水化作用统称为水化，熟料矿物与水发生水化反应，生成水化产物，并放出一定的热量。水泥单矿物水化的反应式如下：

$$2(3CaO \cdot SiO_2) + 6H_2O = 3CaO \cdot 2SiO_2 \cdot 3H_2O + 3Ca(OH)_2$$

　　　硅酸三钙　　　　　　　　　水化硅酸钙　　氢氧化钙

$$2(2CaO \cdot SiO_2) + 4H_2O = 3CaO \cdot 2SiO_2 \cdot 3H_2O + Ca(OH)_2$$

　　　硅酸三钙

$$3CaO \cdot Al_2O_3 + 6H_2O = 3CaO \cdot Al_2O_3 \cdot 6H_2O$$

　　　铝酸三钙　　　　　　　　水化铝酸三钙

$$4CaO \cdot Al_2O_3 \cdot Fe_2O_3 + 7H_2O = 3CaO \cdot Al_2O_3 \cdot 6H_2O + CaO \cdot Fe_2O_3 \cdot H_2O$$

　　　铁铝酸四钙　　　　　　　　　　　　　　　　　水化铁酸钙

硅酸三钙和硅酸二钙水化生成的水化硅酸钙不溶于水，以胶体微粒的形式析出，并逐渐凝聚成凝胶体（C—S—H 凝胶）。

生成的氢氧化钙在溶液中的浓度很快达到饱和，呈六方晶体析出。

铝酸三钙和铁铝酸四钙水化生成的水化铝酸钙为立方晶体，在氢氧化钙饱和溶液中，还能与氢氧化钙进一步反应，生成六方晶体的水化铝酸四钙。

当有石膏存在时，水化铝酸钙会与石膏反应，生成高硫型水化硫铝酸钙针状晶体，也称钙矾石。

当石膏消耗完后，部分钙矾石将转变为单硫型水化硫铝酸钙晶体。

四种熟料矿物的水化特性各不相同，对水泥的强度、凝结硬化速度及水化热等的影响也不相同，各种水泥熟料矿物水化所表现的特性如表 2.2 和图 2.2 所示。改变熟料矿物成分的比例时，水泥的性质即发生相应的变化。例如提高硅酸三钙的含量，可以制得高强度水泥；又如降低铝酸三钙和硅酸三钙的含量，提高硅酸二钙的含量，可制得水化热低的水泥，如大坝水泥。

表 2.2 各种熟料矿物单独与水作用时表现出的特性

名称	硅酸三钙	硅酸二钙	铝酸三钙	铁铝酸四钙
凝结硬化速度	快	慢	最快	快
28d 水化放热量	多	少	最多	中
强度	高	早期低、后期高	低	低

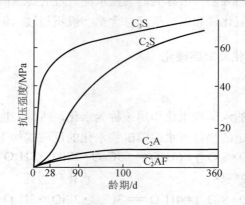

图 2.2 各种熟料矿物水化表现特性图

2．硅酸盐水泥的凝结硬化

水泥加水拌和后，成为可塑的水泥浆，水泥浆逐渐变稠失去塑性，但尚不具有强度的过程，称为水泥的"凝结"。随后产生明显的强度并逐渐发展成为坚硬的人造石——水泥石，这一过程称为水泥的"硬化"。凝结和硬化是人为划分的，它实际上是一个连续的复杂的物理化学变化过程。

2.3.4 硅酸盐水泥的技术性质与要求

1．密度

一般 $\rho=3.1\text{g/cm}^3$，ρ 不是一个定值，随着矿物组成变化而变化；一般 ρ 取 1.3 g/cm^3。

2．细度

颗粒愈细，与水起反应的表面积就愈大，因而水泥颗粒细、水化较快而且较完全，早期强度和后期强度都较高。但在空气中的硬化收缩性较大，成本也较高。水泥颗粒过粗，则不利于水泥活性的发挥，而且水化时间长。

在国家标准中，规定水泥的细度可用筛分析法和比表面积法检验。

筛分析法是采用边长为 80pm 的方孔筛对水泥试样进行筛析试验，用筛余百分数表示水泥的细度。

比表面积法是根据一定量空气通过一定空晾率和厚度的水泥层时，所受阻力不同而引起流速的变化来测定水泥的比表面积(单位质量的粉末所具有的总表面积)，以 m²/kg 表示。

提问：如果细度达不到要求，就把水泥作为废品扔掉，对吗？

答：应该将其作为不合格品而不是废品，可以再磨细，或者将其用于质量要求不高的环境中。

3．标准稠度以及标准稠度用水量

（1）标准稠度：金属杆的下沉距底板（6±1）mm 时的稠度使用标准稠度测定仪（见图 2.3）测定。

测定方法有以下两种。

标准法：放松螺栓，让金属杆自由下沉，金属杆的下沉距底板（6±1）mm 时的稠度称为标准稠度。阻力越大，下沉越少，说明水量少了，如果金属杆打到底板，说明水多了。

代用法：试锥下沉的深度为（28±2）mm 时采用代用法，试锥和锥模见图 2.4。

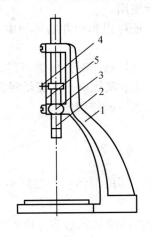

图 2.3　标准稠度测定仪

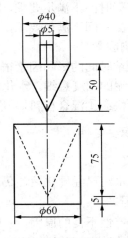

图 2.4　试锥和锥模

1—铁座；2—金属圆棒；3—松紧螺丝；4—指针；5—标尺

两种方法都可采用，但是产生争议时用前者。

（2）标准稠度用水量（水用量/水泥用量）。

标准稠度用水量可用调整水量和不变水量两种方法的任一种测定，如发生争议时以调整水量方法为准。

标准稠度用水量不像细度那样有指标，多或少都不会影响水泥合格与否。

影响因素：矿物组成、细度（越细，用水量越多）、颗粒形态（颗粒接近球体，用水量少）。

4. 凝结时间

混凝土需要一定的时间来搅拌、运输。一些大型工程的工地与混凝土搅拌站距离很远，如果凝结时间短，就会半路凝固，影响施工，浪费资金。

1）定义

凝结时间分初凝时间和终凝时间。

初凝时间：为水泥加水拌和起至标准稠度净浆开始失去可塑性所需的时间。

终凝时间：为水泥加水拌和起至标准稠度净浆完全失去可塑性并开始产生强度所需的时间。

2）指标

初凝时间不得早于 45min（为使混凝土和砂浆有充分的时间进行搅拌、运输、挠捣和砌筑）。

终凝时间不得迟于 6.5h（当施工完毕后，则要求尽快硬化，具有强度，故终凝时间不能太长）。

如果初凝时间不满足要求，这种水泥是废品，不能使用。

如果终凝时间不满足要求，这种水泥是不合格品，还可用到允许的环境中。

3）影响因素

水泥凝结时间的影响因素很多：①熟料中铝酸三钙含量高，石膏掺量不足，使水泥快凝；②水泥的细度愈细，水化作用愈快，凝结愈快；③水灰比愈小，凝结时的温度愈高，凝结愈快；④混合材料掺量大、水泥过粗等都会使水泥凝结缓慢。

5. 体积安定性

1）定义

如果在水泥已经硬化后，仍产生不均匀的体积变化，即所谓体积安定性不良。

2）原因

体积安定性不良的原因，一般是由于熟料中所含的游离氧化钙过多，也可能是由于熟料中所含的游离氧化镁过多或掺入的石膏过多。熟料中所含的游离氧化钙或氧化镁都是过烧的，熟化很慢，在水泥已经硬化后才进行熟化。

$$CaO+H_2O = Ca(OH)_2$$
$$MgO+H_2O = Mg(OH)_2$$

这时体积膨胀，引起不均匀的体积变化，使水泥石开裂，当石膏掺量过多时，水泥硬化后，它还会继续与固态的水化铝酸钙反应生成高硫型水化硫铝酸钙，体积约增大 1.5 倍，也会引起水泥石开裂。

3）测试

国家标准规定，用沸煮法检验水泥的体积安定性。测试方法可以用试饼法，也可以用雷氏夹法，有争议时以雷氏夹法为准。

试饼法是观察水泥净浆试饼沸煮（3h）后的外形变化来检验水泥的体积安定性，雷氏夹法是测定水泥净浆在雷氏夹中沸煮（3h）后的膨胀值。

　　沸煮法起加速氧化钙熟化的作用，所以只能检查游离氧化钙所起的水泥体积安定性不良。由于游离氧化镁在压蒸下才加速熟化，石膏的危害则需长期在常温水中才能发现，两者均不便于快速检验。所以，国家标准规定水泥熟料中游离氧化镁含量不得超过 5.0%，水泥中三氧化硫含量不超过 3.0%，以控制水泥的体积安定性。

　　4）处理

　　体积安定性不良的水泥应作废品处理，不能用于工程中。

　　6. 强度及强度等级

　　1）试验

　　水泥和标准砂按 1∶3 混合，用 0.5 的水灰比，按规定的方法制成试件，在标准温度(20±1)℃的水中养护，测定 3d 和 28d 的强度。

　　2）强度等级

　　根据 3d 和 28d 的强度测定结果，将硅酸盐水泥分为 42.5、42.5R、52.5、52.5R、62.5 和 62.5R 共 6 个强度等级。其中代号 R 表示早强型水泥。

　　3）影响因素

　　（1）影响强度发展速度的因素如下。

　　矿物组成：C_3A 和 C_3S 越多，强度发展越快。

　　细度：细度越细，水化快，水化产物多，早期强度越高。

　　水灰比：水灰比越大，凝结硬化慢，强度发展慢。

　　温度：温度越高，水化快，强度发展快。

　　（2）影响强度高低的因素如下。

　　矿物组成：C_2S 和 C_3S 越多，强度越高。

　　水灰比：水灰比越大，孔隙多，最终强度低。

　　龄期：龄期越长，水化程度大，毛细孔量越少，水化产物越多，强度越高。

　　温度：温度越高，早期强度高，后期强度较低。

　　湿度：湿度过低，水化程度低，水化产物少，孔多，强度低。

　　细度：在其他条件都具备的情况下，细度越大，水化程度高，强度较高。

　　4）指标

　　硅酸盐水泥和普通硅酸盐水泥各等级、各龄期的强度值不得低于表 2.3 中的数位。

　　7. 碱含量

　　水泥中的碱含量按 $Na_2O+0.658 K_2O$ 计算值来表示。若使用活性骨料，碱含量过高将引起碱骨料反应；如用户要求提供低碱水泥时，水泥中碱含量不得大于 0.60%或由供需双方商定。

表 2.3　部分水泥强度指标（GB 175—2007）

品种	强度等级	抗压强度/MPa		抗折强度/MPa		备注
		3d	28d	3d	28d	
硅酸盐水泥	42.5	≥17.0	≥42.5	≥3.5	≥6.5	
	42.5R	≥22.0	≥42.5	≥4.0	≥6.5	
	52.5	≥23.0	≥52.5	≥4.0	≥7.0	
	52.5R	≥27.0	≥52.5	≥5.0	≥7.0	
	62.5	≥28.0	≥62.5	≥5.0	≥8.0	
	62.5R	≥32.0	≥62.5	≥5.5	≥8.0	
普通硅酸盐水泥	42.5	≥17.0	≥42.5	≥3.5	≥6.5	
	42.5R	≥22.0	≥42.5	≥4.0	≥6.5	
	52.5	≥23.0	≥52.5	≥4.0	≥7.0	
	52.5R	≥27.0	≥52.5	≥5.0	≥7.0	

8. 水化热

1）定义

水泥在水化过程中放出的热称为水泥的水化热。

2）对工程的影响

对工程不利的影响：大型基础、水坝、桥墩等大体积混凝土构筑物，由于水化热积聚在内部不易散失，内部温度常上升到 50～60℃，内外温度差所引起的应力，可使混凝土产生裂缝，因此水化热对大体积混凝土是有害因素。

对工程有利的影响：冬季施工时，混凝土中的水结冰，变成固体，固体水与固体水泥不易反应，这样会浪费时间。若采用高水化热的水泥，可以保证水不结冰。

 工程实例分析

1. 假凝现象

某工地使用某厂生产的硅酸盐水泥，加水拌和后，水泥浆体在短时间内迅速凝结。后经剧烈搅拌，水泥浆体又恢复塑性，随后过 3h 才凝结。请讨论形成这种现象的原因。

解答：此为水泥假凝现象。假凝是指水泥的一种不正常的早期固化或过早变硬现象。假凝与快凝不同，前者放热量甚微，且经剧烈搅拌后浆体可恢复塑性，并达到正常凝结，对强度无不利影响。

假凝现象与很多因素有关，一般认为是由于水泥粉磨时磨内温度较高，使二水石膏脱水成半水石膏的缘故。当水泥加水拌和后，半水石膏迅速水化为二水石膏，形成针状结晶网状结构，从而引起浆体固化。另外，某些含碱较高的水泥，硫酸钾与二水石膏生

成钾石膏迅速长大，也会造成假凝。

2. 水泥凝结时间前后变化

某立窑水泥厂生产的普通水泥游离氧化钙含量较高，加水拌和后初凝时间仅40 min，本属于废品。但后放置 1 个月，凝结时间又恢复正常，而强度下降，请分析原因。

解答：① 该立窑水泥厂的普通硅酸盐水泥游离氧化钙含量较高，该氧化钙相当一部分的煅烧温度较低。加水拌和后，水与氧化钙迅速反应生成氢氧化钙，并放出水化热，使浆体的温度升高，加速了其他熟料矿物的水化速度，从而产生了较多的水化产物，形成了凝聚–结晶网结构，所以凝结时间恢复正常。

② 水泥放置一段时间后，吸收了空气中的水汽，大部分氧化钙生成氢氧化钙，或进一步与空气中的二氧化碳反应，生成碳酸钙。故此时加入水拌和后，不会再出现原来的水泥浆体温度升高、水化速度过快、凝结时间过短的现象。但其他水泥熟料矿物也会和空气中的水汽反应，部分产生结团、结块，导致强度下降。

2.3.5　水泥石的腐蚀与防护

1. 软水的侵蚀（溶出性侵蚀）

（1）反应：氢氧化钙溶于水。

$$Ca(HCO_3)_2 + Ca(OH)_2 \Longrightarrow 2CaCO_3 + 2H_2O$$

（2）条件：流动的水及压力水作用。在静水及无水压的情况下，水泥石中的氢氧化钙会被溶出，溶出的氢氧化钙所饱和，使溶解作用中止，所以溶出仅限于表层，影响不大。但在流动的水及压力水作用下，氢氧化钙会不断地溶解流失，而且，由于石灰浓度的继续降低，还会引起其他水化物的分解溶出，使水泥石结构遭受进一步的破坏。

（3）水泥石腐蚀的原因：孔隙率大以及氢氧化钙的存在。

（4）水泥石腐蚀的原理：环境水中的重碳酸盐 $Ca(HCO_3)_2$ 与水泥石中的 $Ca(OH)_2$ 反应，生成的碳酸钙积聚在水泥石的孔隙中，形成了致密的保护层，阻止了外界的入侵。

2. 盐类腐蚀

1）硫酸盐的腐蚀

（1）反应：在海水、湖水、盐沼水、地下水、某些工业污水及流经高炉矿渣或煤渣的水中常含钠、钾、铵等硫酸盐，它们与水泥石中的氢氧化钙起置换作用，生成硫酸钙。硫酸钙与水泥石中的固态水化铝酸钙作用生成高硫型水化硫铝酸钙。

（2）机理：生成的高硫型水化硫铝酸钙含有大量的结晶水，比原有的体积增加 1.5 倍以上，由于是在已经固化的水泥石中产生上述反应，因此对水泥石起极大的膨胀破坏作用。

（3）条件：硫酸根、氢氧化钙以及水化铝酸钙的存在，三者缺一不可。

（4）特例：如果是硫酸铵，生成氨气，破坏将更加剧烈。

2）镁盐的腐蚀（溶解性）

$$MgSO_4 + Ca(OH)_2 + 2H_2O \Longrightarrow CaSO_4 \cdot 2H_2O + Mg(OH)_2$$

$$MgCl_2 + Ca(OH)_2 \Longrightarrow CaCl_2 + Mg(OH)_2$$

生成的氢氧化镁松软而无胶凝能力，氯化钙易溶于水，二水石膏则引起硫酸盐的破坏作用。因此，硫酸镁对水泥石起镁盐和硫酸盐的双重腐蚀作用。

3．酸类腐蚀

1）碳酸腐蚀

$$Ca(OH)_2 + CO_2 + H_2O \Longrightarrow CaCO_3 + 2H_2O$$

生成的碳酸钙再与含碳酸的水作用转变成重碳酸钙，是可逆反应：

$$CaCO_3 + CO_2 + H_2O \Longleftrightarrow Ca(HCO_3)_2$$

生成的重碳酸钙易溶于水。当水中含有较多的碳酸，并超过平衡浓度时，则上式反应向右进行。因此水泥石中的氢氧化钙，通过转变为易溶的重碳酸钙而溶失。氢氧化钙浓度降低，还会导致水泥石中其他水化物的分解，使腐蚀作用进一步加剧。

2）一般酸的腐蚀

例如，盐酸与水泥石中的氢氧化钙作用：$2HCl + Ca(OH)_2 \longrightarrow CaCl_2 + 2H_2O$，生成的氯化钙易溶于水。

硫酸与水泥石中的氢氧化钙作用：$H_2SO_4 + Ca(OH)_2 \longrightarrow CaSO_4 + 2H_2O$，生成的二水石膏或者直接在水泥石孔隙中结晶产生膨胀，或者再与水泥石中的水化铝酸钙作用，生成高硫型水化硫铝酸钙，其破坏性更大。

4．强碱的腐蚀

碱类溶液浓度不大时一般是无害的。但铝酸盐含量较高的硅酸盐水泥遇到强碱（如氢氧化钠）作用后会破坏。氢氧化钠与水泥熟料中未水化的铝酸盐作用，生成易溶的铝酸钠。

当水泥石被氢氧化钠浸透后又在空气中干燥，与空气中的二氧化碳作用而生成碳酸钠，碳酸钠在水泥石毛细孔中结晶沉积，而使水泥石胀裂。

5．腐蚀原因与防护措施

1）腐蚀原因

（1）水泥石中存在有引起腐蚀的组成成分氢氧化钙和水化铝酸钙。

（2）水泥石本身不密实，有很多毛细孔通道，侵蚀性介质易于进入其内部。

（3）腐蚀性介质的作用。

2）防护措施

（1）根据侵蚀环境的特点，合理选用水泥品种。例如采用水化产物中氢氧化钙含量较少的水泥，可提高对软水等侵蚀作用的抵抗能力。

（2）提高水泥石的紧密程度。硅酸盐水泥水化只需水（化学结合水）23%左右（占水泥质量的百分数），而实际用水量较大（占水泥质量的40%～70%），多余的水蒸发后形成连通的孔，腐蚀介质就容易进入水泥石内部，从而加速了水泥石的腐蚀。在实际工程中，提高混凝土或砂浆密实度的各种措施，如合理设计混凝土配合比、降低水灰比、仔细选择骨料、掺外加剂、改善施工方法等，均能提高其抗腐蚀能力。

（3）加做保护层。当侵蚀作用较强时，可在混凝土及砂浆表面加上耐腐蚀性高而且不适水的保护层，一般可用耐酸石料、耐酸陶瓷、玻璃、塑料、沥青等。

2.3.6　硅酸盐水泥的特性、应用与存放

1. 硅酸盐水泥的特性与应用

（1）早期强度发展快、等级高——适用于早强性工程。

（2）抗冻性好——适用与严寒地区工程。

（3）耐腐蚀性差——不宜用于软水工程。

（4）耐热性差——不宜用于高温工程。

（5）水化热大——不宜用于大体积工程。

2. 贮存

运输和贮存水泥要按不同品种、强度等级及出厂日期存放，并加以标记。

散装水泥应分库存放。袋装水泥一般堆放高度不应超过 10 袋，平均每平方米堆放1t，并应考虑现存现用。即使在良好的贮存条件下，也不可贮存过久，因为水泥会吸收空气中的水和二氧化碳，使颗粒表面水化甚至碳化，丧失胶凝能力，强度大大降低。在一般贮存条件下，经 3 个月后，水泥强度降低 10%～20%；经 6 个月后，降低 15%～30%；1 年后，降低 25%～40%。

2.4　掺混合材料的硅酸盐水泥

2.4.1　混合材料概述

在生产水泥时，为改善水泥性能、调节水泥强度等级，而加到水泥中去的人工的和天然的矿物材料，称为水泥混合材料。水泥混合材料通常分为活性混合材料和非活性混合材料两大类。

1. 定义

磨细水泥时掺入人工的或天然的矿物材料用以调整水泥强度等级、扩大范围、改善性能、增加品种等，称为水泥混合材料。

2. 种类

（1）活性混合材料：粒化高炉矿渣、火山灰、粉煤灰等。
（2）非活性混合材料：石灰岩、石浆岩等。

3. 活性混合材料的作用

活性混合材料与水调和后，本身不会硬化或硬化极为缓慢，强度很低。但在氢氧化钙溶液中，就会发生显著的水化，而在饱和的氢氯化钙溶液中水化更快。

2.4.2 普通硅酸盐水泥

1. 定义

凡由硅酸盐水泥熟料、6%～15%混合材料、适量石膏磨细制成的水硬性胶凝材料，称为普通硅酸盐水泥（简称普通水泥），代号 P•O。

2. 技术性质

只是细度不同，其余指标类似于硅酸盐水泥。

3. 特性

（1）水化热稍有降低。
（2）与硅酸盐水泥相比，强度等级降低。
（3）掺加混合材后，水泥的抗腐蚀性有所提高。

2.4.3 矿渣硅酸盐水泥

1. 定义

凡由硅酸盐水泥熟料和粒化高炉矿渣、适量石膏磨细制成的水硬性胶凝材料称为矿渣硅酸盐水泥（简称矿渣水泥），代号 P•S。

水泥中粒化高炉矿渣掺加量按质量百分比计为 20%～70%。允许用石灰石、窑灰、粉煤灰和火山灰质混合材料中的一种材料代替矿渣，代替数量不得超过水泥质量的 8%，替代后水泥中粒化高炉矿渣不得少于 20%。

2. 技术性质

矿渣硅酸盐水泥对细度、凝结时间及沸煮安定性的要求均与普通硅酸盐水泥相同，水化热大幅度降低。

3．特性

（1）强度等级范围有所扩大，适合一些低强度等级要求的混凝土。

（2）矿渣硅酸盐水泥中熟料矿物较少而活性混合材料(粒化高炉矿渣、火山灰和粉煤灰)较多，发生二次水化反应，密实度增加。

（3）矿渣水泥中熟料矿物含量比硅酸盐水泥的少得多，而且混合材料中的活性氧化硅、活性氧化铝与氢氧化钙、石膏的作用在常温下进行缓慢，故凝结硬化稍慢，早期（3d、7d）强度较低。但在硬化后期（28d 以后），由于水化硅酸钙凝胶数量增多，使水泥石的强度不断增长，最后甚至超过同强度等级的普通硅酸盐水泥。

（4）水化所析出的氢氧化钙较少，而且在与活性混合材料作用时，又消耗掉大量的氢氧化钙，水泥石中剩余的氢氧化钙就更少了。因此这种水泥抵抗软水、海水和硫酸盐腐蚀能力较强，宜用于水工和海港工程。

（5）具有一定的耐热性，因此可用于耐热混凝土工程。

（6）高炉矿渣有尖锐棱角，所以矿渣水泥的标准稠度需求量较大，但保持水分的能力较差，泌水性较大，故矿渣水泥的干缩性较大。

2.4.4　火山灰质硅酸盐水泥

1．定义

凡由硅酸盐水泥熟料和火山灰质混合材料、适量石膏磨细制成的水硬性胶凝材料称为火山灰质硅酸盐水泥（简称火山灰水泥），代号 P·P。水泥中火山灰质混合材料掺加量按质量百分比计为 20%～50%。

2．技术性质

火山灰质硅酸盐水泥的细度、凝结时间、沸煮安定性和强度的要求与矿渣硅酸盐水泥相同。

3．特性

（1）抗渗性好，耐水性好。

（2）干燥收缩较大，在干热条件下会产生起粉现象。因此，火山灰水泥不宜用于有抗热、耐磨要求和干热环境使用的工程。

（3）抗碳化性差。

（4）耐腐蚀性好。

2.4.5　粉煤灰硅酸盐水泥

1．定义

凡由硅酸盐水泥熟料和粉煤灰、适量石膏磨细制成的水硬性胶凝材料称为粉煤灰

硅酸盐水泥（简称粉煤灰水泥），代号 P·F。水泥中粉煤灰掺加量按质量百分比计为 20%～40%。

2．技术性质

粉煤灰硅酸盐水泥的细度、凝结时间、体积安定性和强度的要求与火山灰质硅酸盐相同。

3．特性

（1）粉煤灰的颗粒多呈球形微粒（见图2.5），内比表面积较小，吸附水的能力较小，因而粉煤灰水泥的干燥收缩小，抗裂性较好。

2.8μm

图 2.5　粉煤灰电镜照片

（2）较好的耐腐蚀性。

（3）抗碳化性差。

以上四种水泥的共同性质为：凝结硬化慢，早期强度低，后期强度发展较快；抗软水、抗腐蚀能力强；水化热低、放热速度慢；抗碳化能力差抗冻性差、耐磨性差；湿热敏感性强，适合蒸汽养护。

以上四种水泥各自的特性为：矿渣水泥耐热性强、干缩性较大、保水性差；火山灰水泥保水性好、抗渗性好、硬化干缩性显著；粉煤灰水泥干缩性小、抗裂性好。

2.4.6　复合硅酸盐水泥

凡由硅酸盐水泥、两种或两种以上规定的混合材料、适量石膏磨细制成的水硬性胶凝材料，称为复合硅酸盐水泥（简称复合水泥）。

水泥中混合材料总掺加量按质量百分比应大于 15%，不超过 50%。允许用不超过 8%的窑灰代替部分混合材料，掺矿渣时混合材料按量不得与矿渣硅酸盐水泥重复。

通用硅酸盐水泥特性与应用见表 2.4。

表 2.4　通用硅酸盐水泥的特性与应用

水泥品种	硅酸盐水泥	普通硅酸盐水泥	矿渣硅酸盐水泥	火山灰质硅酸盐水泥	粉煤灰硅酸盐水泥	复合硅酸盐水泥
特征	1. 强度高； 2. 快硬早强； 3. 抗冻耐磨性好； 4. 水化热大； 5. 耐腐蚀性差； 6. 耐热性较差	1. 早期强度较高； 2. 抗冻性较好； 3. 水热化较大； 4. 耐腐蚀性较好； 5. 耐热性较差	1. 早期强度低，但后期强度增长快； 2. 强度发展对温、湿度较敏感； 3. 水热化低； 4. 耐软水、海水、硫酸盐腐蚀性好； 5. 耐热性较好； 6. 抗冻性、抗渗性较差	1. 抗渗性较好，耐热性不及矿渣水泥，干缩大，耐磨性差； 2. 其他性能与矿渣水泥相同	1. 干缩性较小，抗裂性较好； 2. 其他性能与矿渣水泥相同	1. 早期强度较高； 2. 其他性能与所掺主要混合材料的水泥相近
适用范围	1. 高强混凝土； 2. 预应力混凝土； 3. 快硬早强结构； 4. 抗冻混凝土	1. 一般混凝土； 2. 预应力混凝土； 3. 底下与水中结构； 4. 抗冻混凝土	1. 一般耐热混凝土； 2. 大体积混凝土； 3. 蒸汽养护构件； 4. 一般混凝土构件； 5. 一般耐软水、海水、盐酸复试要求的混凝土	1. 水中、地下、大体积混凝土、抗渗混凝土； 2. 其他同矿渣水泥	1. 地上、地下与水中大体积混凝土； 2. 其他同矿渣水泥	1. 早期强度要求较高的混凝土工程； 2. 其他用途与所掺主要混合材料的水泥相近
不适用范围	1. 大体积混凝土； 2. 受腐蚀的混凝土； 3. 耐热混凝土， 4. 高温养护混凝土	1. 大体积混凝土； 2. 受腐蚀的混凝土； 3. 耐热混凝土， 4. 高温养护混凝土	1. 早期强度较高的混凝土； 2. 严寒地区及处在水位升降范围内的混凝土； 3. 抗渗性要求高的混凝土	1. 干燥环境及处在水位变化范围内的混凝土； 2. 有耐磨要求的混凝土； 3. 其他同矿渣水泥	1. 抗碳化要求的混凝土； 2. 其他同火山灰水泥； 3. 有抗渗要求的混凝土	与所掺主要混合材料的水泥类似

2.5　其 他 水 泥

在土木工程中，除了前两节介绍的通用水泥外，还需使用一些特性水泥和专用水泥。本节将介绍白色和彩色硅酸盐水泥、快硬硅酸盐水泥、铝酸盐水泥等。

2.5.1　白色和彩色硅酸盐水泥

1. 定义

凡以适当成分的生料烧至部分熔融，得到以硅酸钙为主要成分、氧化铁含量很小的白色硅酸盐水泥熟料，再加入适量石膏，共同磨细制成的水硬性胶凝材料称为白色硅酸盐水泥，简称白水泥。

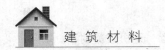

2. 着色方法

白色硅酸盐水泥是采用含极少量着色物质（氧化铁、氧化锰、氧化镁等）的原料，如纯净的高岭土、纯石英砂、纯石灰石或白垩等，在较高温度（500～1600℃）烧成熟料。其熟料矿物成分主要还是硅酸盐。为了保持白水泥的白度，在煅烧、粉磨和运输时均应防止着色物质混入，常采用天然气、煤气或重油作燃料，在磨机中用硅质石材或坚硬的白色陶瓷作为衬板及研磨体，不能用铸钢板和钢球。在熟料磨细时可加入 50%以内的石灰石或窑灰。

白色硅酸盐水泥熟料、石膏和耐碱矿物颜料共同磨细，可制成彩色硅酸盐水泥。耐碱矿物颜料对水泥不起有害作用，常用的有：氧化铁（红、黄、褐、黑色）、氧化锰（褐、黑色）、氧化铬（绿色）、赭石（赭色）、群青（蓝色）以及普鲁士红等，但制造红色、黑色或棕色水泥时，可在普通硅酸盐水泥中加入耐碱矿物颜料，而不一定用白色硅酸盐水泥。

3. 应用

白色和彩色硅酸盐水泥，主要用于建筑物内外的表面装饰工程上，如地面、楼面、楼梯、墙、柱及台阶等，可做成水泥拉毛、彩色砂浆、水磨石、水刷石、假石等饰面，也可用于雕塑及装饰部件或制品。使用白色或彩色硅酸盐水泥时，应以彩色大理石、石灰石、白云石等彩色石子或石屑和石英砂做粗细骨料。

2.5.2 快硬硅酸盐水泥

1. 定义

凡以硅酸盐水泥熟料和适量石膏磨细制成的，以 3d 抗压强度表示标号的水硬性胶凝材料，称为快硬硅酸盐水泥，简称快硬水泥。

2. 矿物组成

熟料中硬化最快的矿物成分是铝酸三钙和硅酸三钙。制造快硬水泥时，应适当地提高它们的含量，通常硅酸三钙为 50%～60%，铝酸三钙为 8%～14%，铝酸三钙和硅酸三钙的总量应不少于 60%～65%。为了加快硬化速度，可适当增加石膏的含量（达 8%）和提高水泥的粉磨细度。

3. 应用

快硬硅酸盐水泥的应用已日益广泛，主要适用于要求早期强度高的工程，紧急抢修的工程，抗冲击及抗震性工程，冬季施工，制作混凝土及预应力混凝土预制构件。

2.5.3　铝酸盐水泥

1. 定义

铝酸盐水泥是以铝矾土和石灰石为原料，经煅烧（或焙融状态），得到以铝酸钙为主、氧化铝含量大于 50% 的熟料，磨制的水硬性胶凝材料。它是一种快硬、高强、耐腐蚀、耐热的水泥。铝酸盐水泥又称高铝水泥。

2. 应用

铝酸盐水泥具有快凝、早强、高强、低收缩、耐热性好和耐硫酸盐腐蚀性强等特点，可用于工期紧急的工程、抢修工程、冬季施工的工程，以及配制耐热混凝土及耐硫酸盐混凝土。但高铝水泥的水化热大，耐碱性差，长期强度会降低，使用时应予以注意。

思 考 题

1. 什么是胶凝材料？
2. 简述石灰的熟化过程。
3. 石灰的性质有哪些？
4. 石膏的性质有哪些？
5. 水泥按用途和性能分为哪几类？
6. 什么是水泥的硬化？
7. 什么是水化热？水化热对工程有哪些影响？
8. 常见的水泥石腐蚀有哪些？
9. 硅酸盐水泥有哪些性质？
10. 通用硅酸盐水泥的特性和应用有哪些？

第3章 混凝土与砂浆

掌握混凝土的组成材料、主要性能。

掌握普通混凝土配合比设计。

了解其他水泥混凝土性能。

掌握建筑砂浆的组成材料、分类、性质、配合比及其应用。

📡 能力目标

能够进行混凝土配合比设计计算；能够进行混凝土和砂浆的拌制。

3.1 混凝土概述

混凝土，简称"砼"，是由胶凝材料、水和砂石按适当比例配合、拌制成拌和物，并经一定的时间硬化而成的人造石材。根据胶凝材料不同，混凝土可分为水泥混凝土、沥青混凝土、石膏混凝土、树脂混凝土等，工程中使用量最大的是以水泥为胶凝材料的水泥混凝土，简称普通混凝土。

根据表观密度，混凝土的分类如下。

（1）重混凝土：表观密度大于 2600kg/m³，是用特别密实和特别重的骨料（重晶石或钢块）制成的。如重品石混凝土、钢屑混凝土等，它们具有不透 X 射线和γ射线的性能。

（2）普通混凝土：表现密度为 1950～2500kg/m³，是用天然的砂、石做骨料配制成的。这类混凝土在土建工程中常用，如房屋及桥梁等承重结构、道路建筑中的路面等。

（3）轻混凝土：表观密度小于 1950kg/m³，可分为采用天然或人造的轻骨料配制的轻骨料混凝土、无细骨料的大孔径混凝土和多孔混凝土。这类混凝土具有保温隔热的性能。

此外，还有为满足不同工程的特殊要求而配制成的各种特种混凝土，如高强混凝土、流态混凝土、防水混凝土、耐热混凝土、耐酸混凝土、纤维混凝土、聚合物混凝土和喷射混凝土等。

混凝土在建筑工程中具有广泛的应用，这是由于相对于其他材料，混凝土具有众多的优点：

（1）原材料来源广泛。混凝土的主要材料——砂石都可以就地取材，并且原材料丰富。

（2）混凝土的组成和性能都可以根据施工要求进行调节，满足不同的需要。

（3）施工方便。在混凝土硬化前，可以将其浇注成任意形状，具有很好的塑性。

（4）匹配性好。混凝土和钢筋复合为钢筋混凝土，可以互补优缺点。

（5）耐久性好。相对于其他材料，混凝土不用给它刷油漆，不会生锈也不会腐烂，例如罗马时期修建的海湾工程到现在仍然在使用。

但同时混凝土具有抗拉强度低、受拉时变形能力小、自重大、生产周期长等缺点，不利于建筑向高层、大跨度方向发展。

3.2　普通混凝土的基本组成材料

普通混凝土（简称为混凝土）是由水泥、砂、石和水所组成，同时为改善混凝土的某些性能，还常加入适量的外加剂和掺和料。

3.2.1　组成材料的作用

砂、石占混凝土总体积的 2/3 以上，在混凝土中起骨架作用，故称为骨料（或集料）。骨料一般不与水泥发生化学反应，体积也不发生变化，抑制结构的变形。

水泥与水形成水泥浆，水泥浆包裹在骨科表面并填充其空隙。在硬化前，水泥浆起润滑作用，赋予拌和物一定和易性，便于施工。水泥浆硬化后，则将骨料胶结成一个坚实的整体。

外加剂和掺和料，在硬化前能改善拌和物的和易性，而且现代化施工工艺对拌和物的高和易性要求，只有加入适宜的外加剂才能满足。硬化后，能改善混凝土的物理力学性能和耐久性等，尤其是在配制高强度混凝土、高性能混凝土时，外加剂和掺和料是必不可少的。

3.2.2　组成材料的技术要求

1. 水泥

1）水泥品种选择

配制混凝土一般可采用硅酸盐水泥、普通硅酸盐水泥、矿渣硅酸盐水泥、火山灰质硅酸盐水泥、粉煤灰硅酸盐水泥和复合硅酸盐水泥。必要时也可采用快硬硅酸盐水泥或其他水泥。水泥的性能指标必须符合现行国家有关标准的规定。施工中应该根据混凝土工程的特点，工程的环境条件和工程进度的要求来进行选择，如表 3.1 所示。

表 3.1　普通硅酸盐水泥的选用

水泥品种使用部位及环境		硅酸盐水泥	普通水泥	矿渣水泥	火山灰水泥	粉煤灰水泥
工程特点	1. 厚大体积混凝土	×	△	☆	☆	☆
	2. 快硬混凝土	☆	△	×	×	×
	3. 高强（高于 C40）混凝土	☆	△	△	×	×
	4. 有抗渗要求的混凝土	☆	☆	×	☆	☆
	5. 耐磨混凝土	☆	☆	△	△	×
环境条件	1. 在普通气候环境中的混凝土	△	△	△	△	△
	2. 在干足环境中的混凝土	△	☆	△	△	△
	3. 在高湿度环境中或永远在水下的混凝土	△	△	☆		
	4. 在严寒地区的露天混凝土，寒冷地区处在水位升降范围内的混凝土	☆	☆	△	×	×
	5. 严寒地区在水位升降范围内的混凝土	☆	☆	×	×	×

注：☆号表示优先选用；△表示可以使用；×表示不得使用。

2）水泥强度等级选择

水泥强度等级的选择应与混凝土的设计强度等级相适应，以充分利用水泥的活性。配制高强度等级的混凝土，选用高强度等级的水泥；配制低强度等级的混凝土，选用低强度等级的水泥。若用高强度等级的水泥配制低强度等级的混凝土时，则水泥用量偏少，影响混凝土的和易性、密实度和耐久性，所以应掺入一定量的掺和料。若用低强度等级的水泥配制高强度等级的混凝土时，会使水泥用量过多，不经济，而且会影响混凝土的其他技术性质。表 3.2 所示列出了各水泥强度等级宜配制的混凝土。

表 3.2　水泥强度等级可配制的混凝土强度

水泥强度等级	宜配制的混凝土强度等级
32.5	C25 以下
42.5	C30～C40
52.5	C40～C60
62.5	C60 以上

2. 骨料

混凝土中的骨料按粒径大小的不同，可以分为细骨料和粗骨料。粒径在 0.15～4.75mm 之间的骨料为细骨料，粒径在 4.75mm 以上的骨料为粗骨料。骨料总体积占混凝土体积的 70%～80%，因此骨料的性能对于所配制的混凝土性能有很大的影响。为了保证混凝土的质量，骨料的性能要严格控制。

1）细骨料

混凝土的细骨料通常采用天然砂，有时根据需要也采用人工砂。天然砂是指由自然风化、水流搬运和分选、堆积而形成的，粒径小于 4.75mm 的岩石颗粒，但不包括软质岩、分化岩石的颗粒。按产源的不同，天然砂可以分为河沙、湖砂、山砂及淡化海砂。人工砂是经除土处理的机制砂、混合砂的统称。机制砂是由机械破碎、筛分制成的，粒径小于 4.75mm 的岩石颗粒，但不包括软质岩、分化岩石的颗粒；混合砂是由机制砂和天然砂混合制成的。

砂按照细度模数的大小分为粗、中、细三种规格，按技术要求分为 I 类、II 类、III 类三种类别：I 类用于配制强度等级大于 C60 的混凝土，II 类用于配制强度等级为 C30～C60 的混凝土及有抗冻、抗渗和其他要求的混凝土，III 类用于配制强度等级低于 C30 的混凝土。

细骨料的质量要求主要有以下几个方面。

第一，有害杂质。

砂中常含有一些有害杂质，如云母、黏土、淤泥、粉砂等，云母呈薄片状，表面光滑，与水泥石黏结极弱，会降低混凝土的强度及耐久性。黏土、淤泥等黏附在砂粒表面，阻碍砂与水泥石的黏结，除降低混凝土的强度及耐久性外，还增大干缩率，降低抗陈性和抗渗性。一些有机杂质、硫化物及硫酸盐，它们都对水泥有腐蚀作用。

重要工程中混凝土使用的砂，应进行碱活性检验，经检验判断为有潜在危害时，在配制混凝土时，应使用含碱量小于 0.6%的水泥或采用能抑制碱-骨料反应的掺和料，如粉煤灰等；当使用含钾、钠离子的外加剂时，必须进行专门试验。在一般情况下，海砂可以配制混凝土和钢筋混凝土，但由于海砂含盐量较大，对钢筋有锈蚀作用，故对于钢筋混凝土，海砂中氯离子含量不应超过 0.06%(以干砂重的百分率计)。预应力混凝土不宜用海砂。若必须使用海砂时，则应经淡水冲洗，其氯离子含量不得大于 0.02%。

有些杂质如泥土、贝壳和杂物可在使用前经过冲洗、过筛处理将其清除。特别是配制高强度混凝土时更应严格一些。当用较高强度等级的水泥配制低强度混凝土时，由于水灰比(水与水泥的质量比)大，水泥用量少，拌和物的和易性不好。这时，如果砂中泥土细粉多一些，则只要将搅拌时间稍加延长，就可改善拌和物的和易性。

第二，颗粒形状及表面特征。

细骨科的颗粒形状及表面特征会影响其与水泥的黏结及混凝土拌和物的流动性。山砂的颗粒多具有棱角，表面粗糙，与水泥黏结较好，用它拌制的混凝土强度较高，但拌和物的流动性较差；河砂、海砂颗粒多呈圆形，表面光滑，与水泥的黏结较差，用来拌制混凝土，混凝土的强度则较低，但拌和物的流动性较好。

第三，砂子的含水状态。

砂中所含水分可分为四种状态，如图 3.1 所示。

（1）完全干燥（烘干）状态：在不超过 110℃的温度下烘干，达到恒重的状态。

（2）风干（气干）状态：不但砂的表面是干燥的，内部也有一部分呈干燥状态。

（3）饱和面干（表干）状态：颗粒表面是干燥的，而内部孔隙为含水饱和状态。

（4）含水湿润（潮湿）状态：颗粒的内部吸水饱和，而且表面也吸附有水的状态。

完全干燥状态　　　气干状态　　　饱和面干状态　　　含水润湿状态
（烘干砂）　　　（风干砂）　　　（饱和面干砂）　　　（湿砂）

图 3.1　砂子的含水状态

由于砂中含水量不同，将影响混凝土的拌和水量和砂的用量。所以在混凝土配合比设计中，为了有可比性，规定砂的用量应按干燥状态为准计算，也可以既不吸收混凝土中的水分，也不带入多余水的饱和面干状态为准计算，对于其他状态的含水率应进行换算。

第四，砂的颗粒级配及粗细程度。

砂的粗细程度是指不同粒径的砂粒混合在一起后的平均粗细程度。通常有粗砂、中砂与细砂之分。砂的颗粒级配是指砂中不同粒径颗粒的组合情况。如图 3.2 所示，（a）堆颗粒中粒径一样，而（b）、（c）堆中除了等径的，还有中等的和稍微小的颗粒，因此（b）、（c）的空隙比（a）小。

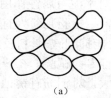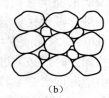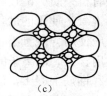

（a）　　　　　（b）　　　　　（c）

图 3.2　砂的颗粒级配

砂的粗细程度及颗粒级配，常采用筛分析法进行测定。用级配区表示砂的颗粒级配，用细度模数表示砂的粗细。筛分析法是用一套孔径为 5.00mm、2.50mm、1.25mm、0.63mm、0.32mm 和 0.16mm 的标准筛，称取 500g 重的干砂试样由粗孔筛到细孔筛依次过筛，然后称得余留在各个的标准筛上的砂的重量，并计算出各筛上的分计筛余百分率及累计筛余百分率。计算关系如表 3.3 所示。

表 3.3　累计筛余和分计筛余计算

方孔筛	分计筛余		累计筛余百分率/%
	质量/g	百分率/%	
4.75mm	m_1	$a_1=m_1/500$	$A_1=a_1$
2.36mm	m_2	$a_2=m_2/500$	$A_1=a_1+a_2$
1.18mm	m_3	$a_3=m_3/500$	$A_1=a_1+a_2+a_3$
600μm	m_4	$a_4=m_4/500$	$A_1=a_1+a_2+a_3+a_4$
300μm	m_5	$a_5=m_5/500$	$A_1=a_1+a_2+a_3+a_4+a_5$
150μm	m_6	$a_6=m_6/500$	$A_1=a_1+a_2+a_3+a_4+a_5+a_6$

细度模数（M_x）的公式为：

$$M_x = \frac{(A_2 + A_3 + A_4 + A_5 + A_6) - 5A_1}{100 - A_1}$$

细度模数越大，则颗粒越粗。按细度模数可将砂子分为粗、中、细三种规格：M_x 在 3.70～3.10 的为粗砂，M_x 在 3.00～2.30 的为中砂，M_x 在 2.20～1.60 的为细砂，M_x 在 1.50～0.70 的为特细砂。细集料越细，则配制的混凝土黏聚性越大。

根据 0.63mm 筛的累计筛余，可将细集料的级配分成 1、2、3 三个区，如表 3.4 所示。

表 3.4　砂的颗粒级配

累计筛余/%　级配区 方筛孔	1	2	3
0.95mm	0	0	0
4.75mm	10～0	10～0	10～0
2.36mm	35～5	25～0	15～0
1.18mm	65～35	50～10	25～0
600μm	85～71	70～41	40～16
300μm	95～80	92～70	85～55
150μm	100～90	100～90	100～90

为了更加直观地分析，根据表 3.4 规定可画出三个级配区的筛分曲线，如图 3.3 所示。

配制混凝土应选用 2 区砂，应适当增加砂子的用量，并保证足够的水泥用量，以满足混凝土和易性的要求。当采用 3 区砂时，为了保证混凝土的强度，应适当减少砂子的用量。选用砂时应尽量就地取材。若有些地区自然级配不合适，在可能的情况下可将粗细两种砂掺配使用，以调整粗细程度或改善其级配。

第五，其他物理性质。

在配制混凝土时，有时候还对砂的其他物理性能做了要求，例如：堆积密度、坚固性。

【例 3-1】用 500g 烘干砂进行筛分试验，各筛上筛余称量如表 3.5 所示，计算此砂的细度模数。

解：

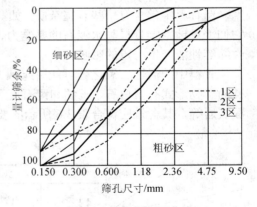

图 3.3　砂的级配区曲线

$$M_x = \frac{(26 + 36 + 62 + 86 + 98) - 5 \times 6}{100 - 6} = 2.85$$

M_x 在 3.00～2.30 之间，所以为中砂。

表 3.5 砂样筛余结果

筛孔尺寸/mm	质量/g	分计筛余/%	累计筛余/%
5.00	30	6	6
2.50	50	10	16
1.25	100	20	36
0.63	130	26	62
0.32	120	24	86
0.16	60	12	98
通过 0.16 的部分	10	2	100

2）粗骨料

普通混凝土常用的粗骨料分卵石和碎石两类。卵石是由天然岩石经自然风化、水流搬运和分选、堆积形成的粒径大于 4.75mm 的颗粒，按其产源可分为河卵石、海卵石、山卵石等几种。碎石大多由天然岩石经破碎、筛分而制成，也可将大卵石轧碎筛分制成粒径大于 4.75mm 的颗粒。 混凝土所用的碎石和卵石总体要求与砂子类似，即清洁、质地坚硬、级配良好、细度适当。卵石、碎石按技术要求分为 I 类、II 类、III 类三种类别：I 类宜用于强度等级大于 C60 的混凝土；II 类宜用于强度等级为 C30～C60 及抗冻、抗渗或其他要求的混凝土；III 类宜用于强度等级小于 C30 的混凝土。对卵石和碎石的质量及技术要求主要有以下几个方面。

第一，有害杂质。

粗骨科中常含有一些有害杂质，如黏土、淤泥、细屑、硫酸盐、硫化物和有机杂质。它们严重地影响骨料与水泥石的黏结力、降低和易性，对混凝土的抗拉、抗冻、抗渗、收缩等性能产生一定的影响。

骨料中的活性二氧化硅可能引起碱—集料反应时，必须进行专门的检验。活性氧化硅的矿物形式有蛋白石、玉髓和鳞石英等，含有活性氧化硅的岩石有流纹岩、安山岩和凝灰岩等，其含量应符合表 3.6 所示的要求。

表 3.6 砂、石中有害物质含量

集料种类 类别 项目	砂			卵石、碎石		
	I 类	II 类	III 类	I 类	II 类	III 类
云母（按质量计）/%	<1.0	<2.0	<2.0			
轻物质（按质量计）/%	<1.0	<1.0	<1.0			
有机物（比色法）	合格	合格	合格	合格	合格	合格
硫化物及硫酸盐 （按 SO_3 质量计）/%	<0.5	<0.5	<0.5	<0.5	<1.0	<1.0
氯化物（以 Cl^- 质量计）/%	<0.01	<0.02	<0.06			

第二，颗粒形状及表面特征。

碎石具有棱角，表面粗糙，与水泥黏结较好，而卵石多为圆形，表面光滑，与水泥的黏结较差，在水泥用量和水用量相同的情况下，碎石拌制的混凝土流动性较差，但强度较高，而卵石拌制的混凝土流动性较好，但强度较低。

在粗集料中，颗粒长度大于该颗粒所属粒级的平均粒径的 2.4 倍者为针状颗粒；厚度小于平均粒径的 0.4 倍者为片状颗粒。针状、片状颗粒会降低集料的密实度，容易折断，所以会使拌和物的和易性差，降低硬化后混凝土的强度，在拌制混凝土时要严格控制针状和片状颗粒的含量。

第三，最大粒径。

粗骨料中公称粒级的上限称为该粒级的最大粒径。当骨料粒径增大时，其比表面积随之减小，因此，保证一定厚度润滑层所需的水泥浆或砂浆的数量也相应减少。所以粗骨料的最大粒径应在条件许可下，尽量选用大一些的。最大粒径的选择应从以下几方面考虑：

不得超过结构截面最小尺寸的 1/4，同时不得大于钢筋间最小净距的 3/4。

对于混凝土实心板，可允许采用最大粒径达 1/2 板厚的骨科，但不得超过 50mm。

对于泵送混凝土，为防止混凝土泵送时管道堵塞，保证泵送的顺利进行，其粗骨料的最大粒径与输送管的管径之比，碎石不宜大于 1∶3，卵石不宜大于 1∶2.5。水泥混凝土路面混凝土板用粗骨料，其最大粒径不得超过板厚 1/3，且不应超过 40mm。

第四，颗粒级配。

粗骨料级配与细骨料级配的原理基本相同。级配好坏对节约水泥和保证混凝土具有良好的和易性有很大关系。特别是配制高强度混凝土和高性能混凝土，石子级配更为重要。

粗骨料级配有连续级配与间断级配两种，连续级配是从最大粒径开始，由大到小各级相连，其中每一级石子都占有适当的比例。间断级配是各级石子不相连，即省去中间的一、二级石子。石子的级配也通过筛分试验来确定，石子的标准筛有孔径为 2.5mm、5mm、10mm、16mm、20mm、25mm、31.5mm、40mm、50mm、63mm、80mm 及 100mm 等 12 个筛。石子的颗粒级配范围如表 3.7 所示。

第五，强度。

用于混凝土的粗骨料，都必须是质地致密，具有足够的强度。碎石或卵石的强度可用岩石立方体强度和压碎指标两种方法表示。

岩石立方体强度：是将岩石制成 5cm×5cm×5cm 的立方体（或直径与高均为 5cm 的圆柱体）试件，在水饱和状态下，测定试件的抗压强度，作为岩石立方体强度。岩石的极限抗压强度应不小于混凝土强度的 1.5 倍，火成岩试件的强度不宜低于 80MPa，变质岩试件不宜低于 60MPa，水成岩试件不宜低于 30MPa。

表 3.7 普通混凝土用碎石及卵石的颗粒级配（GB/T 14685—2011）

	方筛孔径/mm 累计筛余/% 公称粒径/mm	2.36	4.75	9.50	16.0	19.0	26.5	31.5	37.5	53.0	63.0	75.0	90
连续粒级	5~10	95~100	80~100	0~15	0								
	5~16	95~100	85~100	30~60	0~10	0							
连续粒级	5~20	95~100	90~100	40~80		0~10	0						
	5~25	95~100	90~100	—	30~70	—	0~5	0					
	5~31.5	95~100	90~100	70~90		15~45	—	0~5	0				
	5~40	—	95~100	70~90		30~65			0~5	0			
单粒粒级	10~20		95~100	85~100		0~15	0						
	16~31.5		95~100		85~100			0~10	0				
	20~40			95~100	80~100			0~10	0				
	31.5~63				95~100			75~100	45~75		0~10	0	
	40~80					95~100			70~100		30~60	0~10	0

压碎指标：是将一定质量气干状态下粒径为 10~20mm 的石子装入一定规格的圆筒内，在压力机上施加荷载到 200kN，卸荷后称取试样质量（m_0），用孔径为 2.5mm 的筛筛除被压碎的细颗粒，称取试样的筛余量（m_1）。则压碎指标值按下式计算：

$$压碎指标\left(\delta_a\right)=\frac{m_0-m_1}{m_0}\times100\%$$

压碎指标值越小，说明骨料抵抗压碎的能力越强，骨料的压碎指标值不应超过表 3.8 所示的规定。

表 3.8 碎石、卵石的压碎指标

项目	指标		
	I 类	II 类	III 类
碎石压碎指标/%	<10	<20	<30
卵石压碎指标/%	<12	<16	<16

第六，坚固性。

骨料的坚固性反映骨料在气候、外力或其他物理因素作用下抵抗破碎的能力。有抗冻要求的混凝土所用的粗骨料，要求测定其坚固性，即用硫酸钠溶液法检验。

第七，骨料的含水状态。

骨料一般有干燥状态、气干状态、饱和面干状态和湿润状态四种含水状态，如图 3.4 所示。骨料的含水量将会影响混凝土的拌和水量和骨料的用量。骨料含水率等于或接近于零时称干燥状态 [图 3.4（a）]；含水率与大气湿度相平衡时称气干状态 [图 3.4（b）]；

骨料表面干燥而内部孔隙含水达饱和时称饱和面干状态 [图 3.4 （c）]；骨料不仅内部孔隙充满水，而且表面还附有一层表面水时称湿润状态 [图 3.4 （d）]。

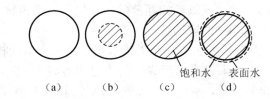

图 3.4　骨料的含水状态

3. 混凝土拌和及养护用水

混凝土拌和用水宜采用技术指标合格的自来水。一般饮用水、地下水和地表水即可拌和混凝土。为节约用水、保护环境，经处理达到要求的工业废水也可以用来拌制混凝土。海水中含有硫酸盐、镁盐和氯化物，对水泥石有侵蚀作用，对钢筋也会造成锈蚀，因此不得用于拌制钢筋混凝土和预应力混凝土。

4. 混凝土外加剂

混凝土外加剂是指在混凝土拌和过程中掺入的，用以改善混凝土性能的物质。除特殊情况外，掺量一般不超过水泥用量的 5%。

外加剂的使用是混凝土技术的重大突破。随着混凝土工程技术的发展，对混凝土性能提出了许多新的要求，如：泵送混凝土要求高的流动性；冬季施工要求高的早期强度；高层建筑、海洋结构要求高强度、高耐久性。这些性能的实现，需要应用高性能外加剂。由于外加剂对混凝土技术性能的改善，它在工程中应用的比例越来越大，不少国家使用掺外加剂的混凝土已占混凝土总量的 60%～90%。因此，外加剂也就逐渐成为混凝土中的第五种成分。

混凝土外加剂有多种功能，如能减少拌和用水，改善混凝土工作性，调解凝结硬化时间，控制强度发展规律，改善和提高耐久性等。混凝土外加剂种类繁多，常用的外加剂有：减水剂、早强剂、引气剂（加气剂）、速凝剂、缓凝剂、防冻剂、防水剂、着色剂、养护剂等。

1）减水剂

减水剂是指在混凝土坍落度基本相同的条件下，能减少拌合用水量的外加剂，减水剂一般为表面活性剂，按其功能分为：普通减水剂、高效减水剂、早强减水剂、缓凝减水剂和引气减水剂等。常用减水剂有木质素磺酸盐系；多环芳香族磺酸盐系；水溶性树脂磺酸盐系；糖钙以及腐植酸盐等。

（1）减水剂的作用机理。

① 吸附-分散作用。水泥加水拌和后，由于水泥颗粒间分子引力的作用，产生许多絮状物而形成絮凝结构，使得拌和水（游离水）被包裹在其中（见图 3.5），从而降低了

混凝土拌和物的流动性。当加入适量减水剂后，减水剂分子定向吸附于水泥颗粒表面，亲水基端指向水溶液。因亲水基团的电离作用，使水泥颗粒表面带上电性相同的电荷，产生静电斥力（见图3.6），使水泥颗粒相互分散，导致絮凝结构解体，释放出游离水，从而有效地增大了混凝土拌和物的流动性。

② 润滑塑化作用。阴离子表面活性剂类减水剂，其亲水基团极性很强，易与水分子以氢键的形式结合，在水泥颗粒表面形成一层稳定的溶剂化水膜，这层水膜是很好的润滑剂，有利于水泥颗粒的滑动，从而使混凝土流动性得到进一步提高。减水剂还能使水泥更好地被水湿润，也有利和易性的改善。

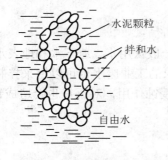

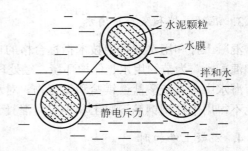

图3.5　絮凝结构示图意图　　　　　　图3.6　减水作用示意图

（2）减水剂的使用效果。

① 在保持混凝土强度和坍落度不变的情况下，可节约水泥用量5%～20%。

② 在保持混凝土用水量及水灰比不变的情况下，可使混凝土的坍落度增大100～200mm。

③ 在保持混凝土拌和物流动性不变的情况下，可使混凝土的单位用水量减少10%～25%，如果掺高效型减水剂可减少用水量20%～30%，从而大幅度提高了混凝土的强度。

④ 由于用水量的减少，混凝土的泌水、离析现象减少，提高了混凝土的抗渗性，从而提高了混凝土的耐久性。

（3）减水剂的掺入方法。

减水剂的应用范围很广泛，但应根据工程的要求、掺用目的，并结合减水剂的功能及其经济性等综合考虑选用。同时，还应考虑减水剂对水泥的适应性，因此应通过必要的试验来确定，砼拌和物的坍落度一般都要随拌和后时间的延长而降低，常称为坍落度损失。掺高效减水剂，坍落度损失更大，为了减少坍落度损失，可采用"后掺法"或"滞水掺入法"。两种掺法可以弥补混凝土的坍落度损失，而且较普通掺法能增大减水效果，节约减水剂的用量。

2）早强剂

早强剂是加速混凝土早期强度发展的外加剂。早强剂的主要种类有：无机物类（氯盐类、硫酸盐类、碳酸盐类等）；有机物类（有机胺类、羧酸盐类等）；矿物类（天然矿物如明矾石，合成矿物如氟铝酸钙、无水硫铝酸钙等）。

早强剂对不同品种的水泥有不同的使用效果。有的早强剂会影响混凝土的后期强度，尤其在选用氯盐或氯盐的复合早强剂及早强减水剂，以及会有强电解质无机盐类的早强剂时，应遵照混凝土外加剂应用技术规范的规定。

早强剂可加速混凝土硬化，缩短养护周期，加快施工进度，提高模板周转率，多用于冬季施工或紧急抢修工程。在实际应用中，早强剂单掺效果不如复合掺加，因此较多使用由多种组分配成的复合早强剂，尤其是早强剂与早强减水剂同时复合使用，效果更好。

3）引气剂

引气剂是指加入混凝土中能产生许多微小、封装而稳定气泡的外加剂。常用的引气剂有松香热聚物，松香酸钠松香皂等。

引气剂在混凝土中形成无数分散性的独立气泡，使水泥颗粒分散和湿润，可减少混凝土拌和物泌水离析，改善和易性，并能显著提高硬化混凝土的抗冻性。引气剂主要用于对抗冻融性要求高的混凝土工程。

4）缓凝剂

缓凝剂是指延缓混凝土凝结时间，并对混凝土后期强度发展无不利影响的外加剂。

缓凝剂的品种及掺量，应根据混凝土的凝结时间、运输距离、停放时间、强度要求而确定，缓凝剂的主要品种有糖类、木质素磺酸盐类、羟基（羧）酸盐类及无机盐类。缓凝剂用于大体积混凝土，炎热气候条件下施工或长距离运输的混凝土。在使用前，必须了解不同外加剂的性能相应的使用条件，查阅出厂产品说明书，应进行有关试验确定掺量，使用不当如剂量过大或拌合不匀会酿成事故。

5. 掺和料

为了节约水泥，改善混凝土的性能，在混凝土拌制时掺入的掺量大于水泥质量 5%的矿物粉末，称为混凝土的掺和料，常用的有粉煤灰、硅粉、超细矿渣及各种天然的火山灰质材料粉末（如凝灰岩粉、沸石粉等）。在这些掺和料中以粉煤灰应用最为普遍。近年来，对硅粉及超细矿渣的研究与应用也有较大发展。

1）粉煤灰

从煤粉炉排出的烟气中收集到的颗粒粉末，称为粉煤灰。粉煤灰的化学成分主要有 SiO_2、Al_2O_3 及 Fe_2O_3 等。其中 SiO_2 及 Al_2O_3 二者之和常在 60% 以上，是决定粉煤灰活性的主要成分。此外，还含有 CaO、MgO 及 SO_3 等。CaO 含量较高的粉煤灰，其活性一般也较高，SO_3 是有害成分，应限制其含量。

粉煤灰的矿物组成主要为铝硅玻璃体，呈实心或空心的微小球形颗粒，称为实心微珠或空心微珠（简称漂珠）。其中实心微珠颗粒最细，表面光滑，是粉煤灰中需水量最小、活性最高的有效成分。粉煤灰还含有多孔玻璃体、玻璃体碎块、结晶体及未燃尽的

碳粒等。未燃尽的碳粒,颗粒较粗,会降低粉煤灰的活性,增大需水性,是有害成分。粉煤灰中含碳量可用烧失量评定。多孔玻璃体等非球形颗粒,表面粗糙,粒径较大,会增大需水量,当其含量较多时,粉煤灰品质就会下降。

拌制混凝土和砂浆的粉煤灰分为三个等级:Ⅰ级、Ⅱ级、Ⅲ级。其技术要求如表 3.9所示。

表 3.9 用于混凝土中的粉煤灰技术要求

粉煤灰等级	细度（45μm 方孔筛筛余）/%	烧失量/%	需水量比/%	三氧化硫含量/%
Ⅰ	≤12	≤5	≤95	≤3
Ⅱ	≤20	≤8	≤105	≤3
Ⅲ	≤45	≤15	≤115	≤3

Ⅰ级粉煤灰适用于钢筋混凝土和跨度小于 6m 的预应力钢筋混凝土。

Ⅱ级粉煤灰适用于钢筋混凝土和无筋混凝土。

Ⅲ级粉煤灰适用于无筋混凝土。

对强度等级不小于 C30 的无筋粉煤灰混凝土,宜采用 Ⅰ、Ⅱ 级粉煤灰。

2）磨细矿渣粉

磨细矿渣粉是以高炉水淬矿渣为主要原料,经干燥、粉磨处理而制成的超细粉末材料,细度大于 $350m^2/kg$,可等量替代 15%~50%的水泥,掺于混凝土中可收到以下几方面的效果:

（1）采用高强度等级水泥及优质粗、细骨料并掺入高效减水剂时,可配制出高强混凝土及 C100 以上的超高强混凝土。

（2）所配制出的混凝土干缩率大大减小,抗冻、抗渗性能提高,混凝土的耐久性显著改善。混凝土拌和物的和易性明显改善,可配制出大流动性且不离析的泵送混凝土。

C30 超细矿渣的生产成本低于水泥,使用其作为掺和料可以获得显著的经济效益。根据国内外的经验,使用超细矿渣掺和料配制高强或超高强混凝土是行之有效的、比较经济实用的技术途径,是当今混凝土技术发展的趋势之一。

矿渣粉分为 S75、S95 和 S105 三个等级,各等级的技术要求如表 3.10 所示。

3）硅灰

硅灰又叫硅微粉,也叫微硅粉或二氧化硅超细粉。硅灰是在冶炼硅铁合金和工业硅时产生的 SiO_2 和 Si 气体与空气中的氧气迅速氧化并冷凝而形成的一种超细硅质粉体材料。

硅灰颜色在浅灰色与深灰色之间,密度 $2.2g/cm^3$ 左右,比水泥（$3.1g/cm^3$）要轻,与粉煤灰相似,堆积密度一般为 $200～350kg/m^3$。硅灰颗粒非常微小,大多数颗粒的粒径小于 $1\mu m$,平均粒径为 $0.1\mu m$ 左右,仅是水泥颗粒平均直径的 1/100。硅灰的比表面积介于 $15\ 000～25\ 000m^2/kg$ 之间。硅灰的物理性质决定了硅灰的微小颗粒具有高度的分散性,可以充分地填充在水泥颗粒之间,提高浆体硬化后的密实度。

表 3.10　矿渣粉的技术指标（GB/T 18046—2008）

项目		级别		
		S105	S95	S75
密度/g/cm³，不小于		2.8		
比表面积/m²/kg，不小于		350		
活性指数/%，不小于	7d	95	75	22
	8d	105	95	75
流动度比/%，不小于		85	90	95
含水量/%，不大于		1.0		
三氧化硫/%，不大于		4.0		
氯离子/%，不大于		0.02		
烧失量/%，不大于		3.0		

混凝土中掺入硅粉后，可取得以下效果。

改善混凝土拌和物和易性。由于硅粉颗粒极细，比表面积大，其需水量比普通水泥的高，故混凝土流动性随硅粉掺量的增加而减小。硅粉的掺入，显著地改善了混凝土黏聚性及保水性，使混凝土完全不离析和几乎不泌水，故适宜配制高流态混凝土、泵送混凝土及水下灌注混凝土。

配制高强混凝土。硅粉的活性很高，当与高效减水剂配合掺入混凝土时，硅粉与 $Ca(OH)_2$ 反应生成水化硅酸钙凝胶体，填充水泥颗粒间的空隙，改善界面结构及黏结力，可显著地提高混凝土强度。

改善混凝土的孔隙结构，提高耐久性。混凝土中掺入硅粉后，虽然水泥石的总孔隙与不掺时基本相同，但其大孔减少，超微细孔隙增加，改善了水泥石的孔隙结构。因此，掺硅粉混凝土的耐久性显著提高。

3.3　混凝土的性能

3.3.1　新拌混凝土的和易性

1. 概念

和易性是指混凝土拌和物易于施工操作并能获得质量均匀、成型密实的性能，是一项综合的技术性质。包括流动性、黏聚性和保水性三方面的含义。

流动性是指混凝土拌和物在本身自重或施工机械振捣的作用下，能产生流动，并均匀密实地填满模板的性能。流动性的大小，反映拌和物的稀稠，它将影响施工振捣的难度和浇筑质量。

黏聚性是指混凝土拌和物在施工过程中其组成材料之间有一定的黏聚力，不致产生分层和离析的现象。混凝土黏聚性差，施工中易出现分层、离析等现象，致使混凝土硬

化后产生蜂窝、麻面、孔洞等缺陷，严重影响混凝土的质量。

保水性是指混凝土拌和物在施工过程中，具有一定的保水能力，不致产生严重的泌水现象。保水性差的混凝土在浇筑过程中，拌和物中的水分上升，并聚集到混凝土表面引起表面疏松，形成混凝土浇筑层间的薄弱部位，并且容易在混凝土中形成渗水通道，削弱了骨料或钢筋与水泥的黏结力，影响混凝土的强度和耐久性。

混凝土拌和物的流动性、黏聚性和保水性有其各自的内容，而它们之间是互相联系的，但常存在矛盾。因此，所谓和易性，就是这三方面性质在某种具体条件下矛盾统一的概念。

2. 和易性测定方法及指标

1）坍落度测定

（1）测定流动性的方法如下。

① 湿润坍落度筒（见图3.7）及其他用具，并把筒放在不吸水的刚性水平底板上，然后用脚踩住两边的脚踏板，使坍落筒在装料时保持位置固定。

② 把按要求取得的混凝土试样用小铲分三层均匀地装入筒内，使压实后每层的高度为筒高的1/3左右。每层用捣棒插捣25次。插捣应沿螺旋方向由外向中心进行，各次插捣应在截面上均匀分布。插捣筒边混凝土时，捣棒可以稍稍倾斜。插捣底层时，捣棒应贯穿整个深度，插捣第二层和顶层时，捣棒应插进本层至下一层的表面。

浇灌顶层时，混凝土应灌到高出筒口。在插捣过程中，如混凝土沉落到低于筒口，则应随时添加。顶层插捣完后，刮去多余的混凝土并用刀抹平。

③ 清除筒边底板上的混凝土后，垂直平稳地提起坍落度筒。坍落度筒的提离过程应在5～10s内完成。

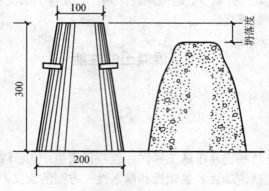

图3.7 坍落度筒

④ 提起坍落度筒后，量测筒高与坍落后混凝土试体最高点之间的高度差，即为该混凝土拌和物的坍落度值（以mm为单位，结果表达精确至mm）。

⑤ 坍落度筒提离后，如发生试体崩坍或一边剪坏现象，则应重新取样进行测定。

如第二次仍出现这种现象，则表示该拌和物和易性不好，应予记录备查。

（2）和易性分析和判断。坍落度越大，则混凝土拌和物的流动性越大。反之，流动性越小。

评定黏聚性的方法：用捣棒在拌和物的侧面轻轻敲击，出现以下情况：缓慢坍落，无骨料外露，黏聚性好；沿斜面下滑或骨料外露，黏聚性差；如拌和物液体突然发生崩塌或出现石子离析，则表明黏聚性差。

评定保水性的方法：观察稀浆析出，较多稀浆析出，说明保水性差；无稀浆析出，说明保水性良好。

（3）适用范围。坍落度法比较简便，在工程中的应用最为普遍，但它仅适用于石子最大粒径小于 40mm、坍落度值大于 10mm 的拌和物。

按坍落度的大小，将混凝土拌和物分为四级，如表 3.11 所示。

表 3.11 混凝土拌和物流动性的级别

坍落度/mm	拌和物类型	应用范围
>160	大流动性	泵送、不易浇注的窄面及钢筋密布的结构
100～150	流动性	泵送、不易浇注的窄面及钢筋密布的结构
10～90	塑性	普通结构，最常用
<10	低塑性	强力振捣，预制构件及基础、无筋的厚大结构等

对于稠度小于 10mm 的拌和物，通常采用下述的维勃稠度法。

2）维勃稠度测定

对于干硬性混凝土拌和物，采用维勃稠度仪（见图 3.8）测定其和易性。

维勃稠度试验方法：试验时按规定的方法将混凝土拌和物装入坍落度筒内后，垂直提起坍落度筒，将带有测杆的透明圆盘放到混凝土拌和物截锥体顶面，然后开动振动台，至透明圆盘的底面被水泥浆所布满的瞬间为止。振动所经历的时间（以 s 计）即为维勃稠度值。该方法适用于集料最大粒径不超过 40mm、维勃稠度在 5～10s 之间的混凝土拌和物。

3．坍落度的选择

正确选择混凝土拌和物的坍落度，对于保证混凝土的施工质量及节约水泥，具有重要意义。

选择坍落度的原则：在满足施工操作要求并能保证振捣密实的条件下尽可能采用较小的坍落度，以节约水泥并获得质量较高的混凝土。从施工的角度来说，坍落度适当大一些好，便于混凝土拌和物成型，但由此引起

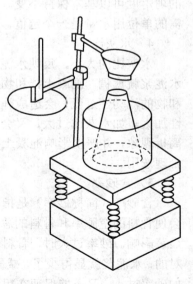

图 3.8 维勃稠度仪

水泥浆量增大，即水泥用量增多，且混凝土拌和物易离析、泌水；从节约水泥和获得均匀、密实的混凝土的角度来说，坍落度适当小一些好。

4. 影响和易性的因素

1）水泥品种

在几种常用的水泥品种中，硅酸盐水泥和普通水泥的密度较大，与火山灰质硅酸盐水泥相比，在水灰比相同时，水泥浆较稀，流动性较好，而火山灰质硅酸盐水泥流动性则较差，但保水性较好。矿渣硅酸盐水泥保水性较差。只有粉煤灰硅酸盐水泥的和易性最好。试验表明，如保持水灰比和其他条件均相同，粉煤灰硅酸盐水泥拌制的混凝土坍落度比同强度等级普通水泥拌制的混凝土大 20～30mm，而且粉煤灰硅酸盐水泥的保水性和黏聚性也都很好。

2）水泥浆用量

在水灰比不变的条件下，增加混凝土单位体积中水泥浆的用量，则混凝土单位体积中的骨料用量将相应地有所减少，而这势必增加骨料表面包裹层的厚度，增大了润滑作用，因而混凝土拌和物的流动性将增大。但若水泥浆量过多，超过了为使骨料表面的包裹厚度达到最大值（取决于水泥浆的黏聚力）所需的数量，则不仅不能再增大混凝土拌和物的流动性，而且还将出现流浆和泌水现象，使混凝土拌和物的黏聚性及保水性变差，影响混凝土的强度与耐久性。所以水泥浆的用量应达到所要求的流动。

3）用水量

混凝土中单位用水量是决定混凝土拌和物流动性的基本因素。当所用粗、细骨料的种类、比例一定时，即使水泥用量有适当的变化，只要单位用水量不变，混凝土拌和物的坍落度可以基本保持不变。也就是说，要使混凝土拌和物获得一定值的坍落度，其所需的单位用水量是一个定值，这就是所谓的恒定用水量法则。

4）水灰比

水灰比的大小，反映水泥浆的稀稠程度。在水泥用量不变的情况下，水灰比愈小，水泥浆就愈稠，混凝土拌和物流动性便愈小。当水灰比过小时，水泥浆干稠，混凝土拌和物的流动性过低，会造成施工困难，不能保证混凝土的密实性。增大水灰比，则流动性加大。如水灰比过大，又会造成混凝土拌和物的黏聚性和保水性不良，而产生流浆、离析现象，并严重影响混凝土的强度。所以水灰比一般应根据混凝土强度和耐久性要求合理选用。

5）含砂率

含砂率（简称砂率）是指混凝土中砂的重量占砂、石总重量的百分率。砂率的变动会使骨料的空隙率和骨料的总表面积有显著改变，因而对混凝土拌和物的和易性产生了显著影响。砂率过大时，骨料的总表面积及空隙率都会增大，若水泥浆量固定不变，相对的，水泥浆就显得少了，减弱了水泥浆的润滑作用，而使混凝土拌和物的流动性减小。如砂率过小，又不能保证在粗骨料之间有足够的砂浆层，也会降低混凝土拌和物的流动性，且黏聚性和保水性变差，造成离析、流浆。故砂率过大、过小都不好，中间存在一个合理砂率值（又称最优砂率）。合理砂率值是指在用水量及水泥用量一定时，能使混凝土拌和物获得最大流动性，且黏聚性及保水性良好的砂率值；或当采用合理砂率时，能在拌和物获得所要求的流动性及良好的黏聚性与保水性的条件下，使水泥用量最少。

6）外加剂

在拌制混凝土时，加入很少量的某些外加剂，如减水剂、引气剂等，能使混凝土拌和物在不增加水泥用量的条件下，获得很好的和易性，增大流动性和改善黏聚性，降低泌水性。并且由于改变了混凝土结构，还能提高混凝土的耐久性。

7）温度与时间

提高温度会使混凝土的坍落度减小，在 40℃以下，每升高 5℃，坍落度损失达到 10～40mm。随着时间的延长，混凝土拌和物的坍落度也会逐渐降低。其原因是由于拌和物的一部分水被骨料吸收、一部分水蒸发损失以及化学反应等。坍落度随时间的减小称为坍落度损失。施工中应考虑到这个因素。

5. 改善混凝土和易性的措施

针对影响混凝土和易性的因素，在施工中可以采用如下措施来改善混凝土的和易性。

（1）选用合理砂率，在条件允许时，尽可能选用较低的砂率，有利于和易性的改善，同时可以节省水泥。

（2）选用级配良好，而且针片状颗粒少的骨料，尽可能选择较粗的砂子和石子。

（3）掺加外加剂和掺和料来改善拌和物的工作性，满足施工的要求。

（4）坍落度过小时，保持水胶比不变，增大水泥浆的用量；坍落度过大时，保持水胶比不变，减小水泥浆的用量。

3.3.2　混凝土的强度

混凝土的强度分抗压、抗拉、抗弯及抗剪等，但抗压强度最大，故混凝土主要用于承受压力。混凝土的抗压强度是最重要的一项性能指标，它常作为结构设计的主要参数，也常用来作为评定混凝土质量的指标。

1. 立方体抗压强度

混凝土的抗压强度用得较多的是立方体抗压强度，有时也用棱柱体或圆柱体的抗压强度。按照国家标准规定，制作边长为 150 mm 的立方体试件，在标准条件(温度为 20℃，相对湿度 90%以上)下，养护到 28d 龄期，测得的抗压强度值称为混凝土立方体抗压强度，用"f_{cu}"表示。

在混凝土立方体抗压强度总体分布中，具有 95%保证率的抗压强度，称为立方体抗压强度标准值。根据立方体抗压强度标准值（以 MPa 计）的大小，将混凝土划分为不同的强度等级：C15、C20、C25、C30、C35、C40、C45、C50、C55、C60、C65、C70、

C75、C80。如强度等级 C30 是指立方体抗压强度标准值为 30MPa。

测定混凝土抗压强度时，也可采用非标准尺寸的试件，然后将测定结果乘以换算系数，换算成相当于标准试件的强度值。对于边长为 100mm 的立方体试件，应乘以 0.95；对于边长为 200mm 的立方体试件，应乘以 1.05。

2. 混凝土轴心抗压强度

混凝土强度等级是根据立方体试件确定的，但在钢筋混凝土结构设计计算中，考虑到混凝土构件的实际受力状态，计算轴心受压构件时，常以轴心抗原强度作为依据。

将混凝土制作成 150mm×150mm×300mm 的标准试件，在标准温度、标准湿度、养护 28d 的条件，测试件的抗压强度值，则为混凝土的轴心抗压强度。混凝土的轴心抗压强度与立方体抗压强度之比为 0.7～0.8。

3. 混凝土的抗拉强度

混凝土的抗拉强度比其抗压强度小得多，一般只有抗压强度的 1/13～1/10，且拉压强度比随抗压强度的增高而减小。在普通钢筋混凝土构件设计中不考虑混凝土承受拉力，但抗拉强度对混凝土的抗型性起着重要作用。我国采用立方体的劈裂抗拉试验来测定混凝土的抗拉强度（见图 3.9），称为劈裂抗拉强度 f_{ct}。该方法的原理是在试件的两个相对的表面上，作用着均匀分布的压力，这样就能够在外力作用的竖向平面内产生均布拉伸应力，拉伸应力可以根据弹性理论计算得出。这个方法大大地简化了抗拉试件的制作，并且较准确地反映了试件抗拉强度。

混凝土劈裂抗拉强度应按下式计算：

$$f_{ct} = 0.637 \frac{P}{A}$$

式中：f_{ct}——混凝土劈裂抗拉强度，MPa；

　　　P——破坏荷载，N；

　　　A——试件劈裂面面积，mm^2。

混凝土按劈裂试验所得的抗压强度 f_{cu} 换算成轴拉试验所得的抗拉强度 f_{ct}，应乘以换算系数，该系数可由试验确定。

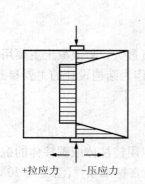

+拉应力　　−压应力

图 3.9　劈裂抗拉试验装置示意图

4. 混凝土的抗弯强度

混凝土的抗弯强度采用 150mm×150mm×600mm（或 550mm）的小梁作为标准试件，在标准条件下养护 28d 后，按三分点加荷方式测定，按下式计算：

$$f_{cf} = \frac{PL}{bh^2}$$

式中：f_{cf}——混凝土抗弯强度，MPa；

P——破坏荷载，N；

L——支座间距即跨度，mm；

b——试件截面宽度，mm；

h——试件截面高度，mm。

当采用 100mm×100mm×400mm 的非标准试件时，取得的抗弯强度值应乘以尺寸换算系数 0.85。

5. 影响混凝土强度的主要因素

影响混凝土强度的因素很多，如原材料的质量、配合比、拌和质量、养护条件以及试验方法等，但通过大量的工程实践证明，主要因素有以下五个方面。

1）水泥实际强度与水灰比的影响

水泥实际强度和水灰比是影响混凝土强度的主要因素。在其他条件不变的情况下，水泥的实际强度越高，混凝土的强度越高；在水泥强度相同的条件下，水灰比越小，混凝土的强度就越高。水灰比大，说明混凝土拌和时用水量大。待水泥硬化后，多余的水分挥发，使混凝土中的孔隙率增大，导致强度下降，大量的试验和工程实践证明．在原材料不变的情况下，混凝土 28d 龄期的抗压强度与水泥实际强度、水灰比的关系可由下面经验公式说明：

$$f_{cu,0} = a_a \cdot f_{ce}\left(\frac{C}{W} - a_b\right)$$

式中：$f_{cu,0}$——混凝土 28d 的立方体抗压强度，MPa；

a_a，a_b——回归系数，应根据施工时所用的水泥、粗细砂料的种类通过试验确定。当无法取得试验统计资料时，可按《普通混凝土配合比设计规程》（JGJ 55—2011）提供的回归系数取用，即

碎石混凝土：a_a=0.46，a_b=0.07；

卵石混凝土：a_a=0.48，a_b=0.33；

$\dfrac{C}{W}$——灰水比；

C——每立方米混凝土的水泥用量，kg/m³；

W——每立方米混凝土用水量，kg/m³；

f_{ce}——水泥 28d 的实际强度，MPa。

水泥厂为保证出厂水泥强度，其实际抗压强度要比产品标注强度高。在无法取得水泥实际强度数值时，可用下面公式算得：

$$f_{ce,k} = f_{ce} \cdot r_c$$

式中：$f_{ce,k}$——水泥强度，MPa；

r_c——水泥强度富余系数。不同质量的水泥在 1.00～1.13 之间波动，计算时取全国平均水平 r_c=1.13。对于出厂三个月以上或存放不良、有可能强度降低较

多的水泥，必须重新鉴定强度，并按实际强度代入公式进行计算。

利用强度公式，可以根据所用水泥强度和水灰比来核算所配制的混凝土强度等级，也可以根据水泥强度和要求的混凝土强度计算出应采用的水灰比。

2）养护条件的影响

混凝土的强度是在一定的湿度、温度的条件下，通过水泥的水化反应而逐步发展起来的。当混凝土所处的环境温度较高时，水泥水化反应加快进行，有利于水泥石的形成，混凝土强度则发展较快。反之，温度较低时，混凝土强度就发展较慢。冬期施工要给浇模后的混凝土采取人工保温、蓄热措施。如若温度降至零摄氏度以下，混凝土强度停止发展，直至因受冻而破坏。混凝土所处的环境周围干燥或者有风，造成混凝土失水干燥，强度也会停止发展，而且因水泥水化作用未能充分完成，造成混凝土内部结构疏松，表面还可能出现裂缝，对混凝土强度、耐久性都是不利的。因此为了保证浇模后的混凝土能正常凝结、硬化，应按施工工艺过程的有关规定，对混凝土进行保湿养护，使其在一定的时间内保持足够的湿润状态，以利于混凝土强度的增长。混凝土温度与保持潮湿之间的关系如图 3.10 所示。

《混凝土结构工程施工质量验收规范》（2011 版）规定，混凝土浇筑完毕后的 12h 以内，应对混凝土进行覆盖和浇水。浇水养护的时间，对于硅酸盐水泥、普通硅酸盐水泥或矿渣水泥配制的混凝土，浇水保温应不少于 7d；使用粉煤灰水泥、火山灰水泥或掺有缓凝剂配制的混凝土浇水保湿应不少于 14d。浇水次数多少以保持混凝土湿润状态为准。

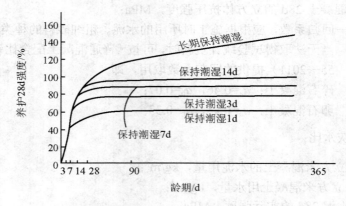

图 3.10 混凝土温度与保持潮湿之间的关系

3）养护龄期

在正常条件下，混凝土强度随养护龄期的增加而提高。一般 3～7d 强度发展较快，以后则发展较慢，28d 可以达到设计的强度等级，此后强度增加更为缓慢，但可以延续数十年之久。混凝土不同龄期强度的增长值如表 3.12 所示。

表 3.12　混凝土不同龄期强度的增长值

龄期	7d	28d	3 个月	6 个月	1 年	2 年	4～5 年	20 年
混凝土强度	0.6～0.75	1	1.25	1.5	1.75	2	2.25	3.0

4）粗骨料的品种

配制混凝土所用粗骨料为卵石和碎石两种类型，它们的强度都要高于水泥石的强度。但卵石中含有一定数量的软颗粒和针、片状颗粒及风化的岩石，将会降低混凝土的强度；碎石表面粗糙，多棱角，与水泥浆的黏结力最好。所以在水泥强度、水泥用量以及水灰比等条件不变的情况下，碎石混凝土的强度要高于卵石混凝土的强度。

5）试验条件

同一批混凝土试件，在不同的试验条件下，所测抗压强度值会有差异，其中最主要的因素是加荷速度的影响。加荷速度越快，测得的强度值越大，反之则强度值偏小。

除了以上几点影响混凝土强度的因素外，还有施工的各种因素，如混凝土的配料、搅拌、运输、浇筑、振捣和养护过程等，有一个环节如不严格按照施工规范进行，都会影响混凝土的强度。

6. 提高混凝土强度的措施

从上述分析影响混凝土强度的因素，可知提高强度的措施有以下几点。

1）采用高强度等级水泥或早强型水泥

在混凝土配合比相同的情况下，选用水泥的强度等级高的，可提高混凝土的早期强度，有利于加快施工进度。

2）采用低水灰比的干硬性混凝土

低水灰比的干硬性混凝土拌和物游离水分少，硬化后留下的孔隙少，混凝土密实度高，强度可显著提高。因此，降低水灰比是提高混凝土强度的最有效的途径。但水灰比过小，将影响拌和物的流动性，造成施工困难，一般采取同时掺加减水剂的方法，使混凝土在低水灰比下仍具有良好的和易性。

3）采用湿热处理养护混凝土

湿热处理，可分为蒸汽养护及蒸压养护两类，水泥混凝土一般不必采用蒸压养护。蒸汽养护，是将混凝土放在温度低于 100℃ 的常压蒸汽中进行养护。一般，混凝土经过16～20h 的蒸汽养护，其强度可达正常条件下养护 28d 强度的 70%～80%，蒸汽养护最适于掺活性混合材料的矿渣水泥、火山灰水泥及粉煤灰水泥制备的混凝土。因为蒸汽养护可加速活性混合材料内的活性 SiO_2 及活性 Al_2O_3 与水泥水化析出的 $Ca(OH)_2$ 反应，使混凝土不仅提高早期强度，而且后期强度也有所提高，28d 强度可提高 10%～20%。而对普通硅酸盐水泥和硅酸盐水泥制备的混凝土进行蒸汽养护，其早期强度也能得到提高，但后期强度增长速度减缓，28d 强度比标准养护 28d 的强度低 10%～15%。

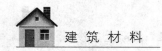

4）采用机械搅拌和振动

机械搅拌比人工拌和能使混凝土拌和物更均匀，特别是在拌和低流动性混凝土拌和物时效果更显著。采用机械振捣，可使混凝土拌和物的颗粒产生振动，暂时破坏水泥浆你的凝聚结构，从而降低水泥浆的黏度和骨料间的磨擦阻力，提高混凝土拌和物的流动性，使混凝土拌和物能很好地充满模型，混凝土内部的孔隙大大减少，从而使密实度和强度大大提高。采用二次搅拌工艺，可改善混凝土骨料与水泥砂浆之间的界面缺陷，有效地提高混凝土强度。采用先进的高频振动、变频振动及多向振动设备，可获得更佳的振动效果。

5）掺入混凝土外加剂、掺和料

在混凝土中掺入早强剂可提高混凝土的早期强度；掺入减水剂可减少用水量，降低水灰比，提高混凝土强度。此外，在混凝土中掺入高效减水剂的同时，掺入磨细的矿物掺和料（如硅灰、优质粉煤灰、超细磨矿渣等），可显著提高混凝土的强度，配制出强度等级为 C60～C100 的高强度混凝土。

3.3.3　混凝土的耐久性能

混凝土的耐久性是指混凝土在规定使用年限内，在环境及气候的综合作用下，不需要额外的加固处理而保持其安全性、正常使用性和可接受外观的能力。混凝土的耐久性直接影响到结构物的正常、安全使用寿命和维修费用等，因此混凝土的耐久性及耐久性设计越来越引起工程界的普遍关注和重视，国内外的一些混凝土结构设计规范也正在将耐久性设计作为一项重要的设计要求，以提高结构物的安全使用寿命，并降低结构物寿命费用。

1.　混凝土的抗渗性

混凝土的抗渗性是指抵抗水、油等液体在压力作用下渗透的性能。混凝土抗渗性对耐久性起着重要作用，因为环境中各种侵蚀介质均要通过渗透才能进入混凝土内部。混凝土的抗渗性主要与混凝土的密实度和孔隙率及孔隙结构有关。混凝土中相互连通的孔隙越多、孔径越大，则混凝土的抗渗透性越差。混凝土的抗渗性以抗渗等级来表示，采用标准养护 28d 的标准试件，按规定的方法进行试验，以其所能承受的最大水压力（MPa）来计算其抗渗等级。如 P4、P6、P8 等，即表示能抵抗 0.4MPa、0.6MPa、0.8MPa 的水压而不漏水。标准等级在 P6 级及以上的混凝土称为抗渗混凝土。

混凝土渗水的主要原因是由于内部的孔隙形成连通的渗水通道，这些孔道除产生于施工振捣不密实外，主要来源于水泥浆中多余水分的蒸发而留下的气孔、水泥浆泌水所形成的毛细孔，以及粗骨料下部界面水富集所形成的孔穴。这些渗水通道的多少，主要与水灰比大小有关，因此水灰比是影响抗渗性的一个主要因素。试验表明，随着水灰比的增大，抗渗性逐渐变差，当水灰比大于 0.6 时，抗渗性急剧下降。提高混凝土抗渗性的主要措施是提高混凝土的密实度和改善混凝土中的孔隙结构，减少连通孔隙。这些可通过降低水灰比、选择好的骨料级配、充分振捣和养护、掺入引气剂等方法来实现。

2．混凝土的抗冻性

混凝土的抗冻性，是指混凝土在饱水状态下，能经受多次冻融循环而不破坏，同时也不严重降低所具有的性能的能力。在寒冷地区，特别是接触水又受冻的环境下的混凝土，要求具有较高的抗冻性。

混凝土的抗冻性用抗冻等级来表示。抗冻等级是以 28d 龄期的混凝土标准试件，在饱水后承受反复冻融循环，以抗压强度损失不超过 25%，且质量损失不超过 5% 时所能承受的最多的循环次数来表示。混凝土的抗冻等级有 F10、F15、F25、F50、F100、F150、F200、F250 和 F300 九个等级，分别表示混凝土能承受冻融循环的最多次数不少于 10 次、15 次、25 次、50 次、100 次、150 次、200 次、250 次和 300 次。

混凝土受冻融破坏的原因是由于混凝土内部孔隙中的水在负温下结冰后体积膨胀形成的静水压力，当这种压力产生的内应力超过混凝土的抗拉强度，混凝土就会产生裂缝，多次冻融循环使裂缝不断扩展直至破坏。混凝土的密实度、孔隙率和孔隙构造、孔隙的充水程度是影响抗冻性的主要因素。密实的混凝土和具有封闭孔隙的混凝土，抗冻性较高。掺入引气剂、减水剂和防冰剂，可有效地提高混凝土的抗冻性。

3．混凝土的碳化

由于水泥水化生成氢氧化钙，所以硬化后的混凝土呈碱性。碱性物质使钢筋表面生成难溶的保护膜，而保护膜对钢筋有良好的保护作用。空气中的二氧化碳在潮湿的条件下与水泥的水化产物氢氧化钙发生作用，生成碳酸钙和加水的过程称为混凝土的碳化。这个过程由表及里逐渐向混凝土内部扩散。碳化后使混凝土的碱度降低，减弱了对钢筋的保护作用，易引起钢筋锈蚀，碳化还会引起混凝土的收缩，导致表面形成细微裂缝，使混凝土的抗拉强度、抗折强度和耐久性降低。

混凝土所处的环境会影响碳化进程。二氧化碳的浓度越大，碳化速度越快；碳化需要一定的湿度条件才能进行，相对湿度在 50%～70% 的条件下，碳化速度最快，混凝土愈密实，抗碳化能力愈强。在实际工程中，采取以下方法提高混凝土的抗碳化能力：掺入减水剂；使用硅酸盐水泥或普通水泥；减小水灰比和增加单位水泥用量；加强振捣和养护；在混凝土表面涂刷保护层等。

4．混凝土的抗侵蚀性

环境介质对混凝土的化学侵蚀有淡水侵蚀、硫酸盐侵蚀、海水侵蚀、酸碱侵蚀等，其侵蚀机理与水泥石的化学侵蚀相同。其中海水的侵蚀除硫酸盐侵蚀外，还有反复干湿作用。盐分在混凝土内的结晶与聚集、海浪的冲击磨损、海水中氯离子对钢筋的锈蚀作用等，同样会使混凝土受到侵蚀而破坏。对以上各类侵蚀难以有共同的防止措施，或者是设法提高混凝土的密实度，改善混凝土的孔细结构，以使环境侵蚀介质不易渗入混凝土内部；或者采用外部保护措施以隔离侵蚀介质，使其不与混凝土相接触。

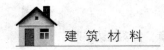

5. 混凝土中的碱-集料反应

当混凝土中使用的集料含有活性氧化硅时，如果所用水泥的碱（Na_2O 和 K_2O）含量较高，则其水解后形成的氢氧化钠和氢氧化钾会与集料中的活性氧化硅起化学反应，形成复杂的碱-硅酸凝胶等，此凝胶可以吸水膨胀，严重时可使混凝土胀裂。这种碱性氧化物和集料中活性氧化硅之间的化学作用通常称为碱-集料反应。当怀疑材料中含有活性氧化硅时，应进行专门试验，以检验其碱-集料反应。目前最常用的方法是砂浆长度法，采用含活性氧化硅的集料与高碱水泥配制成 1：2.25 的胶砂试块，在恒温、恒湿条件下养护，定期测定试块的膨胀值，直到龄期为 12 个月。如果在 6 个月中，试块的膨胀率超过 0.05%或 1 年中超过 0.1%，这种集料就被认为是具有碱活性。

混凝土发生碱-骨料反应必须具备以下三个条件。

（1）水泥中碱含量高，水泥中碱含量按（$Na_2O+0.658\,K_2O$）%计算大于 0.6%。

（2）砂、石骨料中含有活性二氧化硅成分。含活性二氧化硅成分的矿物有蛋白石、玉髓、鳞石英等。

（3）有水存在。在无水的情况下，混凝土不可能发生碱-骨料反应。

在实际工程中，为抑制碱-骨料反应的危害，可采取以下方法：控制水泥总含碱量不超过 0.6%；选用非活性骨料；降低混凝土的单位水泥用量，以降低混凝土的含碱量；在混凝土中渗入火山灰质混合材料，以减少膨胀值；防止水分侵入，设法使混凝土处于干燥状态。

6. 提高混凝土耐久性的措施

混凝土所处的环境和使用条件不相同，对其耐久性的要求也不相同，但影响耐久性的因素却有许多相同之处。混凝土的密实程度是影响耐久性的主要因素，其次是原材料的性质、施工质量等。提高混凝土耐久性的主要措施如下。

1）合理地选择水泥

水泥从化学性质来看，有的呈酸性；有的抗碱性腐蚀强。合理地选择水泥，可以避免人为的中和反应，这对于混凝土的抗腐蚀性能有利。

2）控制混凝土的水灰比和水泥用量

配制混凝土尽量使用较小的水灰比。可以确保混凝土凝结、硬化后孔隙率小；在可能的条件下多加些水泥，会显得混凝土水泥浆较多，这两点是保证混凝土成型密实的关键。为此，《普通混凝土配合比设计规程》（JGJ 55—2011）规定了混凝土的最大水灰比和最小水泥用量，如表 3.13 所示，其含义是要求配制混凝土时所用水灰比应不超过表中规定的最大水灰比，所用的水泥数量，应不少于表中规定的最小水泥用量。

3）加强振捣，提高混凝土构件的密实度

对浇模后的混凝土进行振捣，是提高混凝土密实度的重要工序。混凝土密实度高了，不仅强度高，孔隙率少，透水的通路也相应地减少，水不容易进入混凝土内，抗渗性、抗冻性和抗蚀性能都提高，混凝土的耐久性也就好。

表 3.13　混凝土最大水灰比和最小水泥用量

环境条件		结构物类别	最大水灰比值			最小水泥用量/（kg/m³）		
			素混凝土	钢筋混凝土	预应力混凝土	素混凝土	钢筋混凝土	预应力混凝土
1. 干燥环境		• 正常的居住或办公用房屋内部件	不作规定	0.65	0.60	200	260	300
2. 潮湿环境	无冻害	• 高湿度的室内； • 室外部件； • 在非侵蚀性土和（或）水中的部件	0.70	0.60	0.60	225	280	300
	有冻害	• 经受冻害的室外部件； • 在非侵蚀性土和（或）水中且经受冰害的部件； • 高湿度且经受冻害中室内部件	0.55	0.55	0.55	250	280	300
3. 有冻害和除冰剂的潮湿环境		• 经受冻害和除冰剂作用的室内和室外部件	0.50	0.50	0.50	300	300	300

4）在混凝土表面加保护层

地下混凝土结构做外墙防水层加以保护，使其不受地下水和土壤的侵蚀，地上混凝土结构外墙做装修，如抹灰、刷涂料、黏贴材料（贴瓷砖、锦砖、面砖、花岗石板材、水磨石板材等），还可以做水刷石、干黏石等，使混凝土结构可不直接受暴晒，不直接受风、雨、雪的侵蚀，不受大气中有害气体的腐蚀，从而提高耐久性。

3.3.4　混凝土的变形性能

1. 非荷载作用下的变形

混凝土在非荷载作用下产生的变形包括初期体积变化、硬化过程中体积变化、硬化后体积变化。

1）沉降收缩

沉降收缩是指混凝土凝结前在垂直方向上的收缩，由集料下沉、泌水、气泡上升引起。沉降不均或过大会使同时浇筑的不同尺寸构件在交界处产生裂缝，在钢筋上方的混凝土保护层产生顺筋开裂等。掺加引气剂、提高砂率、降低拌和物流动性等可以减少沉降收缩。

2）塑性收缩

混凝土成型后、凝结硬化前，由于表面失水而产生的收缩称为塑性收缩。混凝土成型后，若保湿养护不足，表面失水速度大于内部水向表面的迁移速度，则会产生因水分蒸发形成的毛细管，在毛细管压力的作用下产生塑性收缩，在混凝土表面形成塑性收缩裂缝。塑性收缩裂缝多产生在路面、地坪、楼板、桥面等大表面积工程。加强保湿养护、混凝土

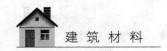

表面覆盖、二次振捣和抹压等措施均可有效地减小塑性收缩，控制由此产生的裂缝。

3）化学变形

水泥水化物的绝对体积比水化前水泥和水的总体积小而产生的收缩，成为宏观收缩的一部分，但水化收缩大部分变成水泥石中的孔隙。混凝土的化学变形与胶凝材料的矿物组成有关。

4）自收缩

混凝土自收缩是指在没有与外界发生水分交换的情况下，水泥水化消耗毛细孔水导致浆体自身的干燥和体积的减少。水灰比越小，自收缩越大。水灰比大于 0.5 时，自收缩可以忽略；水灰比小于 0.42 时，自收缩极其显著，不可忽略。混凝土的自收缩还与水泥细度、胶凝材料活性等有关。

5）碳化收缩

空气中 CO_2 的体积分数约为 0.04%，在相对湿度合适的条件下，CO_2 能与水泥石中的 $Ca(OH)_2$ 发生反应生成 $CaCO_3$ 和 H_2O，称为混凝土的碳化。碳化伴随着体积的减小，称为碳化收缩。混凝土碳化是由表及里进行的，当碳化与干燥同时进行时，可能引起严重的收缩裂缝。

6）干燥收缩

混凝土处于干燥环境中引起体积收缩，称为干燥收缩（简称干缩）。干缩的原因是混凝土在干燥过程中毛细管水分蒸发形成负压，引起混凝土收缩；当毛细管水蒸发完后，如果继续干燥，则凝胶颗粒间吸附的水也会发生部分蒸发，凝胶颗粒间距缩小，甚至产生新的化学结合而收缩。当干缩后的混凝土再次吸水时，干缩一部分可恢复，另一部分为不可恢复变形，因此混凝土的干缩量大于湿胀量，如图 3.11 所示。影响混凝土干缩的因素包括水泥品种和细度、混凝土中用水量和水泥用量、集料质量和集浆比、养护条件等。

7）温度变形

混凝土热胀冷缩变形称为温度变形。混凝土温度变形系数约为 10×10^{-6} mm/(mm·℃)，温度变形对大体积混凝土及大面积混凝土工程极为不利。

当混凝土非荷载作用下的变形受到约束时，就会在混凝土结构中产生约束拉应力，而当约束力应力大于混凝土抗拉强度时，则会在结构中产生裂缝。混凝土在非荷载作用下的变形主要与胶凝材料矿物组成及用量、水灰比等有关，还受到养护条件的影响。在混凝土中加入集料的目的不单纯是降低成本，更重要的是要减少水泥浆的用量，达到减小和约束混凝土变形的目的。

2. 荷载作用下的变形

1）混凝土的弹、塑性变形

混凝土是一种由水泥石、砂、石、游离水、气体等组成的不匀质的多组分三相复合材料。它既不是一个完全弹性体，也不是一个完全塑性体，而是一个弹塑性体。受力时既产生弹性变形，又产生塑性变形，其应力与应变的关系呈曲线，如图 3.12 所示。

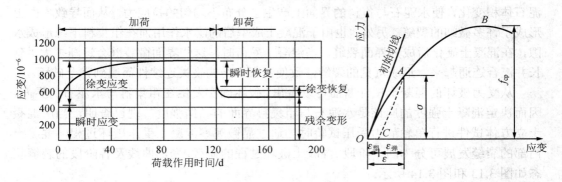

图 3.11 混凝土干缩湿胀

图 3.12 混凝土在压力作用下的
应力-应变曲线

2）混凝土的弹性模量

在应力-应变曲线上任一点的应力 δ 与其应变 ε 的比值，称作混凝土在该应力下的变形模量。它反映混凝土所受应力与所产生应变之间的关系。在计算钢筋混凝土结构的变形、裂缝开展及大体积混凝土的温度应力时，均需知道该混凝土的变形模量。

3）混凝土受压变形与破坏

混凝土在未受力前，其水泥浆与骨料之间及水泥浆内部，就已存在着随机分布的不规则的微细原生界面裂缝。而混凝土在短期荷载下产生变形，则是与裂缝的变化发展密切相关的。当混凝土试件单向静力受压，而荷载不超过极限应力的 30% 时，这些裂缝无明显变化，此时荷载（应力）与变形（应变）接近直线关系。当荷载达到 30%～50% 极限应力时，裂缝数量上有所增加，且稳定地缓慢伸展，因此，在这一阶段，应力-应变曲线随裂缝的变化也逐渐偏离直线，产生弯曲。当荷载超过 50% 极限应力时，界面裂缝就不稳定，而且逐渐延伸至砂浆基体中；当超过 75% 极限应力时，在界面裂缝继续发展的同时，砂浆基体小的裂缝也逐渐增生，并与邻近的界面裂缝连接起来，成为连续裂缝，变形加速增大，荷载曲线明显地弯向水平应变轴；当超过极限荷载后，连续裂缝急剧扩展，混凝土的承受能力迅速下降，变形急剧增大，导致试件完全破坏。

3. 混凝土受压破坏的过程及特点

混凝土是由水泥石和粗、细集料组成的复合材料，它是一种不十分密实的非匀质多相分散体，其力学性能取决于水泥石和集料的性质，以及水泥石与集料的胶结能力。

混凝土受压破坏有三种可能的情况：一是集料先破坏；二是水泥石先破坏；三是水泥石与集料界面先破坏。第一种情况不会发生，因为配制混凝土的集料强度一般高于水泥石的强度；第二种情况，如果混凝土配制得合理，即选用的水泥强度、水泥用量和用水量合理，并且保证施工质量，也不会发生；第三种情况可能性最大，即破坏最先发生在水泥石与集料（指粗集料）的界面上。硬化后的混凝土在未受外力作用之前，其内部

已存在一定的界面微裂缝,这些裂纹主要是由于水泥水化造成的化学减缩,从而引起水泥石体积变化,使水泥石与集料的界面上产生了分布不均匀的拉应力,从而导致界面上形成了许多微细的裂缝。另外,也由于混凝土成型后的泌水作用而在粗集料下缘形成水隙,在混凝土硬化后成为界面裂缝,当混凝土受荷时,这些界面微裂缝会逐渐扩大、延长并汇合连通起来,形成可见的裂缝,致使混凝土结构丧失连续性而遭到完全破坏。

从受力破坏的混凝土试件断面可以看出,破坏确实发生在粗集料与水泥石的界面,因而决定混凝土强度的应该是水泥石与粗集料界面的黏结强度。现已查明,当用混凝土立方体试件进行单轴静力受压试验时,通过显微观察混凝土受压破坏过程,混凝土内部的裂缝发展可分为四个阶段。混凝土破坏过程的荷载–变形曲线及各阶段的裂缝状态如图 3.13 和图 3.14 所示。

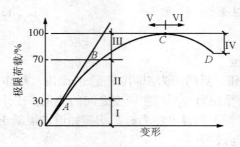

图 3.13　混凝土受压变形曲线

Ⅰ—界面裂缝无明显变化;Ⅱ—界面裂缝增长;Ⅲ—出现砂浆裂缝和连续裂缝;
Ⅳ—连续裂缝迅速发展;Ⅴ—裂缝缓慢增长;Ⅵ—裂缝迅速增长

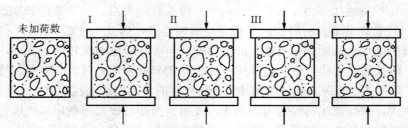

图 3.14　不同受力阶段裂缝示意图

具体的发展过程及各阶段情况如下。

Ⅰ阶段:荷载达"比例极限"以前,界面裂缝无明显变化,荷载与变形近似直线关系(图中Ⅰ段)。

Ⅱ阶段:荷载超过"比例极限"后,界面裂缝的数量、长度及宽度不断增大,界面借摩阻力继续分担荷载,而砂浆内尚未出现明显的裂缝。此时,变形速度大于荷载的增加速度,荷载与变形之间不再是线性关系(图中Ⅱ段)。

Ⅲ阶段:荷载超过"临界荷载"(约为极限)以后,临界荷载的面裂缝继续发展,砂浆中开始出现裂缝，部分界面裂缝连接成连续裂缝，变形速度进一步加快，曲线明显弯向变形坐标轴（图中 III 段）。

IV 阶段：荷载外荷超过极限荷载以后，连续裂缝急速发展，混凝土承载能力下降，荷载减小而变形迅速增大，以致完全破坏，曲线下弯而终止（图中 IV 段）。

由此可见，混凝土受压时荷载与变形的关系，是内部微裂缝发展规律的体现。混凝土破坏过程也就是其内部裂缝的发生和发展过程，它是一个从量变到质变的过程。只有当混凝土内部的微观破坏发展到一定量级时，才会使混凝土的整体遭到破坏。

4.　混凝土的质量控制与评定

由于受多种因素的影响，混凝土的质量并不是均匀稳定的。造成混凝土质量波动的原因有：原材料质量的波动；配料精度的误差；拌制条件和气温等变化；试验操作所造成的试验误差等。在正常施工条件下，这些影响因素都是随机的，因此，混凝土的质量也是随机变化的。

由于混凝土的抗压强度与混凝土的其他性能有着密切的相关性，能较好地综合反映混凝土的全面质量，因此工程中常以混凝土抗压强度作为重要的质量控制指标，并以此作为评定混凝土生产质量水平的依据。在正常的生产条件下，影响混凝土强度的因素都是随机变化的，因此混凝土的强度也应是随机变量。对于随机变量，可用数理统计方法进行评定。

在一定的施工条件下，对同一种混凝土进行随机取样，制作 n 组试件（$n \geqslant 25$）测得其龄期的抗压强度，然后以混凝土强度为横坐标，以混凝土强度出现的概率为纵坐标，绘制出混凝土强度概率分布曲线。实践证明，混凝土的强度分布曲线一般符合正态分布。

3.4　普通混凝土配合比设计

3.4.1　混凝土配合比的含义及表示方法

混凝土配合比是指混凝土各组成材料（水泥、水、砂、石）之间的比例关系。

混凝土配合比常用的表示方法有两种：一种是以混凝土中各种材料的用量来表示，如水泥 300kg，水 180kg，砂 660kg，石子 1230kg；另一种是用单位质量的水泥与各种材料（不包括水）用量的比值及混凝土的水灰比来表示，例如前例可写成水泥：砂：石子=1：2.2：4.1，水灰比 w/c=0.60。

3.4.2　混凝土配合比设计的任务

混凝土配合比设计的任务，就是将各项材料合理地加以配合，使配制成的混凝土能满足四项基本要求，即满足设计要求的强度等级；施工要求的和易性；与使用条件相适应的耐久性；尽量节省水泥。

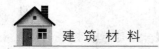

3.4.3 混凝土配合比设计的基本资料

在进行混凝土配合比设计时，须事先明确的基本资料如下：① 混凝土设计要求的强度等级；②工程所处的环境，耐久性要求（如抗渗标号、抗冻标号等）；③混凝土结构类型；④施工条件，包括施工质量管理水平及施工方法（如强度标准差的统计资料，混凝土拌和物应采用的坍落度）；⑤各项原材料的性质及技术指标，如水泥的品种及强度等级，集料的种类、级配、砂的细度模数、石子的最大粒径，各项材料的密度、表观密度及体积密度等。

3.4.4 混凝土配合比设计中的三个重要参数

（1）水灰比：单位体积混凝土中水与水泥用量之比。在配合比设计中，当所用水泥强度等级确定之后，水灰比是决定混凝土强度的主要要素。

（2）用水量：单位体积混凝土中水的质量。在配合比设计中，用水量不仅决定混凝土拌和物的流动性和密实性等，而且当水灰比确定之后，用水量一经确定，水泥用量也随之确定了。

（3）砂率：单位体积混凝土中砂与砂石总量的重量比。在混凝土配合比设计中，砂率的大小，不仅决定了砂石各自的用量，而且与混凝土的流动性有很大的关系。

3.4.5 混凝土配合比设计

混凝土配合比设计应包括配合比计算、试配、调整和确定等步骤。配合比计算公式、相关参数和表格中的数值，都是以干燥状态下的骨料（细骨料含水率小于 0.5%，粗骨料含水率小于 0.1%）为准，若以饱和面干骨料做计算时，则应做相应的修正。

1）初步配合比计算

（1）确定混凝土的配制强度 $f_{cu,0}$。

$$f_{cu,0} = f_{cu,k} + 1.645\sigma$$

式中：$f_{cu,0}$——混凝土的施工配制强度，MPa；

$f_{cu,k}$——设计的混凝土强度标准值，MPa；

σ——施工单位的混凝土强度标准差，MPa。

施工单位的混凝土强度标准差，按下列规定确定：

当施工单位具有近期的同一品种混凝土强度资料时，其混凝土强度标准差，应按下列公式计算：

$$\sigma = \sqrt{\frac{\sum_{i=1}^{n} f_{cu,i}^2 - N\mu_{fcu}^2}{N-1}}$$

式中：$f_{cu,i}$——统计周期内同一品种混凝土第 i 组试件的强度值，MPa；

μ_{fcu}——统计周期内同一品种混凝土 i 组强度的平均值，MPa；

N——统计周期内同一品种混凝土试件的总组数，$N \geqslant 25$。

当施工单位不具有近期的同一品种混凝土强度资料时，σ 可按表 3.14 取用。

表 3.14　混凝土强度标准差 σ 值　　　　　　（单位：MPa）

混凝土强度等级	<C20	C20～C35	>C35
σ	4.0	5.0	6.0

（2）确定水灰比 $\left(\dfrac{W}{C}\right)$。

水灰比先按下式计算

$$\frac{W}{C} = \frac{a_a \cdot f_{ce}}{f_{cu,0} + aa \cdot a_b f_{ce}}$$

式中：$f_{cu,0}$——混凝土配制强度，MPa。

a_a，a_b——回归系数；对碎石取 $a_a=0.46$，$a_b=0.07$；对卵石取 $a_a=0.48$，$a_b=0.33$；

f_{ce}——水泥 28d 抗压强度实测值，MPa。

当无水泥 28d 抗压强度实测值时，f_{ce} 值可按下式确定：

$$f_{ce} = \gamma_c \cdot f_{ce,g}$$

式中：γ_c——水泥强度等级值的富余系数，可按实际统计资料确定；

$f_{ce,g}$——水泥强度等级值（MPa）。

（3）选取 1m³ 混凝土的用水量（m_{wo}）。

每立方米混凝土用水量的确定，应符合下列规定。

① 干硬性和理性混凝土用水量的确定。

a. 水灰比在 0.40～0.80 范围时，根据粗骨料的品种、粒径及施工要求的混凝土拌和物稠度，其用水量可按表 3.15、表 3.16 选取。

b. 水灰比小于 0.40 的混凝土以及采用特殊成型工艺的混凝土的用水量，应通过试验确定。

表 3.15　干硬性混凝土的用水量　　　　　　（单位：kg/m³）

拌和物稠度		卵石最大粒径/mm			碎石最大粒径/mm		
项目	指标	10	20	40	16	20	40
维勃稠度/s	16～20	175	160	145	180	170	155
	11～15	180	165	150	185	175	160
	5～10	185	170	155	190	180	165

表 3.16 塑性混凝土的用水量 （单位：kg/m³）

拌和物稠度		卵石最大粒径/mm				碎石最大粒径/mm			
项目	指标	10	20	31.5	40	16	20	31.5	40
坍落度/mm	10～30	190	170	160	150	200	185	175	165
	35～50	200	180	170	160	210	195	185	175
	55～70	210	190	180	170	220	205	195	185
	75～90	215	195	185	175	230	215	205	195

② 流动性和大流动性混凝土的用水量计算。

a. 以表中坍落度为 90mm 的用水量为基础，按坍落度每增加 20mm，用水量增加 5kg，计算出未掺外加剂时混凝土的用水量。

b. 掺外加剂时的混凝土用水量按下式计算：

$$m_{wa} = m_{wo}(1 - \beta)$$

式中：m_{wa}——掺外加剂时每 1m³ 混凝土的用水量，kg/m³；

m_{wo}——未掺外加剂时，每 1m³ 混凝土的用水量，kg/m³；

β——外加剂的减水率（%），应经试验确定。

（4）计算 1m³ 混凝土的水泥用量（m_{co}）。

根据已初步确定的水灰比（W/C）和选用的单位用水量（m_{wo}），可计算出水泥用量（m_{co}）即

$$m_{co} = \frac{m_{wo}}{W/C}$$

为保证混凝土的耐久性，由上式计算得出的水泥用量还应满足最小水泥用量的要求，如计算得出的水泥用量少于规定的最小水泥用量，则应取规定的最小水泥用量值。

（5）选取合理的砂率值（S_p）。

应当根据混凝土拌和物的和易性，通过试验求出合理砂率。如无历史资料，坍落度为 10～60mm 的混凝土砂率可根据骨料种类、规格和水灰比，按表 3.17 选用。

表 3.17 混凝土的砂率（JGJ 55—2011） （单位：%）

水灰比 W/C	卵石最大粒径/mm			碎石最大粒径/mm		
	10	20	40	16	20	40
0.40	26～32	25～31	24～30	30～35	29～34	27～32
0.50	30～35	29～34	28～33	33～38	32～37	30～35
0.60	33～38	32～37	31～36	36～41	35～40	33～38
0.70	36～41	35～40	34～39	39～44	38～43	36～41

（6）计算粗、细骨料的用量（m_{go}）及（m_{so}）。

粗、细骨料的用量可用质量法或体积法求得。

① 质量法。如果原材料情况比较稳定，所配制的混凝土拌和物的体积密度将接近一个固定值，这样可以先假设一个 $1m^3$ 混凝土拌和物的质量值，并可列出以下两式。

$$m_{co} + m_{go} + m_{so} + m_{wo} = m_{cp}$$

$$\beta_s = \frac{m_{so}}{m_{so} + m_{go}} \times 100\%$$

式中：m_{co}——$1m^3$ 混凝土的水泥用量，kg/m^3；

m_{go}——$1m^3$ 混凝土的粗骨料用量，kg/m^3；

m_{so}——$1m^3$ 混凝土的细骨料用量，kg/m^3；

β_s——砂率，%；

m_{cp}——$1m^3$ 混凝土拌和物的假定质量，kg/m^3；其值可取 $2350 \sim 2450kg/m^3$。

联立两式，即可求出 m_{go} 和 m_{so}。

② 体积法。假定混凝土拌和物的体积，等于各组成材料绝对体积和混凝土拌和物中所含空气体积之总和。因此，在计算 $1m^3$ 混凝土拌和物的各材料用量时，可列出以下两式。

$$\frac{m_{co}}{\rho_c} + \frac{m_{go}}{\rho_g} + \frac{m_{so}}{\rho_s} + \frac{m_{wo}}{\rho_w} + 0.01\alpha = 1$$

$$\beta_s = \frac{m_{so}}{m_{so} + m_{go}} \times 100\%$$

式中：ρ_c——水泥密度，可取 $2900 \sim 3100kg/m^3$；

ρ_g——粗骨料的体积密度，kg/m^3；

ρ_s——细骨料的体积密度，kg/m^3；

ρ_w——水的密度，可取 $1000kg/m^3$；

α——混凝土的含气量百分数，在不使用引气型外加剂时可取 1。

解联立两式，即可求出 m_{go} 和 m_{so}。

通过以上六个步骤便可将水、水泥、砂和石子的用量全部求出，得到初步配合比，供试配用。

2）配合比的试配、调整与确定

初步计算配合比是根据经验公式和经验图表估算而得，因此不一定符合实际情况，必须通过试验验证。当不符合设计要求时，需调整配合比，使和易性满足施工要求，使 W/C 满足强度和耐久性要求。

测试样的坍落度（或维勃度）、黏聚性和保水性，当不能满足要求时，应在水灰比不变的条件下，调整用水量或砂率，直到符合要求，作为检验强度用的基准配合比。

至少采用三个配合比做强度检验，一个是基准配合比；另两个较基准配合比±0.05 的水灰比，用水量与基准配合比的相同，砂率可适当调整。将三种拌和物分别测坍落度、黏聚性、保水性及捣实后密度，做成试块后，标准养护 28d 测抗压强度。

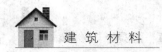

从试配得出水灰比和强度的关系，通过作图或计算，得出 $f_{cu,o}$ 所对应的水灰比值，配合比可初步确定如下。

用水量 W——取基准配合比的用水量，并根据制作强度试块时测得的坍落度（维勃度）值，做适当调整。

水泥用量 C——取 W 乘以 $f_{cu,o}$ 所对应的灰水比值。

砂、石用量 S 及 G——取基准配合比中的砂、石用量，并按定出的水灰比值做适当调整。

把以上各项材料用量均乘以校正系数 K，即为最终定出的配合比。如混凝土实测密度值与计算密度值之差的绝对值不超过计算密度值的2%，可以不乘以 K。校正系数 K 为

$$K = \frac{混凝土实测密度值}{混凝土计算密度值}$$

式中，计算密度值=$W+C+S+G$。

3）施工配合比

设计配合比是以干燥材料为基准的，而工地存放的砂、石都含有一定的水分，且随着气候的变化而经常变化。所以，现场材料的实际称量应按工地砂、石的含水情况进行修正，修正后的配合比称施工配合比。

假定工地存放砂的含水率为 $a(\%)$，石子的含水率为 $b(\%)$，则将上述设计配合比换算为施工配合比，其材料称量为

$$m_c' = m_c \ (\text{kg})$$
$$m_s' = m_s \left(1 + 0.01a\right) (\text{kg})$$
$$m_g' = m_g \left(1 + 0.01b\right) (\text{kg})$$
$$m_w' = m_w - 0.01am_s - 0.01bm_g \ (\text{kg})$$

【例3-2】某办公楼工程，现浇钢筋混凝土柱，混凝土设计强度等级为C25。施工要求坍落度为30～50mm，混凝土采用机械搅拌，机械振捣。施工单位无历史统计资料。采用的材料如下。

水泥：强度等级为42.5的普通硅酸盐水泥，实测强度为43.5MPa，密度为3000kg/m³。

砂：中砂，M_x=2.5，体积密度 ρ_s=2650kg/m³。

石子：碎石，最大粒径 D_{mm}=20mm，体积密度 ρ_s=2700kg/m³。

水：自来水。

设计混凝土配合比(按干燥材料计算)，并求施工配合比。施工现场砂的含水率为3%，石的含水率为1%。

解：1. 试设计混凝土初步配合比

（1）确定混凝土配制强度（$f_{cu,o}$）。

查表取标准差 σ=5，则

$$f_{cu,o} = f_{cu,k} + 1.645\sigma = 25 + 1.645 \times 5 = 33.2 \ (\text{MPa})$$

（2）确定水灰比（$\dfrac{W}{C}$）。

查表得碎石回归系数 a_a=0.46，a_b=0.07。

$$\frac{W}{C} = \frac{a_a \cdot f_{ce}}{f_{cu,o} + a_a a_b f_{ce}} = \frac{0.46 \times 43.5}{33.2 + 0.46 \times 0.07 \times 43.5} = 0.578$$

用于干燥环境的混凝土，最大水灰比为 0.65，故 $\dfrac{W}{C}$=0.57。

（3）确定单位用水量（m_{wo}）。

查表取 m_{wo}=195kg。

（4）计算水泥用量（m_{co}）。

$$m_{co} = \frac{m_{wo}}{W/C} = \frac{195}{0.57} = 342\,(\text{kg})$$

查表得最小水泥用量为 260 kg/m³。故可取 m_{co}=342 kg。

（5）确定合理砂率。

查表 $\dfrac{W}{C}=0.57$，碎石 D_{mm}=20mm，可取 β_s=0.36%。

（6）计算砂石用量（m_{go} 和 m_{so}）。

取 a=1，则

$$\frac{342}{3000} + \frac{m_{go}}{2700} + \frac{m_{so}}{2650} + \frac{195}{1000} + 0.01 \times 1 = 1$$

$$\frac{m_{so}}{m_{so} + m_{go}} = 0.36$$

解得：m_{go}=1177kg；m_{so}=661kg。

初步计算配合比为

$$m_{co} : m_{so} : m_{go} : m_{wo} = 342 : 661 : 1177 : 195 = 1 : 1.193 : 3.44 : 0.57$$

2. 配合比的试配、调整和确定

（1）配合比的试配、调整如下。

按初步计算配合比，试拌混凝土 15L，材料总用量为

水泥：0.015×342=5.13(kg)。

水：0.015×195=2.93(kg)。

砂：0.015×661=9.92(kg)。

石子：0.015×1177=17.66(kg)。

经搅拌后做坍落度试验，其值为 20mm。尚不符合要求，因而增加水泥浆(水灰比为 0.57)，则水泥用量增至 5.38kg，水用量增至 3.08kg。调整后的材料用量为

水泥：5.38kg。

水：3.08kg。

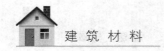
砂：9.92kg。

石子：17.66kg。

总质量：36.04kg。

经拌和后，测得坍落度为 30mm，黏聚性、保水性均良好。混凝土拌和物的实测体积密度为 2390kg/m³。则 1m³ 混凝土的材料用量为

水泥：$m'_{c0} = \dfrac{m_{c0}}{m_{c0} + m_{w0} + m_{s0} + m_{g0}} \rho_{c1} = \dfrac{5.38}{36.04} \times 2390 = 357(\text{kg})$。

水：$m'_{w0} = \dfrac{3.08}{36.04} \times 2390 = 204(\text{kg})$。

砂：$m'_{s0} = \dfrac{9.92}{36.04} \times 2390 = 658(\text{kg})$。

石子：$m'_{g0} = \dfrac{17.66}{36.04} \times 2390 = 1171(\text{kg})$。

基准配合比为

$$m'_{c0} : m'_{s0} : m'_{g0} : m'_{w0} = 357 : 658 : 1171 : 204 = 1 : 1.84 : 3.28 : 0.57$$

（2）强度检验如下。

在基准配合比的基础上，拌制三种不同水灰比的混凝土。其中一组是水灰比为 0.57 的基准配合比，另两组的水灰比各增减 0.05，分别为 0.62 和 0.52。经试拌调整以满足和易性的要求。测得其体积密度，0.52 水灰比的混凝土为 2400kg/m³，0.62 水灰比的混凝土为 2380kg/m³。制作三组混凝土立方体试件，经 28d 标准养护，测得抗压强度见表 3.18。

表 3.18　三组混凝土立方体试件的抗压强度

$\dfrac{W}{C}$	抗压强度/MPa
0.52	38.0
0.57	33.5
0.62	27.21

根据上述三组抗压强度试验结果，可知水灰比为 0.57 的基准配合比的混凝土强度能满足配制强度 $f_{cu, 0}$ 的要求，可定为混凝土的设计配合比。

3. 现场施工配合比

将设计配合比换算成现场施工配合比。用水量应扣除砂、石所含的水量，应增加砂、石含水的质量。所以，施工配合比为

$$m'_c = 358(\text{kg})$$

$$m'_s = 658 \times (1+0.036) = 678(\text{kg})$$

$$m'_g = 1171 \times (1+0.01) = 1183(\text{kg})$$

$$m'_w = 204 - 658 \times 0.03 - 1171 \times 0.01 = 173(\text{kg})$$

3.5　其他水泥混凝土简介

随着现代混凝土技术的发展，混凝土材料已经由单一的工程结构材料向多功能发展。因此，为更好地满足不同工程结构的要求，出现了与普通混凝土相比性能更加优越的混凝土。

3.5.1　高强混凝土

随着土木工程设计和施工技术的发展，大跨度、超高度结构物的设计与施工越加普遍，对混凝土强度的要求也日益提高。强度等级在 C60 以上的高强混凝土在国内外已广泛应用于大中型桥梁、城市立交桥、高层建筑等。高强混凝土的应用可以减小结构物断面，减小结构物自重，减少混凝土材料用量，因此已成为混凝土发展的一种趋势。高强混凝土的应用还会对工程经济产生直接的影响。

实现混凝土高强度的途径如下。

（1）采用高强度等级的优质水泥。

（2）采用高效减水剂和优质矿物外加剂双掺技术。

（3）集料级配良好、坚实，最大粒径不宜过大。

（4）提高混凝土浇筑及养护技术。

3.5.2　高性能混凝土

高性能混凝土在保证混凝土力学性能的同时，更加强调混凝土材料在施工过程中的和易性以及混凝土的耐久性能。与高强混凝土不同，高性能混凝土性能保证的重点转向了在特定环境下的其他性能，如耐久性、体积稳定性、工作性、高弹性模量、低热应变、低渗透性、高抗有害介质腐蚀等。

配制高性能混凝土应遵循以下原则。

（1）采用较低的水胶比。较低的水胶比可以减少或避免混凝土内部毛细孔的产生，提高混凝土的抗渗性，从而减少环境介质对混凝土渗透侵蚀作用，提高混凝土的耐久性能。

（2）采用高效减水剂和优质矿物外加剂双掺技术。通过高效减水剂降低混凝土的水胶比，并使混凝土具有较大的流动性和保塑性，保证施工和浇筑时混凝土的密实性，是获得高性能混凝土途径的一方面。通过超细粉在混凝土中的应用，改善骨料与水泥石的界面结构，改善水泥石的孔结构，提高混凝土的抗溶性、耐久性、强度，这是获得高性能混凝土途径的另一方面。高效减水剂和矿物超细粉是混凝土高性能的物质基础。

（3）减少单位用水量。在水胶比一定的前提下，单位用水量的降低意味着水泥浆总量的减小，胶凝材料用量和水泥用量，有利于降低混凝土温度，提高混凝土的抗侵蚀能

力，提高混凝土体积稳定性和经济性等。

（4）最小砂率。在减小胶凝材料用量，并且集料颗粒实现紧密堆积的条件下，使用满足工作要求的最小砂率，有利于提高混凝土弹性模量，降低混凝土收缩和徐变等。

3.5.3 绿色混凝土

绿色混凝土中绿色的含义主要包括以下三个方面：一是最大限度地减少能耗大、污染严重的熟料水泥的生产与使用，充分利用工业废料及其他资源；二是简化加工，尽量降低使用工业废料及其他资源时的能源消耗；三是提高利用工业废料和其他资源。目前，国内外都在加紧绿色混凝土方面的研究与实践，已有的大量资料表明：冶金矿渣作为骨料代替天然砂石材料应用于混凝土，既可有效减地少冶金矿渣堆放对环境带来的压力，又可减少由于天然砂石材料开采对自然生态的严重破坏。

作为固体工业废料，磨细矿渣、粉煤灰、硅灰是配制高强高性能混凝土必不可少的活性掺和材料，粉煤灰在混凝土中取代水泥量一般可达到20%～30%，甚至可达到70%～80%，磨细矿粉、硅灰的掺入可显著提高混凝土的强度。因此活性混合材料潜在活性的充分发挥，可有效地减少水泥用量，有效地减少混凝土生产对自然资源的消耗及对环境的破坏。

燃烧垃圾生产生态水泥用于混凝土的配制不仅是垃圾无害化处理的有效新途径，也是减少能源消耗的有力措施。较之填埋、焚烧等方法，用水泥回转窑处置城市垃圾等有害废弃物并生产水泥是最清洁的处理方法，它绝对不产生二噁英等有害气体，不产生灰烬等二次污染的废弃物，并可把有害人体健康的铅、铬、汞等重金属固定在水泥矿物中，真正实现零排放和零污染。

建筑拆除物的再生利用也越来越受到重视。随着城市建设速度的加快及城市建设规模的不断扩大、建筑结构物不断增加，建筑材料用量也相应增大，旧建筑物解体量也随之不断增加，解体后的混凝土经破碎加工后可用作再生集料部分取代天然骨科配制再生混凝土，也可用于地基填料、公路路基处理等。

随着人口数量的不断增加，人类对生存空间的需求也日益增加，地球生态负荷日益加重。为了持续保证人类生存的可持续环境，在构筑人类生活空间的同时，首先应该考虑自然生态的保护。因此，加大废弃材料的应用力度，提高其应用水平，不仅可以有效地利用资源，减少环境负荷，还可以大大改善混凝土材料的技术性能，为实现城市建设可持续发展提供有力保证。

3.5.4 智能混凝土

智能混凝土是驱使放进混凝土中的微细材料和装置能发挥"传感器功能""处理机功能"和"执行机构功能"的混凝土。美国布法罗大学的研究人员发现，在混凝土中添加混凝土总体积的 0.2%～0.5%的碳纤维成分，混凝土电阻就会按外加应力和压力变化而做出相应改变。当受外在压力等的作用而发生变形后，混凝土内部的碳纤维与水泥浆之间的接触程度会受到影响，从而导致其电阻变化，这一机制使得"智能混凝土"可充当灵敏度非常高的压力和应力探测器，由此可使混凝土具有损伤自诊断功能，显著提高混凝土结构的安全性和耐久性，应用于大型混凝土结构物的重要部位可建立结构物自预警系统，可有效地避免严重的灾难性事故发生，避免给社会造成难以挽回的经济损失。

仿生自愈合混凝土是在混凝土传统组分中添加特殊组分（如含黏结剂的液心纤维或胶囊），在混凝土内部形成智能型仿生自愈合神经网络系统。当混凝土材料出现裂缝时，部分液芯纤维或胶囊破裂，黏结液流出深入裂缝使混凝土裂缝重新愈合，对提高结构物使用安全性、延长结构物使用寿命具有积极的作用。使用微小石蜡封入缓凝剂，可以有效地控制水泥的水化反应速度，达到控制混凝土升温速度和最高温度的目的，减少由于水化热而造成的温度裂缝。使用树脂加固碳纤维和玻璃纤维的纤维束复合材料埋入混凝土中，可以察觉混凝土结构物损伤，当结构物变形增大时，电阻值增加，由此建立的监控系统可应用于银行金库等。

3.5.5　纤维混凝土

由于混凝土的脆性特点，混凝土结构的裂缝产生一直是困扰工程界的一个难题。在混凝土中加入纤维增强材料，可以提高混凝土的抗裂性、耐久性、疲劳负荷寿命、抗冲击磨损及其他性能。目前常用的纤维增强材料主要有钢纤维、玻璃纤维、天然纤维、合成纤维（聚丙烯纤维、碳纤维等）。

3.5.6　补偿收缩混凝土

补偿收缩混凝土是指通过改变配合组分以使混凝土在凝结后及硬化早期产生一定的体积膨胀，在适当的限制条件下，膨胀会在增强材料中产生张应力，从而在混凝土基体中产生压应力。混凝土在随后的收缩中仅会减小先前的膨胀应变，不会产生张应力而开裂，可以通过掺入膨胀剂或膨胀水泥生产补偿收缩混凝土。补偿收缩混凝土主要用于混凝土板、路面、后浇带、大体积混凝土等以及需要进行收缩补偿的结构中。

3.5.7　碾压混凝土

碾压混凝土是由集料、胶凝材料、水拌和而成的超干硬性混凝土，经振动压路机等机械加压密实成型。这种混凝土具有强度高、密度大、耐久性好、节约水泥等优点，广泛应用于工矿专用道路、停车场、城市街道、次级公路等。

3.5.8　大体积混凝土

大体积混凝土是指混凝土结构物实体最小尺寸大于或等于 1m，或预计会因水泥水

化热引起混凝土内外温差过大而导致裂缝的混凝土。

大体积混凝土应尽量降低混凝土温升，控制混凝土降温速度。用于大体积混凝土的水泥应选用水化热低和凝结时间长的水泥，如低热和中热矿渣硅酸盐水泥、矿渣硅酸盐水泥、粉煤灰硅酸盐水泥、火山灰质碳酸盐水泥等。当采用硅酸盐水泥和普通硅酸盐水泥时，应采取相应措施延缓水化热的释放，应强用缓凝剂、减水剂和减少水泥水化放热的掺和料，并在保证混凝土强度和坍落度要求的前提下，提高掺和料及骨料含量，以降低单方混凝土水泥用量。

3.5.9　加气混凝土

加气混凝土是由水泥、石灰、含硅的材料（砂子、粉煤灰、高炉水淬矿渣、页岩等）按要求的比例经磨细并与加气剂（如铅粉）配合，经搅拌振捣、发气成型、静停硬化、切割、蒸压养护等工序所制成的一种轻质多孔的建筑材料。

加气混凝土的品种是根据其组成的原材料不同来划分的，我国国产的加气混凝土主要有以下三种。

（1）水泥-矿渣-砂加气混凝土。这种混凝土是先将矿渣和砂子混合磨成浆状物，再加入水泥、发气剂、气泡稳定剂等配制而成。

（2）水泥-石灰-砂加气混凝土。这种混凝土是将砂子加水湿润并磨细，生石灰干磨，再加入水泥、水及发泡等配制而成。

（3）水泥-石灰-粉煤灰加气混凝土。这种混凝土是将粉煤灰、石灰和适量的石膏混合磨成，再加入水泥、发泡剂配制而成。

3.5.10　水下浇筑混凝土

水下浇筑混凝土是指在干地拌和而在水中浇筑并硬化的混凝土。采用这种混凝土可省去地下施工所需的工序，如基坑排水、基础防渗和施工围堰等。在水下浇筑混凝土，必须使在混凝土达到浇筑点之前，避免与水接触，防止水泥浆被水冲走或与骨料分离，骨料沉入水底而水泥浆浮于水面的现象出现。浇筑过程应连续进行，直至浇到所需高度或高出水面为止。已浇筑的混凝土不应搅动，避免浆骨分离。为了保证水下混凝土的浇筑质量，需采取必要的浇筑手段：一是水上拌制混凝土，用导管法泵压法、柔性管法、倾注法、开底容器法和装袋叠置法浇筑；二是水上拌制胶凝材料，进行水下预填骨料的压力灌浆，包括加压灌注和自流灌注法。

3.5.11　其他功能性混凝土

功能性混凝土包括热工混凝土、夜间导向发光混凝土、装饰混凝土、灭菌混凝土等。

热工混凝土包括加气温凝土、轻集料混凝土、泡沫混凝土等，这些混凝土内部存在大量的封闭孔，具有良好的隔热保温功能，是建筑节能化设计墙体材料的优选材料。热工混凝土在节能建筑中的采用，可大大地提高建筑物的功能舒适性，同时也显著降低空调的运行费用，减少由此而产生的电源消耗和大气污染，是建筑节能的有效途径。

3.6　建　筑　砂　浆

3.6.1　建筑砂浆概述

建筑砂浆是：由胶结料、细集料和水以及少量掺和料和外加剂等配制成的建筑材料。

1．建筑砂浆的组成材料

1）胶凝材料

常用胶凝材料有水泥、石灰膏、建筑石膏等。

水泥：可根据工程要求选择砌筑水泥或普通硅酸盐水泥、矿渣硅酸盐水泥、火山灰质硅酸盐水泥、粉煤灰硅酸盐水泥等。

水泥强度等级宜为砂浆强度等级的 4～5 倍，因砂浆的强度与混凝土相比较低，水泥的强度等级应根据设计要求进行选择。水泥砂浆采用的水泥，其强度等级不宜大于 32.5 级；水泥混合砂浆采用的水泥，其强度等级不宜大于 42.5 级。

其他胶凝材料与混合材料：由于砂浆中水泥的用量较少，尤其是采用较高强度等级的水泥配制低强度等级的砂浆时，为保证砂浆的和易性，应掺入一些其他胶凝材料或混合材料，常用的是石灰膏、粉煤灰等。为改善砂浆的和易性，降低水泥用量，这些材料不得含有影响砂浆性能的有害物质，含有颗粒或结块时应用 3mm 的方孔筛过滤。消石灰粉不得直接用于砌筑砂浆中。

2）砂

砌筑砂浆用砂的最大粒径应小于灰缝的 1/4，对砖砌体应小于 2.5mm，对石砌体应小于 5mm。所以砌筑用砂通常需进行过筛，一般使用级配合格的中砂。其他性质的要求同混凝土用砂。对用于面层的抹面砂浆或勾缝砂浆应采用细砂。

3）水

质量要求与混凝土用水相同。

4）外加剂

在水泥砂浆中，可使用减水剂或防水剂、膨胀剂、微沫剂等。微沫剂在其他砂浆中也可使用，其作用主要是改善砂浆的和易性。

2．建筑砂浆的分类

根据胶凝材料的不同分为：水泥砂浆、石灰砂浆、混合砂浆和聚合物砂浆。

根据砂浆的功能不同分为：砌筑砂浆、抹面砂浆、装饰砂浆和防水砂浆。

（1）砌筑砂浆：用于砌筑砖、石等各种砌块的砂浆称为砌筑砂浆。它起着黏结砌块、砌体、传递荷载的作用。

建 筑 材 料

（2）抹面砂浆：凡涂抹在建筑物或建筑构件表面的砂浆，可统称为抹面砂浆。抹面砂浆分为普通抹面砂浆、装饰砂浆、防水砂浆和具有某些特殊功能的抹面砂浆（如绝热、耐酸、防射线砂浆）等。

（3）装饰砂浆：涂抹在建筑物内外表面，能具有美观装饰效果的抹面砂浆通称为装饰砂浆。

（4）防水砂浆：制作防水层的砂浆叫做防水砂浆。这种防水层仅适用于不受振动和具有一定刚度的混凝土或砖石砌体工程。对于变形较大或可能发生不均匀沉陷的建筑物，都不宜采用刚性防水层。

3. 砌筑砂浆的技术性质

1）和易性

（1）砂浆的流动性。

① 定义：表示砂浆在自重或外力作用下流动的性能称为砂浆的流动性，也叫稠度。

② 指标：表示砂浆流动性大小的指标是沉入度，它由砂浆稠度仪测定，如图 3.15（a）所示。其单位为 mm。

将砂浆拌和物装入稠度仪中，使砂浆表面低于容器口 1mm 左右，用捣棒插捣 25 次，然后轻轻地将容器摇动或敲击 5～6 下，使砂浆表面平整，将容器置于稠度仪上，使试锥与砂浆表面接触，拧开制动螺丝，同时计时，待 10s 后立即固定螺丝，从刻度盘读出试锥下沉的深度，即砂浆的稠度。

石砌体选用砂浆的稠度应为 30～50mm。

（2）砂浆的保水性。

① 定义：搅拌好的砂浆在运输、停放和使用过程中，阻止水分与固体料之间、细浆体与集料之间相互分离，保持水分的能力为砂浆的保水性。

② 指标：砂浆的保水性用砂浆分层度仪测定，如图 3.15（b）所示，以分层度（mm）表示。

分层度过大，表示砂浆易产生分层离析，不利于施工及水泥硬化。砌筑砂浆分层度不应大于 30mm。分层度过小，容易发生干缩裂缝，故通常砂浆分层度不宜小于 10mm。

2）黏结力

砂浆强度变大时，黏结力变大。

（1）测定砂浆的稠度，单位为 mm 计。

（2）将试样装入分层度筒内，用木锤轻轻敲击筒周 1～2 次，刮去多余的砂浆，并抹平。

（3）静置 30min 后，去掉上面 200mm 砂浆，取底部 1/3 砂浆，测定其稠度。

（4）结果计算及要求，以前后两次稠度之差作为该砂浆的分层度。

（a）砂浆稠度仪　　　　（b）砂浆分层度仪

图 3.15　砂浆稠度仪与砂浆分层度仪　　　　图 3.16　砂浆试模

砌筑砂浆的分层度不得大于 30mm。

3）强度及强度等级

使用砂浆试模制备标准试件：边长 70.7mm 的正方体，以标准养护 28d 龄期的抗压强度平均值，确定强度等级，如图 3.16 所示。

要求：6 块试件/组，计算算术平均值，精确到 0.1MPa。当 6 个试件的最大值或最小值与平均值的差超过 20%时，以中间四个试件的平均值作为该组试件的抗压强度。

标准养护：砂浆强度等级有 M20、M15、M10、M7.5、M5、M2.5。

强度计算公式：

$$f_{m,cu} = 0.29 f_{ce}\left(\frac{C}{W} - 0.4\right)$$

式中：$f_{m,cu}$——砂浆 28d 抗压强度，MPa；

f_{ce}——水泥的实例强度，MPa；

$\dfrac{C}{W}$——灰水比。

砂浆以抗压强度作为其强度指标。砂浆的强度除受砂浆本身的组成材料及配比影响外，还与基层的吸水性能有关。

吸水基层（如黏土砖及其他多孔材料）由于基层能吸水，当其吸水后，砂浆中保留水分的多少取决于其本身的保水性，而与水灰比关系不大。

砂浆强度主要取决于水泥强度和水灰比。计算公式如下：

$$f_m = A f_{ce} Q_c / 1000 + B$$

式中：f_m——砂浆 28d 抗压强度，MPa；

f_{ce}——水泥的实测强度，MPa；

Q_c——每立方米砂浆的水泥用量，kg/m^3；

A、B——砂浆的特征系数，$A=3.03$，$B=-15.09$。

砂浆必须有足够的黏结力，才能将砖石黏结为坚固的整体，砂浆黏结力的大小，将影响砌体的抗剪强度、耐久性、稳定性及抗振能力。通常黏结力随砂浆抗压强度的提高而增大。砂浆黏结力还与砌筑材料的表面状态、润湿程度、养护条件等有关。

3.6.2 砌筑砂浆

1. 定义

将砖、石、砌块等黏结成砌体的砂浆称为砌筑砂浆。

2. 作用

砌筑砂浆是用来砌筑砖、石等材料的砂浆，起着传递荷载的作用，将砌体胶结成一个整体的作用。对砌筑砂浆的基本要求有和易性和强度，此外还应具有较高的黏结强度和较小的变形。对保温砌筑砂浆还应有保温性能等要求。

3. 配合比设计

水泥砂浆：据经验，查表 3.19。

表 3.19 砂浆强度标准差 σ 及 K 值

强度等级 施工水平	强度标准差σ及 K 值							K
	M5	M7.5	M10	M15	M20	M25	M30	
优良	1.00	1.55	2.00	3.00	4.00	5.00	6.00	1.15
一般	1.25	1.88	2.50	3.75	5.00	6.25	7.50	1.20
较差	1.50	2.25	3.00	4.50	6.00	7.50	9.00	1.25

水泥混合砂浆：计算 $\begin{cases} 水：据经验，240\sim310kg/m^3。\\ 砂：据经验，1m^3砂浆需1m^3干砂。\\ 水泥：计算 \rightarrow 配合比设计的核心。\\ 掺合料：计算（300\sim350kg/m^3）最小水泥用量。\end{cases}$

1）计算砌筑砂浆配制强度（$f_{m,0}$）

$$f_{m,0}=f_2+0.645\sigma$$

式中：$f_{m,0}$——砂浆的配制强度，精确至 0.1MPa；

f_2——砂浆设计强度等级（即砂浆抗压强度平均值）；

σ——砂浆现场强度标准差，精确至 0.01MPa。

其中，砂浆强度标准差 σ：

$$\sigma = \sqrt{\frac{\sum\limits_{i=1}^{n} f_i^2 - n\overline{f}^2}{n-1}}$$

式中：f_i——统计周期内同一品种砂浆第 i 组试件的强度；

　　　$\overline{f}$——统计周期内同一品种砂浆 n 组试件强度的平均值；

　　　n——统计周期内同一品种砂浆试件的总组数，$n \geqslant 25$。

2）计算每立方米砂浆中水泥用量

$$Q_c = \frac{1000\left(f_{m,0} - \beta\right)}{a \cdot f_{ce}}$$

式中：Q_c——每立方米砂浆中水泥用量，精确至 1kg；

　　　$f_{m,0}$——砂浆的配制强度，精确至 0.1MPa；

　　　α、β——砂浆的特征系数，$\alpha=3.03$，$\beta=-15.09$。

注意：在水泥砂浆中，水泥单位用量不宜小于 200kg/m³；在水泥混合砂浆中，水泥和掺加料总量应在 300～350kg/m³。

3）计算每立方米砂浆掺加料用量

水泥混合砂浆，掺加料用量的计算公式：

$$Q_D = Q_A - Q_c$$

式中：Q_A——1m³ 砂浆中水泥和掺加料的总量，精确至 1kg，宜在 300～350kg 之间；

　　　Q_c——1m³ 砂浆的水泥用量，精确至 1kg；

　　　Q_D——1m³ 砂浆的掺加料用量，精确至 1kg；石灰、黏土膏使用时的稠度为（120 ± 5）mm。

4）确定砂单位用量 Q_s（kg）

1m³ 砂浆砂用量，应按砂干燥状态（含水率小于 0.5%）的堆积密度值作为计算值。

5）确定单位用水量 Q_w（kg）

根据砂浆稠度等要求用水量可选用 270～330kg/m³。

混合砂浆中的用水量，不包括石灰膏或黏土膏中的水。

6）配合比的试配、调整与确定

试配时至少应采用三个不同的配合比，其中一个为基准配合比，另外两个配合比的水泥用量按基准配合比分别增加及减少 10%，在保证稠度、分层度合格的条件下，可将用水量或掺加料用量做相应调整。

对三个不同的配合比，经调整后，应按有关标准的规定成型试件，测定砂浆强度等级，并选定符合强度要求且水泥用量较少的砂浆配合比。

【例3-3】某住宅砌砖墙用石灰水泥混合砂浆，强度等级为 M7.5，稠度为 70～100mm，试计算砂浆配合比。原材料：32.5 的普通水泥。中砂，砂含水率为 2%，干容重为 1450kg/m³。石灰膏，稠度为 120mm。施工水平一般。

解：（1）计算砌筑砂浆配制强度（$f_{m,0}$）。

$$f_{m,0} = f_2 + 0.645$$
$$= 7.5 + 0.645 \times 1.88$$
$$= 8.7（MPa）$$

（2）计算水泥用量 Q_c。

$$Q_c = \frac{1000(f_{m,0} - \beta)}{a \cdot f_{ce}} = \frac{8.7 - (-15.09)}{3.03 \times 32.5} \times 1000 = 215(kg/m^3)$$

（3）计算石灰膏用量 Q_D。

$$Q_D = Q_A Q_C = 320215 = 105(kg/m^3)$$

稠度为 120mm，不需要换算。

（4）确定单位砂量 Q_s。

$$Q_s = 1450 \times (1 + 2\%) = 1479(kg/m^3)$$

（5）选择单位用水量 Q_w。

中砂，砂浆稠度为 70～100mm，属稠度较高，故 240～310 kg/m³ 用水量范围，取便高用水量 280 kg/m³。

（6）确定砂浆配合比。

水泥∶石灰膏∶砂∶水 = 215∶105∶1479∶280 或 1∶0.49∶6.89∶1.30

（7）配合比试配、调试与确定。

【例3-4】某工地现配制 M10 砂浆砌筑砖墙，把水泥直接倒在砂堆上，再进行人工搅拌。该砌体灰缝饱满度及黏结性均较差。请分析原因。

解：（1）砂浆的均匀性可能有问题。把水泥直接倒在砂堆上，采用人工搅拌的方式往往导致混合不够均匀，使强度波动大，宜加到搅拌机中搅拌。

（2）仅以水泥与砂配制砂浆，使用少量的水泥虽可满足强度的要求，但往往流动性及保水性较差，而使砌体饱满度及黏结性较差，影响砌体强度，可掺入少量石灰膏、石灰粉或微沫剂等，以改善砂浆和易性。

3.6.3 抹面砂浆

抹面砂浆是涂抹在建筑物表面保护墙体，又具有一定装饰性的砂浆。

抹面砂浆的胶凝材料用量，一般比砌筑砂浆多，抹面砂浆的和易性要比砌筑砂浆好，黏结力更高。为了使表面平整，不容易脱落，一般分两层或三层施工。各层砂浆所用砂的最大粒径以及砂浆稠度如表 3.20 所示。

表 3.20　砂浆的材料及稠度选择表

抹面砂浆品种	沉入度/mm	砂的最大粒径/mm
底层	100～120	2.5
中层	70～90	2.5
面层	70～80	1.2

底层砂浆用于砖墙底层抹灰，可以增加抹灰层与基层的黏结力，多用混合砂浆，有防水防潮要求时采用水泥砂浆；对于板条或板条顶板的底层抹灰多采用石灰砂浆或混合砂浆；对于混凝土墙体、柱、梁、板、顶板多采用混合砂浆。中层砂浆主要起找平作用，又称找平层，一般采用混合砂浆或石灰砂浆。面层起装饰作用，多采用细砂配制的混合砂浆、麻刀石灰砂浆或纸筋石灰砂浆。在容易受碰撞的部位如窗台、窗口、踢脚板等，采用水泥砂浆。

3.6.4　防水砂浆

防水砂浆是具有显著的防水、防潮性能的砂浆。一般依靠特定的施工工艺或在普通水泥砂浆中加入防水剂、膨胀剂、聚合物等配制而成，适用于不受振动或埋置深度不大、具有一定刚度的防水工程；不适用于易受振动或发生不均匀沉降的部位。

1．防水砂浆的组成材料

（1）水泥选用强度等级 32.5 及以上的微膨胀水泥或普通水泥，配制时适当增加水泥的用量。

（2）采用级配良好的中砂，灰砂比为 1：(1.5～3.0)，水灰比为 0.5～0.55。

（3）防水剂有无机铝盐类、氯化物金属盐类、金属皂化物类及聚合物。

2．常用防水剂的特性和应用

1）无机铝盐防水剂

无机铝盐防水剂是以无机铝盐为主体，掺入各种无机金属盐类混合而成的黄色液体。砂浆的配合比如表 3.21 所示，其抗渗能力比普通水泥砂浆高一倍，适用于混凝土及砖石结构的防水工程。

表 3.21　掺加无机铝盐防水剂的砂浆配合比

材料名称	配合比	混合液	配制方法
结合层	水泥：混合液=1：0.6	水：防水剂=1：0.02	水泥放在容器内，然后加混合液机械搅拌，将水泥和砂拌匀再加混合液，搅拌 1～2 min
底层砂浆	水泥：中砂：混合液=1：2：0.05	水：防水剂=1：(0.2～0.35)	
面层砂浆	水泥：中砂：混合液=1：2.5：0.6	水：防水剂=1：(0.3～0.4)	

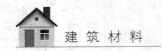

2）氯化铁防水剂

氯化铁防水剂又称为防水浆，是一种深棕色的强酸性液体，具有增强和早强效果，是常用的防水剂中抗渗性能最好的一种。砂浆的配合比如表 3.22 所示，适用于修补大面积渗透的地下室、水池等工程。

表 3.22　加防水浆的砂浆配合比（质量比）

材料名称	配合比
防水净浆	水泥：水：氯化铁防水剂=1：(0.35～0.39)：0.03
面层砂浆	水泥：水：中砂：氯化铁防水剂=1：(0.5～0.55)：2.5：0.03
底层砂浆	水泥：水：中砂：氯化铁防水剂=1：0.45：0.52：0.03

3）金属皂类防水剂

金属皂类防水剂包括避水浆（可溶皂类防水剂）和防水粉（不溶皂类防水剂）。避水浆是由硬脂酸、氨水、氢氧化钾（碳酸钠）和水，按比例混合、加热、皂化而成的有色浆状物，掺加量不宜过高。防水粉有钙铝皂、沥青质金属防水剂。砂浆中加入这种防水剂，主要起堵塞细孔隙和毛细管的作用，提高砂浆密实度，使砂浆具有良好的防水性。

4）有机硅防水剂

有机硅防水剂是以甲基硅醇钠或高沸硅醇钠为基材，经缩聚形成高分子聚合物——甲基网状树脂膜（即防水膜）的防水剂，呈无色或淡黄色透明的液体，属碱性防水材料。它耐高温、低温，具有良好的通风性、防污染性，用于混凝土、砖瓦、石膏制品、矿物制品的防水。

5）聚合物乳液

聚合物乳液有氯丁胶乳、天然胶乳、丁苯胶乳、丙烯酸酯乳液，掺入后，使砂浆具有良好的防水性、抗冲击性、韧性和耐磨性。它用于地下防渗、防潮及有特殊气密性要求的工程中。

思 考 题

1．甲、乙两硅酸盐水泥熟料的主要矿物成分见下表。用两者配制的硅酸盐水泥在强度发展及 28d 强度、水化热、耐腐蚀性方面有何差异？为什么？

熟料品种	矿物组成与含量/%			
	硅酸三钙（C_3S）	硅酸二钙（C_2S）	铝酸三钙（C_3A）	铁铝酸四钙（C_4AF）
甲	56	21	10	11
乙	45	30	7	15

2．水泥体积安定性不良的原因是什么？其危害如何？体积安定性不良的水泥应如何处理？

3．为什么配制普通混凝土时，一般不采用单粒级石子，也不使用细砂或特细砂？

4．为什么硫酸盐对水泥石有腐蚀作用？其腐蚀特点是什么？

5．大体积混凝土工程中使用的水泥，对其组成有哪些要求？宜使用哪些水泥，而不宜使用哪些水泥？

6．配制混凝土时，为什么要严格控制水灰比？

7．已知混凝土经试拌调整后，各项材料的拌合用量为：水泥 9.0kg，水 5.4kg，砂 19.8kg，碎石 37.8kg，测得混凝土拌和物的体积密度（容重）为 2500kg/m³。

（1）试计算 1m³ 混凝土各项材料用量；

（2）如上述配合比可以作为试验室配合比，施工现场砂子含水率为 3%，石子含水率为 1%，求施工配合比？

8．某施工单位采用强度等级为 42.5 的普通硅酸盐水泥配制 C30 混凝土，由于加强了质量管理，混凝土的强度标准差由 5MPa 降低到 3MPa，试计算 1m³ 混凝土可以节省水泥多少千克？（已知：单位用水量 $W=180kg/m^3$，$A=0.47$）

9．某工地施工配合比为：水泥 308kg，水 128kg，砂 700kg，碎石 1260kg，砂、石含水率分别为 4.2%、1.6%，求试验室配合比。

10．设计非受冻部位的普通钢筋混凝土，设计强度等级为 C25。已知：采用 42.5 强度等级的普通硅酸盐水泥，质量合格的砂石，砂率为 34%，单位用水量为 185kg，试用体积法确定初步配合比。（$\gamma_c=1.0$、$A=0.47$、$B=0.29$、$t=-1.645$、$\sigma=5MPa$、$\rho_c=3.0g/cm^3$、$\rho_s'=2.65g/cm^3$、$\rho_g'=2.65g/cm^3$）

11．某工程采用现浇钢筋混凝土梁，设计要求强度等级为 C30。原材料条件：水泥为 42.5 普通硅酸盐水泥，密度 3.1g/cm³；砂为中砂，级配合格，表观密度 2.60g/cm³；碎石级配合格，表观密度 2.65g/cm³；水为自来水；用水量为 175kg/m³，砂率选为 34%。采用机械搅拌和振捣成型（已知 $\sigma=5.0MPa$，$\gamma_c=1.13$，$A=0.46$，$B=0.07$），计算初步配合比。

12．某施工单位要配制 C25 碎石混凝土，经过和易性的调整，各种材料的拌合用量为水泥 12.22kg，水 5.98kg，砂 17.92kg，碎石 36.40kg，并测得混凝土拌和物的体积密度为 2400kg/m³，试计算混凝土的基准配合比。如果该基准配合比满足试验室配合比要求，并且已知砂、石含水率分别为 4% 和 1%，确定施工配合比。

13．砂石中的黏土、淤泥、泥块对混凝土的性能有何影响？

14．采用 42.5R 的普通水泥配制混凝土。施工配合比为水泥 316kg，水 124kg，砂 693kg，石 1210kg。已知砂、石含水率分别为 4.5%、1.1%。问该配合比是否满足 C30 混凝土的要求（水泥强度富余系数 $\gamma_c=1.05$，$\alpha_a=0.53$，$\alpha_b=0.20$，$t=-1.645$，$\sigma=5.0MPa$）。

15．某施工单位要配制 C35 碎石混凝土，经过和易性的调整，各种材料的拌和用量为水泥 6.55kg，水 2.72kg，砂 9.51kg，碎石 17.65kg，经强度校核得到强度与灰水比的关系为 $f_{cu}=25.38C/W-17.06$，并测得混凝土拌和物的体积密度为 2450kg/m³，试计算 1 m³

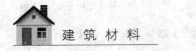

混凝土各种材料的试验室配合比用量。

16．普通混凝土的主要组成材料有哪些？

17．根据表观密度，混凝土如何分类？

18．常用的外加剂有哪些？

19．混凝土中掺入硅灰有哪些作用？

20．简述坍落度的测定方法。

21．混凝土的强度分哪些？

22．绘制混凝土在压力作用下的应力-应变曲线图。

23．有哪些特种混凝土？

24．建筑砂浆由哪些材料组成？

25．什么是砂浆的和易性？

26．砂浆的强度主要取决于什么？

第4章 砌筑材料与装饰材料

学习目标

了解砌墙砖的基本性质与技术指标。

了解其他砌筑材料的技术指标。

了解装饰材料的主要性质与应用。

能力目标

掌握砌筑材料的技术指标。

4.1 砌 墙 砖

4.1.1 砖的分类

（1）按原材料分：黏土砖、页岩砖、煤矸石砖、粉煤灰砖等。

（2）按生产工艺分：烧结砖、蒸养砖、蒸压砖、免烧砖等。

烧结砖：经焙烧而制成的砖。

蒸养砖：经常压蒸汽养护硬化而成的砖。

蒸压砖：经高压蒸汽养护硬化而成的砖。

免烧砖：以自然养护而成的砖，如非烧结黏土砖。

（3）按孔洞率分：普通砖（孔洞率<15%）、多孔砖和空心砖（孔洞率>35%）。

（4）按焙烧火候分：正火砖、过火砖、欠火砖。

（5）按生产方法分：机制砖、手工砖。

（6）按颜色分：红砖、青砖。

工程中常用的砌墙砖品种：烧结普通黏土砖、烧结普通页岩砖、烧结多孔砖、烧结空心砖、蒸压灰砂砖、蒸压粉煤灰砖等。

4.1.2 烧结普通砖

烧结普通砖是指以黏土、页岩、煤矸石或粉煤灰等为主要原料，经成型、焙烧而成的实心或孔洞率不大于 15%的砖。根据所用原料的不同，可分为烧结黏土砖（符号为 N）、

烧结页岩砖（Y）、烧结煤矸石砖（M）和烧结粉煤灰砖（F）。

烧结普通黏土砖的生产工艺过程为：原料→配料调制→制坯→干燥→焙烧→成品。

生产烧结普通黏土砖主要采用砂质黏土，其矿物组成是高岭石，该土和成浆体后，具有良好的可塑性，可塑制成各种制品，焙烧时可发生收缩、烧结与烧熔。焙烧初期，该土中自由水蒸发，坯体变干；当温度为450～850℃时，黏土中有机杂质燃尽，矿物中结晶水脱出并逐渐分解，坯体成为强度很低的多孔体；加热至1000℃左右时，矿物分解并出现熔融态的新矿物，它将包裹未熔颗粒并填充颗粒间的空隙，将颗粒黏结，坯体孔隙率降低，体积收缩，强度随之增大，坯体的这一状态称为烧结。经烧结后的制品具有良好的强度和耐水性，故烧结黏土砖的烧结温度控制在950～1050℃，即烧至烧结状态即可。若继续加温，坯体将软化变形，甚至熔融。

焙烧是制砖的关键过程，焙烧时火候要适当、均匀，以免出现欠火砖或过火砖。欠火砖色浅、断面包心（黑心或白心）、敲击声哑、孔隙率大、强度低、耐久性差。因此，国标规定欠火砖为不合格品。过火砖色较深、敲击声胎、较密实、强度高、耐久性好，但容易出现变形砖（酥砖或螺纹砖），变形砖也为不合格品。

在烧砖时，若使窑内氧气充足，使之在氧化气氛中焙烧，则土中的铁元素被氧化成高价的铁，烧得红砖。若在焙烧的最后阶段使窑内缺氧，则窑内燃烧气氛呈还原气氛，砖中的高价氧化铁（三氧化二铁）被还原为青灰色的低价氧化铁（氧化铁），即烧得青砖。青砖比红砖结实、耐久，但价格较红砖高。

当采用页岩、煤矸石、粉煤灰为原料烧砖时，因其含有可燃成分，焙烧时可在砖内燃烧，不但节省燃料，还使坯体烧结均匀，提高了砖的质量。采用可燃性工业废料作为内燃料烧制成的砖称为内燃砖。

1．技术性能

1）尺寸偏差

烧结普通砖为矩形块体材料，其标准尺寸为240mm×115mm×53mm，在砌筑时加上砌筑灰缝宽度10mm，则"1m³"砖砌体需用512块砖。每块砖的240mm×115mm的面称为大面，240mm×53mm的面称为条面，115mm×53mm的面称为顶面，如图4.1所示。

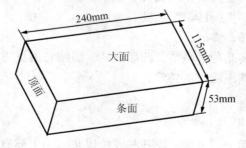

图4.1　砖的尺寸及平面名称

为保证砌筑质量，要求烧结普通砖的尺寸偏差必须符合国家标准《烧结普通砖》(GB 5101—2003) 的规定，如表 4.1 所示。

表 4.1　烧结普通砖尺寸允许偏差 （单位：mm）

公称尺寸	优等品		一等品		合格品	
	样本平均偏差	样本极差≤	样本平均偏差	样本极差≤	样本平均偏差	样本极差≤
240	±2.0	6	±2.5	7	±3.0	8
115	±1.5	5	±2.0	6	±2.5	7
53	±1.5	4	±1.6	5	±2.0	6

2）外观质量

砖的外观质量包括两条面高度差、弯曲、杂质凸出高度、缺棱掉角、裂纹、完整面等内容，各项内容均应符合表 4.2 的规定。

表 4.2　烧结普通砖的外观质量 （单位：mm）

项目		优等品	一等品	合格品
两条面高度差≤		2	3	4
弯曲≤		2	3	4
杂质凸出高度≤		2	3	4
缺棱掉角的三个破坏尺寸不得同时大于		5	20	30
裂纹长度≤	a.大面上宽度方向及其延伸至条面的长度	30	60	80
	b.大面上长度方向及其延伸至顶面的长度或条顶面上水平裂纹的长度	50	80	100
完整面不得少于		二条面和二顶面	一条面和一顶面	—
颜色		基本一致	—	—

注：1. 为装饰而加的色差、凹凸面、拉毛、压花等不算作缺陷。
　　2. 凡有下列缺陷者，不得称为完整面。

（1）缺损在条面或顶面上造成的破坏面尺寸同时大于 10mm×10mm。

（2）条面或顶面上裂纹宽度大于 1mm，其长度超过 30mm。

（3）压陷、黏底、焦花在条面或顶面上的凹陷或凸出超过 2mm，区域尺寸同时大于 10mm×10mm。

3）强度等级

烧结普通砖按抗压强度分为 MU30、MU25、MU20、MU15、MU10 五个强度等级。测定强度时，抽取 10 块砖试样，加荷速度为（5±0.5）kN/s。试验后计算出 10 块砖的抗压强度平均值，并分别按式（1）、式（2）、式（3）计算标准差、变异系数和强度标准值。

$$S = \sqrt{\frac{1}{9}\sum_{i=1}^{10}\left(f_i - \bar{f}\right)^2} \tag{1}$$

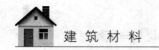

$$\delta = \frac{S}{\bar{f}} \qquad\qquad (2)$$

$$f_k = \bar{f} - 1.8S \qquad\qquad (3)$$

式中：S——10 块砖试样的抗压强度标准差，MPa；

δ——强度变异系数；

$\bar{f}$——10 块砖试样的抗压强度平均值，MPa；

f_i——单块砖试样的抗压强度测定值，MPa；

f_k——抗压强度标准值，MPa。

具体的强度应符合表 4.3 所示的规定。

表 4.3　烧结普通砖强度等级　　　　　　　（单位：MPa）

强度等级	抗压强度平均值 $\bar{f} \geqslant$	变异系数 $\delta \leqslant 0.21$	变异系数 $\delta > 0.21$
		强度标准值 $f_k \geqslant$	单块最小抗压强度值 $f_{min} \geqslant$
MU30	30.0	22.0	25.0
MU25	25.0	18.0	22.0
MU20	20.0	14.0	16.0
MU15	15.0	10.0	12.0
MU10	10.0	6.5	7.5

4）泛霜

泛霜是指黏土原料中含有硫、镁等可溶性盐类时，随着砖内水分蒸发而在砖表面产生的盐析现象，一般为白色粉末，常在砖表面形成絮团状斑点。轻微泛霜就对清水砖墙建筑外观产生较大影响，中等程度泛霜的砖用于建筑的潮湿部位时，多年后因盐析结晶膨胀将使砖砌体表面产生粉化剥落，在干燥环境中使用，约经 10 年以后也将开始剥落，严重泛霜对建筑结构的破坏性则更大。要求优等品无泛霜现象；一等品不允许出现中等泛霜；合格品不允许出现严重泛霜。

5）石灰爆裂

如果烧结砖原料土中夹杂有石灰石成分，在烧砖时可能被烧成生石灰，砖吸水后生石灰消化产生体积膨胀，导致砖发生胀裂破坏，这种现象称为石灰爆裂。石灰爆裂严重影响烧结砖的质量，并降低砌体强度。国家标准《烧结普通砖》（GB 5101—2003）规定：优等品砖不允许出现最大破坏尺寸大于 2mm 的爆裂区域，一等品砖不允许出现最大破坏尺寸大于 10mm 的爆裂区域，合格品砖不允许出现最大破坏尺寸大于 15mm 的爆裂区域。

6）抗风化性能

抗风化性能是在干湿变化、温度变化、冻融变化等物理因素的作用下，材料不破坏并长期保持原有性质的能力，抗风化性能是烧结普通砖的重要耐久性能之一，对砖的抗风化性要求应根据各地区风化程度的不同而定。烧结普通砖的抗风化性能通常以其抗冻性、吸水率及饱和系数等指标判别。国家标准《烧结普通砖》（GB 5101—2003）指出：风化指数大于等于 12 700 时为严重风化区；风化指数小于 12 700 时为非严重风化区，部分属于严重风化区的砖必须进行冻融试验，某些地区的砖的抗风化性能符合规定时可不做冻融试验如表 4.4 所示。

表 4.4　抗风化性能

砖种类	严重风化区				非严重风化区			
	5h 沸煮吸水率/%，≤		饱和系数，≤		5h 沸煮吸水率/%，≤		饱和系数，≤	
	平均值	单块最大值	平均值	单块最大值	平均值	单块最大值	平均值	单块最大值
黏土砖	18	20	0.85	0.87	19	20	0.88	0.90
粉煤灰砖	21	23			23	25		
页岩砖	16	18	0.74	0.77	18	20	0.78	0.80
煤矸石砖								

注：粉煤灰掺入量（体积分数）小于 30% 时，按黏土砖的规定判定。

2. 烧结普通砖的优缺点

优点：传统墙体材料；具有较高的强度和耐久性；孔隙率较大，具有较良好的保温隔热性能和隔声吸声性能。

缺点：块体小，施工效率低；自重大；产生能耗高；黏土砖所用的原料——黏土，需毁田取土，挤占耕地；抗震性能差。

3. 烧结普通砖的应用与发展

烧结普通砖具有较高的强度，又因多孔结构而具有良好的绝热性、透气性和稳定性，还具有较好的耐久性及隔热、保温等性能，加上原料广泛，工艺简单，是应用历史最长、应用范围最广泛的砌体材料之一。它广泛用于砌筑建筑物的墙体、柱、拱、烟囱、窑身、沟道及基础等。

但由于烧结黏土砖主要以毁田取土烧制，加上其自重大、施工效率低及抗震性能差等缺点，已不能适应建筑发展的需要。住房和城乡建设部已做出使用烧结普通黏土砖的相关规定，随着墙体材料的发展和推广，烧结普通黏土砖必将被其他墙体材料所取代。

4.1.3　烧结多孔砖和烧结空心砖

烧结普通砖因自重大、体积小、生产能耗高、施工效率低等缺点，用烧结多孔砖和烧结空心砖代替烧结普通砖，可使建筑物自重减轻 30% 左右，节约黏土 20%～30%，节省燃料 10%～20%。墙体施工工效提高 40%，并能改善砖的隔热隔声性能。所以，推广使用多孔砖和空心砖是加快我国墙体材料改革，促进墙体材料工业技术进步的重要措施之一。

烧结多孔砖和烧结空心砖的生产工艺与烧结普通砖相同，但由于坯体有孔洞，增加了成型的难度，对原料的可塑性要求更高。

1. 烧结多孔砖

烧结多孔砖是以黏土、页岩或煤矸石为主要原料烧制的主要用于结构承重的多孔砖。其主要技术要求如下。

1）规格要求

烧结多孔砖有 190mm×190mm×90mm（M 型）和 240mm×115mm×90mm（P 型）两种规格，如图 4.2 所示。多孔砖大面有孔，孔多而且小，孔洞率在 15%以上。其孔洞尺寸为：圆孔直径<22mm，非圆孔内切圆直径<15mm，手抓孔(30～40)mm×(75～85)mm。

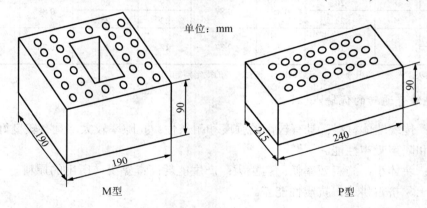

图 4.2　烧结多孔砖

2）强度等级

根据砖样的抗压强度将烧结多孔砖分为 MU30、MU25、MU20、MU15、MU10 五个强度等级，各产品等级的强度应符合国家标准的规定，如表 4.5 所示。

表 4.5　烧结多孔砖强度等级（GB 13544－2011）　　　　（单位：MPa）

强度等级	抗压强度平均值 $\bar{f}$，≥	变异系数 $\delta \leqslant 0.21$ 强度标准值 f_k，≥	变异系数 $\delta > 0.21$ 单块最小抗压强度值 f_{min}，≥
MU30	30.0	22.0	25.0
MU25	25.0	18.0	22.0
MU20	20.0	14.0	16.0
MU15	15.0	10.0	12.0
MU10	10.0	6.5	7.5

3）其他技术要求

除了上述技术要求外，烧结多孔砖的技术要求还包括冻融、泛霜、石灰爆裂和抗风化性能等。各质量等级的烧结多孔砖的泛霜、石灰爆裂的性能要求与烧结普通砖相同。

产品的外观质量、物理性能均应符合标准规定。尺寸允许偏差应符合表 4.6 所示的规定。

表 4.6　烧结多孔砖尺寸允许偏差　　　　　（单位：mm）

公称尺寸	优等品		一等品		合格品	
	样本平均偏差	样本极差，≤	样本平均偏差	样本极差，≤	样本平均偏差	样本极差，≤
290、240	±2.0	6	±2.5	7	±3.0	8
190、180、175、140、115	±1.5	5	±2.0	6	±2.5	7
90	±1.5	4	±1.7	5	±2.0	6

强度和抗风化性能合格的砖，根据尺寸偏差、外观质量、孔型及孔洞排列、泛霜、石灰爆裂等状况分为优等品（A）、一等品（B）和合格品（C）三个质量等级。

4）应用

烧结多孔砖强度较高，主要用于多层建筑物的承重墙体和高层框架建筑的填充墙和分隔墙。

2. 烧结空心砖

烧结空心砖是以黏土、页岩或粉煤灰为主要原料烧制成的主要用于非承重部位的空心砖，烧结空心砖自重较轻，强度较低，多用作非承重墙，如多层建筑内隔墙或框架结构的填充墙等。其主要技术要求如下。

1）规格要求

烧结空心砖的外形为直角六面体，有 290mm×190mm×90mm 和 240mm×180mm×115mm 两种规格。砖的壁厚应大于 10mm，肋厚应大于 7mm。空心砖顶面有孔，孔大而少，孔洞为矩形条孔或其他孔形，孔洞平行于大面和条面，孔洞率一般在 35%以上。空心砖形状如图 4.3 所示。

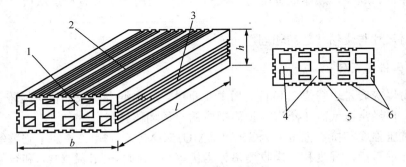

图 4.3　烧结空心砖外形

1—顶面；2—大面；3—条面；4—肋；5—壁；6—外壁；l—长度；b—宽度；h—高度

2）强度等级

根据砖样的抗压强度，将烧结空心砖分为 MU10.0、MU7.5、MU5.0、MU3.5、MU2.5 五个强度等级，各产品等级的强度应符合国家标准的规定，如表 4.7 所示。

表 4.7 烧结空心砖强度等级（GB 13545—2014） （单位：MPa）

强度等级	抗压强度			密度等级范围 / (kg/m³)
	抗压强度平均值 $\bar{f}$，≥	变异系数 $\delta \leq 0.21$	变异系数 $\delta > 0.21$	
		强度标准值 f_k，≥	单块最小抗压强度值 f_{min}，≥	
MU10.0	10.0	7.0	8.0	≤1100
MU7.5	7.5	5.0	5.8	
MU5.0	5.0	3.5	4.0	
MU3.5	3.5	2.5	2.8	
MU2.5	2.5	1.6	1.8	≤800

3）密度等级

按砖的表观密度不同，把空心砖分成 800、900、100 和 110 四个密度等级。

4）其他技术要求

除了上述技术要求外，烧结空心砖的技术要求还包括冻融、泛霜、石灰爆裂、吸水率等。产品的外观质量、物理性能均应符合标准规定。各质量等级的烧结空心砖的泛霜、石灰爆裂性能要求与烧结普通砖相同。

强度、密度、抗风化性能和放射性物质合格的砖和砌块，根据尺寸偏差、外观质量、孔洞排列及其物理性能（结构、泛霜、石灰爆裂、吸水率），分为优等品（A）、一等品（B）和合格品（C）三个质量等级。

4.1.4 蒸压砖

蒸压砖属硅酸盐制品，是以石灰和含硅材料（砂子、粉煤灰、煤矸石、炉渣和页岩等）加水拌合、成型、蒸养或蒸压而制成的。目前使用的主要有粉煤灰砖、灰砂砖和煤渣砖。

其规格尺寸与烧结普通砖相同。

1. 蒸压粉煤灰砖

蒸压粉煤灰砖是以粉煤灰和石灰为主要原料，加水混合拌成坯料，经陈化、轮碾、加压成型，再经常压或高压蒸汽养护而制成的一种墙体材料。

根据抗压强度和抗折强度分为 MU20、MU15、MU10、MU7.5 四个强度等级，按尺寸偏差、外观质量、强度和干燥收缩率分为优等品（A）、一等品（B）和合格品（C）。在易受冻融和干湿交替作用的建筑部位，必须使用一等品或优等品。

粉煤灰砖出窑后，应存放一段时间后再用，以减少相对伸缩量。用于易受冻融作用的建筑部位时，要进行抗冻性检验，并采取适当措施，以提高建筑耐久性；用于砌筑建筑物时，应适当增设圈梁及伸缩缝或采取其他措施，以避免或减少收缩裂缝的产生；不得使用于长期受高于 200℃温度作用、急冷急热以及酸性介质侵蚀的建筑部位。

2. 蒸压灰砂砖

蒸压灰砂砖是用石灰和天然砂为主要原料，经混合搅拌、陈亿、轮碾、加压成型、蒸压养护而制得的墙体材料。

灰砂砖的外形为六面体形（240mm×115mm×53mm），按抗压强度和抗折强度分为 MU25、MU20、MU15、MU10 四个强度等级。根据尺寸偏差、外观质量、强度及抗冻性分为优等品（A）、一等品（B）和合格品（C）三个质量等级。

灰砂砖表面光滑平整，使用时注意提高砖与砂浆之间的黏结力；其耐水性良好，但抗流水冲刷的能力较弱，可长期在潮湿、不受冲刷的环境使用；15 级以上的砖可用于基础及其他建筑部位，10 级砖只可用于防潮层以上的建筑部位；另外，不得使用于长期受高于 200℃温度作用、急冷急热和酸性介质侵蚀的建筑部位。

4.2 砌　　块

4.2.1 砌块概述

砌块是用于砌筑的、形体大于砌墙砖的人造块材，一般为直角六面体，按产品主规格的尺寸可分为大型砌块（高度大于 980mm）、中型砌块（高度为 380～980mm）和小型砌块（高度大于 115mm，小于 380mm）。砌块高度一般不大于长度或宽度的六倍，长度不超过高度的三倍。根据需要也可生产各种异形砌块。工程中常用的砌块有：水泥混凝土砌块、轻集料混凝土砌块、炉渣砌块、粉煤灰砌块及其他硅酸盐砌块、水泥混凝土铺地砖等。

砌块是一种新型墙体材料，可以充分利用地方资源和工业废料，并可节省国土资源和改善环境，具有生产上工艺简单，原料来源广，适应性强，制作及使用方便灵活，还可改善墙体功能等特点，因此发展较快。

砌块的分类方法很多，若按用途可分承重砌块和非承重砌块；按有无孔洞可分为实心砌块（无孔洞或空心率<25%）和空心砌块（空心率>25%）；按材质又分为硅酸盐砌块、轻骨料混凝土砌块、混凝土砌块等。

4.2.2 蒸压加气混凝土砌块

蒸压加气混凝土砌块是以钙质材料（水泥、石灰等）和硅质材料（砂、矿渣、粉煤灰等）以及加气剂（铝粉等），经配料、搅拌、浇注、发气、切割和蒸压养护而成的多孔轻质块体材料。

1. 主要技术性能

1）规格尺寸

砌块的尺寸规格，一般有 A、B 两个系列，如表 4.8 所示。

表 4.8　砌块的尺寸规格 （单位：mm）

长度 L	宽度 B	高度 H
600	100　120　125 150　180　200 240　250　300	200　240　250　300

注：如需要其他规格，可由供需双方协商解决。

2）尺寸允许偏差和外观质量

砌块的尺寸偏差和外观应符合表 4.9 的规定；主要性能应符合表 4.10 的规定。

表 4.9　砌块的尺寸偏差和外观要求

项目			指标	
			优等品（A）	合格品（B）
尺寸允许偏差 /mm	长度	L_1	±3	±4
	宽度	B_1	±1	±2
	高度	$W_m=\dfrac{m_b-m_g}{m_g}\times100$	±1	±2
缺棱掉角	个数/个，不多于		0	2
	最大尺寸/mm，不得大于		0	70
	最小尺寸/mm，不得大于		0	30
	平面弯曲/mm 不得大于		0	5
裂纹 长度	条数/条，不多于		0	2
	任一面上的裂纹长度不得大于裂纹方向尺寸的		0	1/2
	贯穿一棱二面的裂纹长度不得大于裂纹所在面的裂纹方向尺寸总和的		0	1/3
	爆裂、黏模和损坏深度/mm，不得大于		10	30
	表面疏松、层裂		不允许	
	表面油污、弯曲		不允许	
	平面		不允许	

3）砌块的等级

按砌块抗压强度分 A1.0、A2.0、A2.5、A3.5、A5.0、A7.5、A10 七个强度等级。立方体抗压强度测定标准：采用 100mm×100mm×100mm 立方体试件，在含水率为 25%～45%时测定。各个等级的立方体抗压强度值不得小于表 4.10 的规定。

按表观密度分为 B03、B04、B05、B06、B07、B08 六个级别。

按尺寸偏差、客重分为优等品（A）、一等品（B）、合格品（C）三个质量等级。

表 4.10　砌块的性能、干密度，强度级别及其他系数

砌块的性能							
性能		强度级别					
		A1.0	A2.0	A2.5	A3.5	A5.0	A7.5	A10.0
立方体抗压强度值/MPa	平均值	≥1.0	≥2.0	≥2.5	≥3.5	≥5.0	≥7.5	≥10.0
	最小值	≥0.8	≥1.6	≥2.0	≥2.8	≥4.0	≥6.0	≥8.0

砌块干密度/（kg/m^3）							
干密度级别		B03	B04	B05	B06	B07	B08
干密度	优等品（A）≤	300	400	500	600	700	800
	合格品（B）≤	325	425	525	625	725	825

砌块的强度级别							
干密度级别		B03	B04	B05	B06	B07	B08
强度级别	优等品（A）	A1.0	A2.0	A3.5	A5.0	A7.5	A10.0
	合格品（B）			A2.5	A3.5	A5.0	A7.5

干燥收缩、抗冻性和导热系数							
干密度级别		B03	B04	B05	B06	B07	B08
干燥收缩值[a]	标准法（mm/m），≤	0.50					
	快速法（mm/m），≤	0.80					
抗冻性	质量损失/%，≤	5.0					
	冻后强度/MPa，≥ 优等品（A）	0.8	1.6	2.8	4.0	6.0	8.0
	合格品（B）			2.0	2.8	4.0	6.0
导热系数（干态）/［W/（m·K）］，≤		0.10	0.12	0.14	0.16	0.18	0.20

a. 规定采用标准法、快速法测定砌块干燥收缩值，若测定结果发生矛盾不能判定时，则以标准法测定的结果为准。

2. 应用

加气混凝土砌块质量轻，具有保温、隔热、隔音性能好，抗震性强（自重小）、热导率低、传热速度慢、耐火性好、易于加工、施工方便等特点，是应用较多的轻质墙体材料之一，适用于低层建筑的承重墙、多层建筑的间隔墙和高层框架结构的填充墙，作为保温隔热材料，也可用于复合墙板和屋面结构中。在无可靠的防护措施时，该类砌块不得用在处于水中、高湿度、有碱化学物质侵蚀等环境中，也不得用在建筑物的基础和温度长期高于80℃的建筑部位。

4.2.3 混凝土空心砌块

混凝土空心砌块主要是以普通混凝土拌和物为原料，经成型、养护而成的空心块体墙材。它有承重砌块和非承重砌块两类。为减轻自重，非承重砌块可用炉渣或其他轻质骨料配制。常用混凝土空心砌块外形如图 4.4 所示。

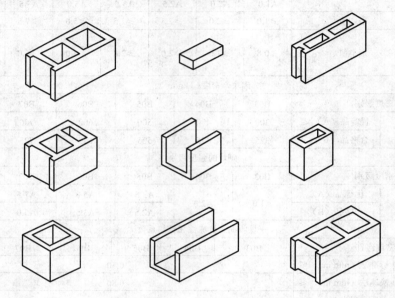

图 4.4　几种混凝土空心砌块外形示意图

1. 混凝土小型空心砌块

1）尺寸规格

混凝土小型空心砌块的尺寸规格：主规格为 390mm×190mm×190mm，一般为单排孔，也有双排孔，其空心率为 25%～50%。其他规格尺寸可由供需双方协商。

2）强度等级

砌块的抗压强度是砌块受压面的面积除破坏荷载求得的。按砌块抗压强度分为MU3.5、MU5.0、MU7.5、MU10.0、MU15.0、MU20.0 六个等级，具体指标如表 4.11所示。

表 4.11　混凝土小型空心砌块的抗压强度（GB 8239—2014）　（单位：MPa）

强度等级		MU3.5	MU5.0	MU7.5	MU10.0	MU15.0	MU20.0
抗压强度	平均值≥	3.5	5.0	7.5	10.0	15.0	20.0
	单块最小值≥	2.8	4.0	6.0	8.0	12.0	16.0

3）应用

该类小型砌块适用于地震设计烈度为 8 度和 8 度以下地区的一般民用与工业建筑物的墙体。该砌体出厂时的相对含水率必要满足标准要求；施工现场堆放时，必须采取防雨措施；砌筑前不允许浇水预湿。

2. 轻集料混凝土小型空心砌块

轻集料混凝土小型空心砌块是以陶粒、膨胀珍珠岩、浮石、火山渣、煤渣、自燃煤矸石等各种轻粗细集料和水泥按一定比例配制，经搅拌、成型、养护而成的空心率大于或等于 25%、表观密度小于 1400kg/m³ 的轻质混凝土小砌块。

该砌块的主规格为 390mm×190mm×190mm，强度等级为 MU1.5、MU2.5、MU3.5、MU5.0、MU7.5、MU10.0，其各项性能指标应符合国家标准的要求。

轻集料混凝土小型空心砌块是一种轻质、高强、能取代普通黏土砖的具有发展前景的一种墙体材料，不仅可用于承重墙，还可以用于既承重又保温或专门保温的墙体，更适用于高层建筑的填充墙和内隔墙。

4.3　砌　筑　石　材

天然石材是最古老的建筑材料之一，世界上许多著名的古建筑，如埃及的金字塔、我国河北省的赵州桥都是由天然石材建造而成的。近几十年来，由于钢筋混凝土和新型砌筑材料的应用和发展，虽然在很大程度上代替了天然石材，但由于天然石材在地壳表面分布广，蕴藏丰富，便于就地取材，加上石材具有相当高的强度、良好的耐磨性和耐久性，因此，石材在土木工程中仍得到了广泛应用。

4.3.1　砌筑石材的分类

天然石材是采自地壳表层的岩石。天然石材根据生成条件，按地质分类法可分为火成岩、沉积岩和变质岩三大类。

1. 火成岩

1）定义

火成岩又称岩浆岩，是由地壳内部熔融岩浆上升冷却而成的岩石。

2）分类

根据冷却条件的不同，火成岩又可分为深成岩、喷出岩和火山岩三类。

（1）深成岩。深成岩是岩浆在地壳深处，受上部覆盖层的压力作用，缓慢且均匀地冷却而成的岩石。深成岩的特点是晶粒较粗，呈致密块状结构。因此，深成岩的表观密度大，强度高，吸水率小，抗冻性好。

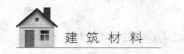

工程上常用的深成岩有花岗岩、正长岩、闪长岩和辉长岩。

（2）喷出岩。喷出岩为熔融的岩浆喷出地壳表面，迅速冷却而成的岩石。由于岩浆喷出地表时压力骤减且迅速冷却，结晶条件差，多呈隐晶质或玻璃体结构。如喷出岩凝固成很厚的岩层，其结构接近深成岩。当喷出岩凝固成比较薄的岩层时，常呈多孔构造。

工程上常用的喷出岩有玄武岩、安山岩和辉绿岩。

（3）火山岩。火山岩是火山爆发时岩浆喷到空中，急速冷却后形成的岩石。火山岩为玻璃体结构且呈多孔构造，如火山灰、火山砂、浮石和凝灰岩。火山砂和火山灰常用作水泥的混合材料。

2．沉积岩

1）定义

地表岩石经长期风化后，成为碎屑颗粒状或粉尘状，经风或水的搬运，通过沉积和再造作用而形成的岩石称为沉积岩。

2）分类

（1）机械沉积岩。机械沉积岩是各种岩石风化后，经过流水、风力或冰川作用的搬运及逐渐沉积，在覆盖层的压力下或由自然胶结物胶结而成，如页岩、砂岩和砾岩。

（2）化学沉积岩。化学沉积岩是岩石中的矿物溶解在水中，经沉淀沉积而成，如石膏、菱镁矿、白云岩及部分石灰岩。

（3）生物沉积岩。生物沉积岩是由各种有机体残骸经沉积而成的岩石，如石灰岩、硅藻土等。

3）特点

沉积岩大都呈层状构造，表观密度小，孔隙率大，吸水率大，强度低，耐久性差，而且各层间的成分、构造、颜色及厚度都有差异。

3．变质岩

1）定义

岩石由于强烈的地质活动，在高温和高压下，矿物再结晶或生成新矿物，使原来岩石的矿物成分及构造发生显著变化而形成一种新的岩石，称为变质岩。

2）特点

一般沉积岩形成变质岩后，其建筑性能有所提高，如石灰岩和白云岩变质后成为大理岩，砂岩变质后成为石英岩，都比原来的岩石坚固耐久。相反，原为深成岩经变质后产生片状构造，建筑性能反而降低。如花岗岩变质成为片麻岩后，易于分层剥落，耐久性差。

整个地表岩石分布情况为：沉积岩占 75%，火成岩和变质岩占 25%。

4.3.2　砌筑石材的技术性质

1. 表观密度

1）与矿物组成及孔隙率有关

致密的石材如花岗岩和大理岩等，其表观密度接近于密度，为 2500～3100kg/m³。孔隙率较大的石材，如火山凝灰岩、浮石等，其表观密度较小，为 500～1700kg/m³。

2）分类

（1）轻质石材：表观密度小于 1800kg/m³ 的为轻质石材，一般用作墙体材料。

（2）重质石材：表观密度大于 1800kg/m³ 的为重质石材，可作为建筑物的基础、贴面、地面、房屋外墙、桥梁和水工构筑物等。

2. 吸水性

石材的吸水性主要与其孔隙率和孔隙特征有关：孔隙特征相同的石材，孔隙率越大，吸水率也越高。

深成岩以及许多变质岩孔隙率都很小，因而吸水率也很小。如花岗岩吸水率通常小于 0.5%，而多孔贝类石灰岩吸水率可高达 15%。

石材吸水后强度降低，抗冻性变差，导热性增加，耐水性和耐久性下降。表观密度大的石材，孔隙率小，吸水率也小。

3. 耐水性

表述耐水性的指标为软化系数。

石材按耐水性分类如下。

（1）高耐水性石：材软化系数大于 0.9 的石材。

（2）中耐水性石材：软化系数为 0.70～0.90 的石材。

（3）低耐水性石材：软化系数为 0.60～0.70 的石材。

土木工程中使用的石材，软化系数应大于 0.80。

4. 主要的一些石材品种的应用

1）花岗岩

花岗岩属于深成火成岩，是火成岩中分布最广的岩石，其主要矿物组成为长石、石英和少量云母等，为全晶质，有细粒、中粒、粗粒、斑状等多种结构，属块状构造，但以细粒构造性质为好。花岗岩通常有灰、白灰、黄、粉红、红、纯黑等颜色，具有很好的装饰性。

花岗岩的体积密度为 2500～2800kg/m³，抗压强度为 120～300MPa，孔隙率低，吸水率为 0.1%～0.7%，莫氏硬度为 6～7，耐磨性好，抗风化性及耐久性高，耐酸性好，但不耐火，使用年限数十年至数百年，高质量的可达千年以上。

花岗岩主要用于基础、挡土墙、勒脚、踏步、地面、外墙饰面、雕塑等，属高档材料，破碎后可用于拌制混凝土，此外还可用于耐酸工程。

2）石灰岩

石灰岩属沉积岩，分布极广，主要由方解石组成，常含有一定数量的白云石、菱镁矿（碳酸镁晶体）、石英、黏土矿物等。石灰岩分有密实、多孔和散粒构造，密实构造的即为普通石灰岩。石灰岩常呈灰、灰白、白、黄、浅红色、黑灰、黑、褐红等颜色。

密实石灰岩的体积密度为 2000～2600kg/m³，抗压强度为 20～150MPa，多为 20～100MPa，莫氏硬度为 3～4，当含有的黏土矿物超过 3%～4%时，抗冻性和耐水性显著降低，当含有较多的氧化硅时，强度、硬度和耐久性提高。石灰岩遇稀盐酸时强烈起泡，硅质或镁质石灰岩的起泡不明显。

石灰岩可用于大多数基础、墙体、挡土墙等石砌体，加工成碎石也广泛用作混凝土骨料。石灰岩也是生产石灰、水泥等的原料。石灰岩不得用于酸性水或二氧化碳含量多的水中，因为方解石会被酸或碳酸溶蚀。

3）大理岩

大理岩属副变质岩，由石灰岩或白云岩变质而成，主要矿物组成为方解石、白云石，具有等粒、不等粒、斑状结构，块状构造，常呈白、浅红、浅绿、黑、灰等颜色和花纹（斑纹），装饰效果好。

大理岩的体积密度为 2500～2800kg/m³，抗压强度为 100～300MPa，多为 100～200MPa，莫氏硬度为 3～4，易于雕琢磨光。城市空气中的二氧化硫遇水后对大理岩中的方解石有腐蚀作用，即生成易溶的石膏，从而使表面变得粗糙多孔并失去光泽。但大理岩吸水率小、杂质少、晶粒细小、纹理细密、质地坚硬，特别是白云岩或白云质石灰岩变质而成的某些大理岩也可用于室外，如汉白玉、艾叶青等。

大理岩主要用于室内的装修，如墙面、柱面、地面、踏步等，除个别品种外不宜用于室外。

4）玄武岩

玄武岩属于喷出岩，由辉石和长石组成，为细粒或斑状构造、块状或气孔状或杏仁状构造，体积密度为 2900～3300kg/m³，抗压强度为 100～300MPa，脆性大，抗风化性较强，主要用于基础、桥梁等石砌体。

5）辉长岩、闪长岩、辉绿岩

辉绿岩和闪长岩均属于深成岩，辉长岩属于浅成岩，由长石、辉石、角闪石等组成。三者的体积密度均较大，为 2800～3000kg/m³，抗压强度为 100～280MPa，耐久性、磨光性好，常呈深灰、浅灰、黑灰、灰绿、黑绿色和斑纹，除用于基础等石砌体外还可用做名贵的装饰材料。

6）砂岩

砂岩属碎屑沉积岩，主要由石英组成，根据胶结物的不同，砂岩可分为硅质砂岩(由氧化硅胶结而成，性能优越，接近于花岗岩)、钙质砂岩（由碳酸钙胶结而成，有一定的强度，为砂岩中最常见和常用的）、铁质砂岩（由氧化铁胶结而成，性能较差，密实者仍可用于一般建筑工程）、黏土质砂岩（由黏土胶结而成，性能差、不耐水，一般不用）；按主要矿物成分还可分为长石砂岩、硬砂岩，两者的强度均较高，可用于建筑工程。

砂岩的强度随胶结物的不同和密实程度的不同，抗压强度变化很大，为 5～300MPa，其他性能也有相当大的差异，使用时需加以区别。砂岩常用于基础、勒脚、踏步、墙体等。

7）片麻岩

片麻岩属正变质岩，由花岗岩变质而得，呈片状构造，各向异性，在冰冻作用下易成层剥落，抗压强度为 120～250MPa（垂直解理方向）。它用于一般建筑工程的基础、勒脚等石砌体，也做混凝土骨料。

8）石英岩

石英岩属副变质岩，由硅质砂岩变质而成，结构致密均匀、坚硬、加工困难、非常耐久、抗压强度为 250～400MPa。它主要用于饰面，使用年限可达千年以上。

4.4　装　饰　材　料

4.4.1　装饰材料概述

1．定义

建筑装饰材料一般是指主体结构工程完成后，进行室内外墙面、顶棚、地面的装饰等所需的材料，主要起装饰作用，同时可以满足一定的功能要求。

2．分类

（1）按照化学性质分为无机装饰材料和有机装饰材料两种。

无机装饰材料：金属和非金属两大类（如铝合金、大理石、玻璃等）。

有机装饰材料：包括塑料、涂料等。

（2）按照装饰部位分为外墙装饰材料和内墙装饰材料。

① 外墙装饰材料：常用的有天然石材（如花岗岩）、人造石材、外墙面砖、陶瓷锦砖、玻璃制品（如玻璃马赛克、彩色吸热玻璃等）、白色和彩色水泥装饰混凝土、玻璃幕墙、铝合金门窗、装饰板、石渣类饰面（如刷石、黏石、磨石等）、外墙涂料等。

② 内墙装饰材料：常用的有天然石材（如大理石、花岗石等）、人造石材、壁纸与墙布、织物类（如挂毯、装饰布等）、铝面装饰板（如包铝板等）、玻璃制品等。

③ 地面装饰材料：常用的有木地板、天然石材（如花岗石）、人造石材、塑料地板、地毯（如羊毛地毯、化纤地毯、混纺地毯等）、陶瓷地砖、陶瓷锦砖、地面涂料等。

④ 顶棚装饰材料：常用的有塑料吊顶板、铝合金吊顶板、石膏板（如浮雕装饰石膏板、纸面石膏板、嵌装式装饰石膏板等）、壁纸装饰天花板、铝塑矿棉装饰板、矿棉

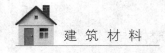

装饰吸声板、膨胀珍珠岩装饰吸声板等。

⑤ 其他装饰材料：包括门窗、龙骨、卫生洁具、建筑五金等。

3．功能

装饰材料具有装饰和保护功能，能够改善室内使用条件（如光线、温度、湿度等），具有吸声、隔声以及防火等作用。

4.4.2　装饰石材

1．天然石材

1）定义

凡是从天然岩石中开采出来的，经加工或未加工的石材，统称为天然石材。

我国使用天然石材有着悠久的历史和丰富的经验，如河北的赵州桥以及现代建筑中的北京人民大会堂等，无不显示出我国劳动人民利用石材的辉煌成就。

天然石材在地壳中蕴藏量丰富，分布广泛，便于就地取材。在性能上，天然石材具有抗压强度高、耐久、耐磨等特点。在建筑立面上使用天然石材，具有坚定、稳重的质感，可以取得庄重、雄伟的艺术效果。

2）装饰用岩石

（1）火成岩。建筑中装饰常用的火成岩有花岗石、玄武岩等。

（2）沉积岩。建筑中装饰常用的沉积岩有石灰岩、砂岩等。

（3）变质岩。建筑中装饰常用的变质岩有大理石、石英岩等。

3）建筑用石材

（1）建筑用石材的技术性能如下。

抗压强度：石材的抗压强度是以 200mm×200mm×200mm 的立方体试件，采用标准试验方法所测得的抗压强度。

抗冻性：石材的抗冻性是以其抗冻融循环的次数来表示。在规定的循环次数内，其质量损失应不大于 5%，强度损失应不大于 25%，且无贯穿裂缝。

耐水性：不同品种的石材，其耐水性能不同。对用于重要建筑的石材，必须要求石材具有较好的耐水性。

（2）石材的选用原则：一般选用石材时应该考虑其装饰性、耐久性、经济性。

4）石板

（1）定义：用致密岩石凿平或锯解而成的厚度不大的石材称为石板。

（2）分类：天然大理石，天然花岗石。

2．人造石材

人造石材在国外已有近 50 年的历史，人造石材生产工艺比较简单，设备并不复杂，原材料广泛，价格相对比较便宜，因而很多发展中国家也都开始生产人造石材。

1）水泥型人造大理石

（1）定义：是以各种水泥如硅酸盐水泥、铝酸盐水泥等或石灰磨细砂为黏结剂，砂为细集料，碎花岗石、工业废渣等为粗骨料，经配料、搅拌、成型、养护、磨光、抛光等工序而制成的。

（2）特点：表面光洁度高，花纹耐久，抗风化性、耐久性及防潮等均优于用硅酸盐水泥制成的人造大理石。

2）树脂型人造大理石

（1）定义：是以不饱和聚酯为黏结剂，与石英砂、大理石、方解石粉等搅拌混合、浇铸成型，在固化剂作用下产生固化作用，经脱模、烘干、抛光等工序而制成的。

（2）特点：使用不饱和聚酯作为黏结剂的产品光泽度好，颜色浅，可以调成不同的颜色，而且树脂黏度比较低，易于成型，固化快，可在常温下固化。

3）复合型人造大理石

（1）定义：是指它的制作过程中所用黏结剂既有无机材料，又有有机材料。先将无机填料用无机胶黏剂胶结成型，养护后，再将坯体浸渍于具有聚合性能的有机单体中，使其聚合。

（2）特点：对于板材制品，底层用廉价、性能稳定的无机材料，面层用聚酯和大理石粉制作，可获得较佳的效果。

4）烧结型人造大理石

烧结型人造大理石的生产工艺与陶瓷装饰制品的生产工艺相近。

4.4.3　建筑装饰陶瓷

1．定义

凡是用于装饰墙面、铺设地面、卫生间的装备等的各种陶瓷材料及其制品统称为建筑陶瓷。

2．特点

建筑陶瓷通常构造致密，质地较为均匀，有一定的强度、耐水、耐磨、耐化学腐蚀、耐久性好等，能拼制出各种色彩图案。

3．建筑陶瓷的品种

墙地砖包括外墙装饰用贴面砖和室内、外地面装饰铺贴用砖，由于目前这类砖的发展趋势是既可用于外墙又可用于地面，因此称为墙地砖。

1）釉面砖

釉面砖又称瓷砖，是建筑装饰工程中最常用、最重要的饰面材料之一，是由优质陶

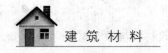

土等烧制而成的，属精陶制品。它具有坚固耐用，色彩鲜艳，易于清洁、防火、防水、耐磨、耐腐蚀等优点。

釉面砖正面施釉，背面有凹凸纹，以便于黏贴施工。釉面砖因其所用的釉料及其生产工艺不同，有许多品种，如白色釉面砖、彩色釉面砖、印花釉面砖等。另外，为了配合建筑内部转角处的贴面等的要求，还有各种配角砖，如阴角、阳角、压顶条等。

普通釉面砖的生产一般是采用生坯的素烧和釉烧的二次烧结方法，近年来又开始发展低温快速烧成法烧制釉面砖。

2）墙地砖

墙地砖是墙砖和地砖的总称，由于目前其发展趋向为产品作为墙、地两用，故称为墙地砖，实际上包括建筑物外墙装饰贴面用砖和室内外地面装饰铺贴用砖。

墙地砖是以品质均匀、耐火度较高的黏土作为原料，经压制成型，在高温下烧制而成，其表面有上釉和不上釉两种，而且具有表面光平或粗糙等不同的质感与色彩。其背面为了与基材有良好的黏结，常常具有凹凸不平的沟槽等。墙地砖品种规格繁多，尺寸各异，以满足不同的使用环境的需要。

3）陶瓷锦砖

陶瓷锦砖俗称"马赛克"，源于"Mosaic"。它是以优质瓷土烧制而成的小块瓷砖，有挂釉和不挂釉两种，目前各地产品多为不挂釉。

陶瓷锦砖美观、耐磨、不吸水、易清洗、抗冻性能好等，坚固耐用，造价较低，主要用于铺贴室内地面，也可作为建筑物的外墙饰面，起到装饰的作用，并增强建筑物的耐久性。

4）琉璃制品

琉璃制品是以难熔黏土为原料，经配料、成型、干燥、素烧，表面涂以琉璃釉后，再经烧制而成的制品，一般是施铅釉烧成并用于建筑及艺术装饰的带色陶瓷。

5）陶瓷壁画

陶瓷壁画是以陶瓷面砖、陶板等为基础，经艺术加工而成的现代化建筑装饰。这种壁画既可镶嵌在高层建筑的外墙面上，也可黏贴在候机室、会客室等内墙面上。

4.4.4　玻璃及其制品

1. 概述

1）玻璃的用途

玻璃除采光、透视、隔声、隔热外，还有艺术装饰的作用，特种玻璃还兼有吸热、保温、耐辐射、防爆等特殊功能。

2）玻璃的分类

按其化学成分，玻璃可分为钠钙玻璃、铝镁玻璃、钾玻璃、硼硅玻璃、铅玻璃和石英玻璃等。

根据功能和用途，建筑玻璃可分为平板玻璃，安全玻璃，声、光、热控制玻璃，饰面玻璃等。

2. 平板玻璃

平板玻璃分为普通平板玻璃和浮法玻璃。普通平板玻璃经过双面磨光、抛光或采用浮法工艺生产的玻璃一般用于民用建筑、商店、办公大楼等。

3. 安全玻璃

安全玻璃包括钢化玻璃、夹丝玻璃、夹层玻璃等。

1）钢化玻璃

特点：弹性好，抗冲击强度高（是普通平板玻璃的 4～6 倍），抗弯强度高（是普通平板玻璃的 3 倍）。

2）夹丝玻璃

特点：强度大，不易破碎，即使破碎，碎片附着在金属丝网上，不易脱落，使用比较安全。

3）夹层玻璃

特点：这种玻璃受到剧烈振动或撞击破坏时，由于衬片的黏合作用，玻璃裂而不碎，具有防弹防震、防爆的性能。

4. 节能装饰性玻璃

节能装饰性玻璃主要有热反射玻璃和中空玻璃等。

1）热反射玻璃

特点与应用：对太阳辐射热有较高的热反射能力；具有单向透视的特性。由于热反射玻璃具有以上两个特点，在建筑工程中特别适用于高层建筑物幕墙（玻璃幕墙）。

2）中空玻璃

特点：具有优良的保温、隔热和降噪性能。

5. 饰面玻璃

饰面玻璃主要有釉面玻璃、玻璃锦砖、空心玻璃砖等。

1）釉面玻璃

特点与应用：釉面玻璃有各种色彩和尺寸。釉面玻璃耐化学腐蚀，耐磨，富有光泽，可用于建筑物内外墙贴面。

2）玻璃锦砖（俗称玻璃马赛克）

特点：色泽柔和，朴实，典雅，表面光滑，不吸水、易洗涤，且化学稳定性，热稳定性好，表观密度小。

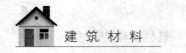

3）空心玻璃砖

特点：空心玻璃砖透光不透视，抗压强度较高，保温隔热、隔声、防火、装饰性能好。

4.4.5　金属装饰陶瓷

1. 建筑装饰用铝合金制品

1）铝合金门窗

铝合金门窗与普通木门窗、钢门窗相比有很多优点，主要如下。

（1）轻：铝合金门窗用材省、重量轻，每平方米耗用铝型材重平均只有 8～12kg。

（2）性能好：铝合金门窗密封性能好，气密性、水密性、隔声性、隔热性等较普通门窗有显著提高。

（3）色调美观：铝合金门窗框料型材表面经过氧化着色处理，既可保持型材的本色，也可以根据需要制成各种柔和的颜色或带色的花纹等。

（4）耐腐蚀、维修方便：铝合金门窗不需要涂漆，不褪色、不脱落，表面无需维修，而且强度高，坚固耐用，零件使用寿命长，开闭轻便灵活，无噪声。

（5）便于进行工业化生产。

2）铝合金装饰板

（1）铝合金花纹板。

定义：铝合金花纹板是采用防锈铝合金等坯料，用特制的花纹轧辊制而成的。

特点：花纹美观大方，筋高适中，不易磨损，防滑性能好，板材平整，裁剪尺寸精确，便于安装。

（2）铝合金波纹板。

铝合金波纹板是用铝合金薄板轧制而成，其横断面呈波浪形是目前建筑上广泛使用的一种新型建筑材料。

特点：铝合金波纹板自重轻，色彩丰富多样，既有一定的装饰效果，又有很强的反射阳光的能力，经久耐用。

（3）铝合金穿孔板。

定义：铝合金穿孔板采用多种铝合金平板经机械穿孔而成。

特点：轻质、防腐、防水、防火、防震，具有良好的消音效果，是建筑上比较理想的消音材料。

2. 装饰用钢板

装饰用钢板主要有不锈钢钢板、彩色不锈钢钢板、彩色涂层钢板、彩色压型钢板。

思 考 题

1. 砌墙砖有哪几种？它们各有什么特性？
2. 什么是砖的泛霜和石灰爆裂？它们对建筑有何影响？
3. 砖的标准尺寸是什么？
4. 烧结普通砖有哪些优点？有什么缺点？
5. 烧结多孔砖有哪些性能要求？
6. 混凝土小型空心砌块的强度等级有哪些？
7. 什么是石材的耐水性？石材按耐水性如何分类？
8. 外墙装饰材料主要有哪些？
9. 内墙装饰材料主要有哪些？
10. 安全玻璃有哪几种？各有什么特点？

第5章 沥青及合成高分子材料

📌 **学习目标**

了解石油沥青的组成。

掌握石油沥青的技术性质和技术标准。

掌握沥青混合料的技术性质和配合比设计。

📌 **能力目标**

沥青混合料的配合比设计。

沥青是一种有机胶凝材料，具有防潮、防水、防腐的性能，广泛用于交通、水利及工业与民用建筑工程中的防潮、防腐、防水材料，常温下呈黑色至褐色的固体、半固体或黏稠液体。

沥青材料可分为地沥青和焦油沥青两大类。地沥青包括天然沥青和石油沥青；焦油沥青包括煤沥青、木沥青、泥炭沥青和页岩沥青。工程中使用最多的是煤沥青和石油沥青，石油沥青的防水性能优于煤沥青，但煤沥青的防腐、黏结性能较好。

5.1 石 油 沥 青

5.1.1 石油沥青的组成与结构

1. 定义

石油沥青是指石油经蒸馏提炼出各种轻质油品（汽油、煤油等）及润滑油以后的残留物，经再加工得到的褐色或黑褐色的黏稠状液体或固体状物质，略有松香味，能溶于多种有机溶剂，如三氯甲烷、四氯化碳等。

2. 石油沥青的分类

按原油的成分，石油沥青分为石蜡基沥青、沥青基沥青和混合基沥青；按石油加工方法不同，石油沥青分为残留沥青、蒸馏沥青、氧化沥青、裂解沥青和调和沥青；按用途划分，石油沥青分为道路石油沥青、建筑石油沥青和普通石油沥青。

3. 石油沥青的组分

石油沥青的成分非常复杂，在研究沥青的组成时，将化学成分相近和物理性质相似而具有特征的部分划分若干组，即组分。一般分为油分、树脂、地沥青质三大组分，此外，还有一定的石蜡固体。各组分的含量多少会直接影响沥青的性质。

油分和树脂可以互溶，树脂可以浸润地沥青质。以地沥青质为核心，周围吸附部分树脂和油分，构成胶团，无数胶团均匀地分布在油分中，形成胶体结构。

石油沥青的状态随温度的不同也会改变。温度升高，固体沥青中的易熔成分逐渐变为液体，使沥青流动性提高；当温度降低时，它又恢复为原来的状态。石油沥青中各组分不稳定，会因环境中的阳光、空气、水等因素作用而变化，油分、树脂减少，地沥青质增多，这一过程称为"老化"。这时，沥青层的塑性降低，脆性增加，变硬，出现脆裂，失去防水、防腐蚀的效果。

三组分分析法：三组分分析法是将石油沥青分离为油分、树脂和沥青质三个组分，如表 5.1 所示分的形状。

表 5.1 石油沥青三组分分析法的各组分性状

组分	外观特征	平均分子量 M_w	碳氢比（原子比）C/H	含量/%	物化特征	在沥青中的主要作用
油分	淡黄透明液体	200～700	0.5～0.7	45～60	几乎可溶于大部分有机溶剂，具有光学活性，常发现有荧光，相对密度约 0.7～1.0，170℃加热长时间可挥发	是决定沥青流动性的组分。油分多，流动性大，而黏性小，温度敏感性大
树脂	红褐色黏稠半固体	800～3000	0.7～0.8	15～30	温度敏感性高，溶点低于100℃，相对密度大于1.0～1.1	是决定沥青塑性的主要组分。树脂含量增加，沥青塑性增大，温度敏感性增大
沥青质	深褐色固体末状微粒	1000～5000	0.8～1.0	5～30	加热不熔化，分解为硬焦碳，使沥青呈黑色，相对密度1.1～1.5，除了不溶于酒精、石油醚和汽油外，能溶于大多数有机溶剂	是决定沥青黏性的组分。沥青质含量高，沥青黏性大，温度敏感性小，塑性降低，脆性增大

4. 石油沥青的胶体结构

石油沥青的结构是以地沥青质为核心，周围吸附部分树脂和油分的互溶物而构成胶团，无数胶团分散在油分中而形成胶体结构。根据沥青中各组分的相对比例不同，胶体结构可分为溶胶型、凝胶型和溶-凝胶型三种类型。

（1）溶胶结构：石油沥青的胶体结构，是以地沥青质为核心，其表面层被树脂浸润包裹，而树脂又溶合于油分中构成胶团，无数胶团通过油分（连续相）互相溶合而形成的结构。将地沥青质相对含量少，油分、树脂相对含量高的沥青胶体结构称为"溶胶结

构"。其宏观性质表现为沥青塑性大、黏性小、温度敏感性大。

（2）凝胶结构：将地沥青质相对含量多的沥青胶体结构称为"凝胶结构"；由于地沥青质表面包裹的膜层薄，地沥青质间距离近，分子引力大，表现出沥青流动性差，塑性小，黏性大，温度敏感性小建筑石油沥青多属于凝胶结构。

（3）溶-凝胶结构：沥青中沥青质含量适当（如在 15%～25% 之间），形成的胶团数量增多，胶团距离相对靠近它们之间有一定的吸引力。这是一种介乎溶胶与凝胶之间的结构，称为溶-凝胶结构。溶-凝胶型结构沥青，在高温时具有较小的感温性，低温时又具有较好的形变能力，其性质介于溶胶型和凝胶型两者之间。

5.1.2 石油沥青的技术性质

1. 黏滞性

黏滞性是指沥青材料在外力的作用下抵抗发生黏性变形的能力。半固体和固体沥青的黏性用针入度表示；液体沥青的黏性用黏滞度表示。黏滞度和针入度是划分沥青牌号的主要指标。

黏滞度是液体沥青在一定温度下经规定直径的孔，漏下 50 mL 所需的秒数。其测定示意图如图 5.1 和图 5.2 所示。黏滞度常以符号 C_t^d 表示。其中 d 是孔径（mm），t 为试验时沥青的温度（℃），黏滞度大时，表示沥青的黏性大。

固体或是半固体的沥青的黏滞性用针入度表示：针入度是指在温度为 25℃时，以附重 100g 的标准针，经 5s 沉入沥青试样中的深度，每深 1/10mm，定为 1°。针入度一般在 5°～200° 之间，是划分沥青牌号的主要依据。针入度越小，表明沥青黏性越大。建筑石油沥青含有较多的沥青质，其黏性较大。

液体沥青的黏滞性用黏滞度表示：滞度是在规定温度 t（通常为 20℃、25℃、30℃ 或 60℃），规定直径 d（为 3mm、5mm 或者 10mm）的孔流出 50cm³ 沥青所需的时间秒数 T。

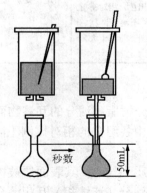

图 5.1　标准黏度测定示意图

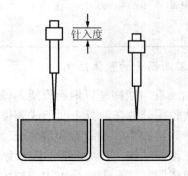

图 5.2　针入度测定示意图

2.　塑性

塑性是指沥青在外力的作用下变形的能力，用延伸度表示，简称延度。塑性表示沥青开裂后的自愈能力及受机械力作用后的变形而不破坏的能力。

塑性较大的沥青防水层，能随建筑物变形而变形，防水层不破裂。塑性大的沥青往往还具有较强的自愈合能力，这是适合做柔性防水材料的重要原因之一。

塑性用延度（延伸度）表示。沥青的延度用延度仪测定。沥青的塑性随温度升高（降低）而增大（减小）；沥青质含量相同时，树脂和油分的比例将决定沥青的塑性大小，油分、树脂含量越多，沥青延度越大，塑性越好。

3.　温度稳定性

温度稳定性是指沥青在高温下，黏滞性随温度而变化的快慢程度，变化程度越大，沥青的温度稳定性越差。

温度稳定性用软化点来表示，即沥青材料由固态变为具有一定流动性的膏体时的温度。软化点通常用"环球法"测定，如图 5.3 和图 5.4 所示，就是将熬制脱水后的沥青试样，装入规定尺寸的铜环中，上置规定尺寸的钢球，放在水或甘油中，以 5℃/min 的升温速度，加热至沥青软化，下垂达 25.4mm 时的温度即为软化点。

沥青的软化点大致在 50～100℃ 之间。软化点高，沥青的耐热性好，但软化点过高，又不易加工和施工；软化点低的沥青，夏季高温时易产生流淌而变形。

稳定性好的沥青，沥青层的耐久性就好，耐用时间就长，闪点和燃点直接影响沥青熬制温度的确定。

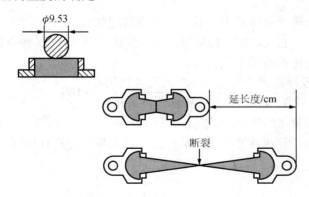

图 5.3　"8"字延度试件示意图

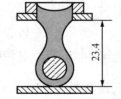

图 5.4　软化点测定示意图

5.1.3　石油沥青的技术标准及应用

1.　石油沥青的技术标准

根据我国现行的石油沥青技术标准，在工程建设中常用的道路石油沥青、建筑石油

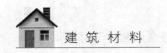

沥青、防水防潮石油沥青和普通石油沥青四种，各品种按技术性质划分牌号。

2. 石油沥青的应用

在选用沥青材料时，应根据工程性质（房屋、道路、防腐）及当地的气候条件、所处工程的部位（屋面、地下）来选用不同品种和牌号的沥青。

道路石油沥青牌号较多，主要用于道路路面或车间地面等工程，一般拌制成沥青混凝土、沥青混合料或沥青砂浆等使用。道路石油沥青还可做密封材料、黏结剂及沥青涂料等，此时宜选用黏性较大和软化点较高的道路石油沥青。

建筑石油沥青黏性较大，耐热性较好，但塑性较小，主要用作制造油毡、油纸、防水涂料和沥青胶。它们绝大部分用于屋面及地下防水、沟槽防水、防腐蚀及管道防腐等工程。

建筑石油沥青针入度较小（黏性较大），软化点较高（耐热性较好），但延伸度较小（塑性较小），主要用作制造油纸、油毡、防水涂料和沥青嵌缝膏。它们绝大部分用于屋面及地下防水、沟槽防水防腐蚀及管道防腐等工程。在屋面防水工程中使用时制成的沥青胶膜较厚，增大了对温度的敏感性。同时黑色沥青表面又是好的吸热体，一般同一地区的沥青屋面的表面温度比其他材料的都高，据高温季节测试，沥青屋面达到的表面温度比当地最高气温高 25～30℃；为避免夏季流淌，一般屋面用沥青材料的软化点还应比本地区屋面最高温度高 20℃以上。在地下防水工程中，沥青所经历的温度变化不大，为了使沥青防水层有较长的使用年限，宜选用牌号较高的沥青材料。

3. 石油沥青的掺配与稀释

当不能获得合适牌号的沥青时，可采用两种牌号的石油沥青掺配使用。

当沥青过于黏稠影响使用时，可以加入溶剂进行稀释，但必须采用同一产源的油料作稀释剂。同源掺配两种沥青掺配的比例可用下式估算。

$$较软沥青掺量（\%）=\frac{较硬沥青软化点-要求的沥青软化点}{较硬沥青软化点-较软沥青软化点}\times100$$

$$较硬沥青的掺量（\%）=100-较软沥青的掺量$$

如果有三种沥青进行掺配，可先计算两种的掺量，然后再与第三种沥青进行掺配。

5.1.4 其他沥青

1. 煤沥青

煤沥青是炼焦厂或煤气厂的副产品。烟煤在干馏过程中的挥发物质，经冷凝而成的黑色黏性液体称为煤焦油，煤焦油经分馏加工提取轻油、中油、重油、蒽油以后，所得的残渣即煤沥青。

2. 煤焦油

煤焦油具有温度敏感性大、大气稳定性较差、塑性较差、与矿料表面的黏附力较好、防腐性好等特性，通常用于配制防腐涂料、胶黏剂、防水涂料、油膏以及制作油毡等。

3. 改性沥青

对沥青进行氧化、乳化、催化或者掺入橡胶、树脂等物质，使得沥青的性质发生不同程度的改善，得到的产品称为改性沥青。

1）橡胶改性沥青

掺入橡胶(天然橡胶、丁基橡胶、氯丁橡胶、丁苯橡胶、再生橡胶)的沥青，具有一定橡胶特性，其气密性、低温柔性、耐化学腐蚀性、耐光、耐气候性、耐燃烧性均得到改善，可用于制作卷材、片材、密封材料或涂料。

2）树脂改性沥青

用树脂改性沥青，可以提高沥青的耐寒性、耐热性、黏结性和不透水性，常用的品种有聚乙烯、聚丙烯、酚醛树脂等。

3）橡胶树脂改性沥青

同时加入橡胶和树脂，可使沥青同时具备橡胶和树脂的特性，性能更加优良。其主要产品有片材、卷材、密封材料、防水涂料。

4）矿物填充料改性沥青

矿物填充料改性沥青是指为了提高沥青的黏结力和耐热性，减小沥青的温度敏感性，加入一定数量的矿物填充料(滑石粉、石灰粉、云母粉、硅藻土)的沥青。

 工程实例分析

沥青的结构与沥青路面开裂。

华北某沥青路面所采用的沥青的沥青质含量高达 33%，并有相当数量芳香度高的胶质形成的胶团。使用两年后，路面出现较多的裂缝，且冬天裂缝产生越发明显。请分析原因。

解答：该工程所用沥青属凝胶型结构，其沥青质含量高，沥青质未能被胶质很好地胶溶分散，则胶团就会黏结，形成三维网状结构。这类沥青的特点是弹性和黏性较好，温度敏感性小，但流动性、塑性较差，开裂后自行愈合的能力较差，低温变形能力差，故冬天形成较多裂缝。

5.2 沥青混合料

5.2.1 沥青混合料的定义、分类及基本性质

1. 沥青混合料的定义

沥青混合料是将石子（>5mm）、砂（5～0.15mm）和矿粉（<0.15mm）经人工合理选择级配组成的矿质混合料与适量的沥青材料经拌和所组成的混合物。

2. 沥青混合料的分类

（1）按公称最大粒径分：特粗式沥青混合料、粗粒式沥青混合料、中粒式沥青混合料、细粒式沥青混合料、砂粒式沥青混合料等。

（2）按材料级配组成及空隙率的大小分：密级配沥青混合料、半开级配沥青混合料、开级配沥青混合料等。

（3）按制造工艺分：热拌沥青混合料、冷拌沥青混合料、再生沥青混合料等。

（4）按材料组成及结构分：连续级配沥青混合料、间断级配沥青混合料等。

3. 沥青混合料的基本性质

沥青混合料作为高等级公路最主要的路面材料，具有其他建筑材料无法比拟的优越性，具体表现如下：

（1）沥青混合料是一种弹塑性黏性材料，具有一定的高温稳定性和低温抗裂性。

（2）沥青混合料路面有一定的粗糙度，具有良好的抗滑性。

（3）施工方便，速度快，养护期短，能及时开放交通。

（4）沥青混合料路面可分期改造和再生利用。

沥青混合料也存在问题，即在夏季高温时易软化，路面易产生车辙、波浪等现象；冬季低温时易脆裂，在车辆重复荷载的作用下易产生裂缝；易老化，使路面表层产生松散开裂而破坏路面。

5.2.2 热拌沥青混合料

热拌沥青混合料是人工组配的矿质混合料与沥青在专门设备中加热拌和而成，在热态下进行摊铺和压实的混合料。

1. 沥青混合料的组成结构和强度理论

1）沥青混合料的组成结构

沥青混合料的按矿质骨架的结构状况，可将其组成结构分为下述三个类型。

（1）悬浮-密实结构如图 5.5（a）所示。

（2）骨架-空隙结构如图 5.5（b）所示。

（3）骨架-密实结构如图 5.5（c）所示。

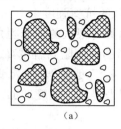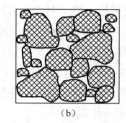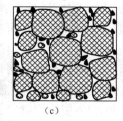

（a）　　　　　　　　　（b）　　　　　　　　（c）

图 5.5　沥青混合料的组成结构示意图

2）沥青混合料的强度理论

沥青混合料的强度理论，主要是要求沥青混合料在高温时，必须具备抗剪强度和抵抗变形的能力。

沥青路面结构破坏的原因，主要是高温时抗剪强度降低、塑性变形增大而产生推挤波浪、拥包等现象；低温时，塑性能力变差，使沥青路面易产生裂缝现象。

通过三轴剪切强度研究得出结论：沥青混合料的抗剪强度（τ）主要取决于沥青与矿质集料物理、化学交互作用而产生的黏聚力（c），以及矿质集料在沥青混合料中因分散程度不同而产生的内摩擦角（φ）。

$$\tau = c + \sigma \tan\varphi$$

3）影响沥青混合料抗剪强度的因素

沥青混合料抗剪强度的影响因素主要是材料的组成、材料的技术性质以及外界因素。

（1）沥青的黏度对沥青混合料抗剪强度的影响。沥青混合料的黏聚力 c 是随着沥青黏度的提高而增加，内摩阻角随着沥青黏度的提高稍有提高；沥青黏度大，内部胶团相互位移时，介质抵抗剪切作用力大，使沥青混合料的黏滞阻力增大，因而具有较高的抗剪强度。

（2）沥青与矿料在界面上的交互作用对沥青混合料抗剪强度的影响。沥青与矿料的交互作用形成一层吸附溶化膜，即"结构沥青"，结构沥青膜层较薄，黏度较高，与矿料之间有着较强的黏结力。

（3）沥青与矿粉的用量比例对沥青混合料抗剪强度的影响。沥青用量过少，不足以形成薄膜黏结矿料颗粒表面，黏结力不够；沥青用量过多，逐渐将矿料颗粒推开，沥青胶结物的黏结力随着自由沥青的增加而降低，黏结力反而下降；适量的沥青用量，沥青胶结物具有最优的黏结力。

在沥青用量固定的情况下，矿粉的用量多少也直接影响着沥青混合料的密实程度及黏结力，矿粉用量不能过多，否则使沥青混合料结团成块，不易施工。

（4）矿料的级配类型及表面性质对沥青混合料抗剪强度的影响。沥青混合料的抗剪

强度与矿质集料在沥青混合料中的分布情况有着密切关系。矿料级配类型是影响沥青混合料抗剪强度的因素之一。

在沥青混合料中，矿质集料的粗度、形状对沥青混合料的抗剪强度也有明显的影响，通常集料颗粒具有棱角，表面有明显的粗糙度，铺筑路面具有很大的内摩阻角，提高了混合料的抗剪强度。矿质集料越粗，配制成的沥青混合料的内摩阻角就越高。

（5）温度及形变速率对沥青混合料抗剪强度的影响。随温度的升高，沥青的黏聚力 c 值减小，而变形能力增强；温度降低，可使混合料黏聚力提高，强度增加，变形能力降低；温度过低会使沥青混合料路面开裂。

沥青混合料的抗剪强度与形变速率也有关，黏聚力 c 值随形变速率的增加而显著提高，内摩阻角随形变速率的变化很小。

2. 沥青混合料的技术性质和技术标准

1）沥青路面使用性能的气候分区

沥青混合料的技术性质与使用环境（气温和湿度）关系密切。在选择沥青材料的等级、进行沥青混合料配合比设计、检验沥青混合料的使用性能时，应考虑沥青路面工程的环境因素，尤其是气温和湿度条件。

2）沥青混合料的技术性质

（1）高温稳定性。沥青混合料的高温稳定性是指在夏季高温条件下，沥青混合料承受多次重复荷载作用而不发生过大的累积塑性变形的能力。沥青混合料路面在车轮的作用下受到垂直力和水平力的综合作用，能抵抗高温而不产生车辙和波浪等破坏现象的为高温稳定性。

在国外的沥青混凝土技术规范中，多数采用高温强度与稳定性作为主要技术指标。常用的测试评定方法有：马歇尔试验法、无侧限抗压强度试验法、史密斯三轴试验法等。

（2）低温抗裂性。沥青混合料在低温下抵抗断裂破坏的能力，称为低温抗裂性能。

（3）耐久性。沥青混合料的耐久性是指其在修筑成路面后，在车辆荷载和大气因素（如阳光、空气和雨水等）的长期作用下，仍能基本保持原有的性能。作为高级和次高级路面，在使用条件下所具有的耐久性是衡量路面技术性能的重要指标之一。

一般采用马歇尔试验测定沥青混合料试件的空隙率、饱和度和残留稳定度等指标，来评价沥青混合料的耐久性。

（4）抗滑性。随着公路等级的提高和车辆行驶速度的加快，对沥青混凝土路面的抗滑性提出了更高的要求。路面的抗滑能力与沥青混合料的粗糙度、级配组成、沥青用量和矿质集料的微表面性质等因素有关。

（5）施工和易性。要保证室内进行的配料方案，能在施工现场得到顺利的实现，沥青混合料除了应具备前述的技术要求外，还要具备适宜的施工和易性。影响沥青混合料施工和易性的因素很多，如当地气温、施工条件以及混合料性质等。

3. 沥青混合料组成材料的技术要求

沥青混合料的技术性质随着混合料组成材料的性质、配合比和制备工艺等因素的差异而改变。因此制备沥青混合料时，应严格控制其组成材料的质量。

1）沥青材料

不同型号的沥青材料，具有不同的技术指标，适用于不同等级、不同类型的路面，在选择沥青材料的时候，要考虑到气候条件、交通量、施工方法等情况，寒冷地区宜选用稠度较小、延度较大的沥青，以免冬季裂缝；较热的地区选用稠度较大、软化点高的沥青，以免夏季泛油、发软。一般路面的上层宜用较稠的沥青，下层和联结层宜用较稀的沥青。

2）粗集料

沥青混合料的粗集料要求洁净、干燥、无风化、无杂质，并且具有足够的强度和耐磨性，一般选用高强、碱性的岩石轧制成接近于立方体、表面粗糙、具有棱角的颗粒。

3）细集料

沥青混合料的细集料可根据当地条件及混合料级配要求选用天然砂或人工砂，在缺少砂的地区，也可用石屑代替。细集料同样应洁净，黏土含量不大于 3%。

4）矿粉

矿粉是由石灰岩或岩浆岩中的强基性岩石磨制而成的，也可以利用工业粉末、废料、粉煤灰等代替，但用量不宜超过矿粉总量的 2%。

5.3　高分子化合物

5.3.1　高分子化合物概述

人工合成高分子又被称为聚合物（Polymer），是组成单元相互多次重复连接而构成的物质，因此其分子量虽然很大，但化学组成却都比较简单，都是由许多低分子化合物聚合而形成的。

高分子化合物的分类方法很多，经常采用的方法有下列几种。

（1）按高聚物材料的性能与用途，高分子化合物可分为塑料、合成橡胶和合成纤维，此外还有胶黏剂、涂料等。

（2）按高聚物的分子结构，高分子化合物分为线型、支链型和体型三种。

（3）按高聚物的合成反应类别，高分子化合物分加聚反应和缩聚反应，其反应产物分别为加聚物和缩聚物。

（4）高聚物按分子几何结构形态来分，可分为线型、支链型和体型三种。

线型结构的合成树脂可反复加热软化、冷却硬化，称为热塑性树脂。

体型结构的合成树脂仅在第一次加热时软化，固化后再加热时不会软化，称为热固性树脂。

高聚物有多种命名方法，习惯上对简单的一种单体的加聚反应产物，在单体名称前冠以"聚"字，如聚乙烯、聚丙烯等，大多数烯类单体聚合物都可按此命名；部分缩聚反应产物则在原料后附以"树脂"二字命名，如酚醛树脂等，树脂又泛指作为塑料基材的高聚物；对一些两种以上单体的共聚物，则从共聚物单体中各取一字，后附"橡胶"二字来命名，如丁二烯与苯乙烯共聚物称为丁苯橡胶，乙烯、丙烯、乙烯炔共聚物称为三元乙丙橡胶。

5.3.2 建筑塑料

常用的建筑塑料有塑料门窗、扶手、踢脚、塑料地板、地面卷材、下线管、上下水管道等。

1. 塑料的成分

1）主要成分——合成树脂

合成树脂在塑料中占 40%～100%，它决定了塑料的主要性质和应用，在塑料中起黏结填充等作用。

合成树脂分聚合树脂（如聚乙烯、聚氯乙烯等）和缩聚树脂（如酚醛、环氧聚脂）。按合成树脂的加工性能，塑料分为热固性和热塑性两种。热固性的塑料共同点是加热冷却成型后，再不会变软；而热塑性塑料，加热冷却可成型，再加热又可软化塑形，在反复受热的过程中，分子的链结构不发生变化。

2）辅助成分

（1）填料。常用粉状或纤维状填料。使用填料是为了提高塑料的强度、硬度、刚度及耐热性等性能，同时也为了降低成本。

（2）增塑性。其目的是为改善树脂的加工工艺性能，或为了改善塑料的韧性、塑性和柔韧性等性能。

（3）固化剂。固化剂又称硬化剂，其可使线型高聚物转变为体型高聚物，即使树脂具有热固性。

（4）着色剂。着色剂一般为有机染料或无机颜料。

（5）稳定剂。为防止塑料过早老化而加入的少量物质称为稳定剂。常用的稳定剂有抗氯化剂和紫外线吸收剂。

（6）其他添加剂。它包括阻燃剂、抗静电剂、防霉剂等，使塑料具有特殊的使用性能。

2. 塑料的主要性质

（1）密度小。塑料的密度一般为 0.1～2.2g/cm^3，较混凝土和钢材小，是混凝土的1/2～2/3。

（2）孔隙率可控。塑料薄膜和有机玻璃的孔隙率几乎为零，而泡沫塑料的孔隙率可高达 95%～98%。

（3）吸水率小。

（4）耐热性不高。

（5）导热性低。

（6）塑料的强度较高。

（7）弹性模量小，约为混凝土的 1/10，同时具有徐变特性，所以塑料在受力时有较大的变形。

（8）耐腐蚀性差。

（9）易老化。在正常使用条件下，塑料受光、热、大气等作用，内部高聚物的组成与结构发生变化，致使塑料失去弹性，变硬、变脆，出现龟裂（分子交联作用引起），或变软、发黏，出现蠕变（分子裂解引起）等现象，这种性质劣化的现象称为老化。

（10）易燃。

（11）有毒。

3. 常用的建筑塑料

1）塑料门窗

塑料门窗主要采用改性硬质聚氯乙稀（PVC-U）经挤出机形成各种型材，有复合型和全塑型两种。

2）塑料管材

（1）硬质聚氯乙烯（UPVC）管材：UPVC 管具有较高的抗冲击性能和耐化学性能，用于城市供水、城市排水，建筑给水和建筑排水管道。

（2）聚乙烯（PE）管。PE 管适用于室外埋地供水管道，也有用于室内供水管道的。它分为高密度聚乙烯管（HDPE）、中密度聚乙烯管（MDPE）和低密度聚乙烯管（LDPE）。密度越高，相对硬度、软化温度、抗拉强度越高，但脆性增加，柔韧性下降，抗开裂性能力下降。聚乙烯本身是一种无毒塑料，在给水管道工程中，HDPE 管最终将取代 UPVC 管。高密度聚乙烯密度 950 kg/m³ 较 UPVC 轻，软化温度 120℃较 UPVC 管高，其柔韧性、抗冲击能力均高于 UPVC 管，连接方式优于 UPVC 管，基本上可保证连接处不泄漏（属本体连接）。给水管道一般采用高密度聚乙烯，燃气管道一般采用高密度和中密度聚乙烯，HDPE 管和 MDPE 管主要用作城市燃气管道。

（3）聚丙烯管（PP-R）。PP-R 管为聚丙烯（PP）管改性后的共聚聚丙烯给水管，这种管材具有较好的抗冲击性能（5MPa）和抗蠕变性能。PP-R 管的软化温度为 140℃。由于它具有优良的耐热性能和较高的强度，所以适用于建筑物室内冷热水供应系统，也可以作为热水管广泛地适用于地面辐射采暖系统。由于 PP-R 管的热熔连接安全、可靠，目前主要应用于供水系统的暗装管道。其缺点是低温脆性差，线性膨胀系数大，易变形，不适用于建筑物明装管道工程。

（4）交联聚乙烯（PEX）管材。PEX 适用于室内冷热水供应管道，系统工作压力小于等于 0.6MPa，长期工作温度小于等于 75℃（建筑给水排水规范要求），不能抗紫外线，用于建筑室内冷热水供应和地面辐射采暖、中央空调管道系统、太阳能热水器配管。

（5）金属塑料复合管。金属塑料复合管很多，有钢塑管、铜塑管、铝塑管、钢骨架塑料管等。

3）泡沫塑料

泡沫塑料有聚苯乙烯泡沫塑料、聚乙烯泡沫塑料、聚氨酯泡沫塑料、脲醛泡沫塑料、酚醛泡沫塑料、环氧树脂泡沫塑料。

5.3.3　胶黏剂

凡具有良好的黏接性能，可以把两个相同或不同的固体材料牢固地连接在一起的物质，叫做胶黏剂或黏合剂。

1．胶黏剂的组成

1）黏料

黏料是胶黏剂的基本成分，又称基料。对胶黏剂的胶接性能起决定作用。一般胶黏剂是用黏料的名称来命名的。黏料有天然和合成两种，合成胶黏剂的基料，既可采用合成树脂、合成橡胶，也可采用二者的共聚体和机械混合物。用于胶接结构受力部位的胶黏剂以热固性树脂为主；用于非受力部位和变形较大部位的胶黏剂以热塑性树脂和橡胶为主。

2）固化剂

固化剂其主要作用就是基料中某些线型分子通过交联作用形成网状或体型结构，增加胶层的内聚强度。常用的固化剂有胺类、酸酐类、高分子类和硫磺类等。

3）填料

填料不发生化学反应，可改善胶黏剂的性能（如提高强度、降低收缩性、提高耐热性同时可降低成本等）。常用的添料有金属及其氧化物粉末、水泥及木棉、玻璃等。

4）稀释剂

稀释剂又称溶剂。为了改善工艺性（降低黏度）和延长使用期，常加入稀释剂。但是稀释剂掺入量增加也会降低黏结强度。稀释剂分活性和非活性两种，前者参加固化反应，后者不参加固化反应，只起稀释作用。常用的稀释剂有：环氧丙烷、丙酮等。

5）增塑剂和增韧剂

增塑剂和增韧剂能改善胶黏剂的塑性和韧性，提高胶接接头的抗剥离、抗冲击能力，以及耐寒性等。增塑剂一般是高沸点液体或低熔点固体。它与基料有很好的混溶性，不参与固化反应，仅是机械混合。常用的增塑剂为有机酯类。

增韧剂参与基料的固化反应，并进入固化后形成的大分子链结构之中，与此同时，能够提高固化产物的韧性。常为一些液体橡胶和具有韧性的高聚物。

6）其他的添加剂

为了满足某些特殊的工艺的要求，在胶黏剂中还经常根据使用的不同要求掺入增塑剂、防霉剂、稳定剂、阻燃剂、防老剂、催化剂等。

2. 胶黏剂的分类

黏料分类方法很多：按化学属性不同把胶黏剂分成有机和无机的两种；按应用方法可分为热固型、热熔型、室温固化型、压敏型等；按应用对象分为结构型、非构型或特种胶黏剂；按形态可分为水溶型、水乳型、溶剂型以及各种固态型等。合成化学工作者常喜欢将胶黏剂按黏料（基料）的化学成分来分类有：热塑性、热固性、合成橡胶型、橡胶树脂剂、硫胶等类。

3. 影响黏结强度的因素

影响黏结强度的因素有：胶黏剂的性质、被黏物的性质和被黏物的表面状态以及黏结工艺和工作环境等。

4. 建筑上常用的胶黏剂

1）热固型胶黏剂

（1）环氧树脂胶黏剂（EP）。EP属于热固性胶黏剂，对金属、木材、玻璃、硬塑料和混凝土都有很高的黏附力，故有"万能胶"之称。EP黏结强度很高，属于结构型胶黏剂。

（2）不饱和聚酯树脂（UP）胶黏剂。成热固性树脂，主要用于制造玻璃钢，也可黏接陶瓷、玻璃钢、金属、木材、人造大理石和混凝土。属于结构型胶黏剂。

2）热塑性合成树脂胶黏剂

（1）聚醋酸乙烯胶黏剂（PVAC）。PVAC俗称白乳胶，是一种使用方便、价格便宜、应用普遍的非结构胶黏剂。它对于各种极性材料有较好的黏附力，以黏接各种非金属材料为主，如玻璃、陶瓷、混凝土、纤维织物和木材。

（2）聚乙烯醇缩脲甲醛黏结剂（801胶）。201胶在建筑工程中可以用作墙布、墙纸、玻璃、木材、水泥制品的黏结剂。用801胶黏结剂配制的聚合砂浆可用于贴瓷砖、马赛克等，且可提高黏结强度。

（3）聚乙烯醇类胶黏剂（PVA）。聚乙烯醇类胶黏剂在我国称得上物美价廉的高性价比建筑黏合剂固含量一般在7%～8%之间较佳。

3）合成橡胶胶黏剂

（1）氯丁橡胶胶黏剂（CR）。CR多用于结构黏接或不同材料的黏接。

（2）丁腈橡胶（NBR）胶黏剂。它主要用于橡胶制品，以及橡胶与金属、织物、木材的黏接，黏合聚氯乙烯板材、聚氯乙烯泡沫塑料。本身是一种无色透明液体，由于生产工艺中用到甲醛，所以国家标准规定游离甲醛含量≤0.1g/kg。

（3）丙烯酸酯胶黏剂。常见的有 A、B 胶，通常将 A、B 组分按 1∶1 比例混合搅拌均匀，涂在被黏结物体表面。5～10min 胶液初固，1h 达到可使用强度，24h 达到最佳强度，在–60～+110℃可以使用。广泛用于黏接金属、玻璃、塑料、陶瓷和木材材料上。

（4）聚氨脂黏合剂。具有优异的抗剪切强度和抗冲击特性。适用于各种结构性黏合领域、并具备优异的柔韧性，是聚氨酯树脂中的一个重要组成部分，具有优异的性能，在许多方面都得到了广泛的应用，是八大合成胶黏剂中的重要品种之一。

（5）酚醛树脂黏合剂。它是最早工业化的合成高分子材料，在木材加工中酚醛树脂是使用广泛的主要胶种之一，在生产耐水耐候性木制品方面具有特殊的意义，具有耐热性好、黏结强度高、耐老化性能好及电绝缘性优良，价格便宜，得到比较广泛的应用。

（6）硅橡胶黏合剂。为单组分透明液体，主要用于各种硅橡胶与金属、树脂、玻璃纤维、陶瓷热硫化黏接，黏接性能优异，使用方便，是由单组份有机硅高分子化合物组成、活性强、黏结强度高、耐高温性能好，不含有毒成分。

5.4 建 筑 涂 料

建筑涂料是指涂于物体表面能形成具有保护、装饰或特殊性能的固态涂膜的一类液体或固体材料的总称。

1. 涂料的分类

（1）按涂料的形态分类，可分为固态涂料和液态涂料。

固态涂料：即粉末涂料。

液态涂料：溶剂型涂料、水溶性涂料、水乳型涂料。

（2）按涂料的光泽分类，可分为高光型或有光型涂料、丝光型或半光型涂料、无光型或亚光型涂料。

（3）按涂刷部位分类，可分为内墙涂料、外墙涂料、地坪涂料、屋顶涂料、顶棚涂料等。

① 内墙涂料主要品种是聚醋酸乙烯、聚醋酸乙烯-丙烯酸酪、聚苯乙烯-丙烯酸、乙烯-醋酸乙烯类乳胶漆和聚乙烯醇类涂料。

② 外墙涂料分乳胶涂料和溶剂型涂料两类。乳胶涂料中以聚苯乙烯-丙烯酸酯和聚丙烯酸类品种为主；溶剂型涂料中以丙烯酸酪类、丙烯酸聚氨酪和有机硅接枝内烯酸类涂料为主，还有各种砂壁状和仿石型等厚质涂料。

③ 地面涂料以聚氨酯和环氧树脂类涂料为主。

（4）按主要成膜物质的化学组成分类，建筑涂料可分为合成树脂（包括溶剂型涂料、水溶性涂料、乳液型涂料，也称有机涂料）和无机涂料及无机、有机复合涂料。

（5）按照涂层的质感和厚度分类，可分为薄质涂料和厚质涂料。

2. 涂料的组成

涂料由不挥发成分（成膜物质）和稀释剂两部分组成。

成膜物质又可以分为主要成膜物质、次要成膜物质和辅助成膜物质三大部分。

（1）主要成膜物质即黏结剂，也称为基料、漆料，是涂料的基础物质，具有独立成膜的能力，可以黏结次要成膜物质，使涂料在干燥或固化后能共同形成连续的涂膜。主要成膜物质决定了涂膜的技术性质（硬度、柔性、耐水性、耐腐蚀性）以及涂料的施工性质和使用范围。

常用作涂料主要成膜物质的有无机和有机两大类。其中以合成树脂类有机基料最为常见，如：聚乙烯醇及其共聚物、聚醋酸乙烯及其共聚物、环氧树脂、醋酸乙烯-丙烯酸酯共聚乳液，聚氨酯树脂等。有时，为了满足对涂料多方面的要求，常常将两种或两种以上具有良好混溶性的树脂混合后共同作为主要成膜物质使用。

（2）次要成膜物质是指涂料中的各种颜料和填料，其特点是不具备单独成膜能力，需要与主要成膜物质配合使用构成涂膜。

（3）辅助成膜物质即助剂。助剂是为了进一步改善或增加涂膜的性质而加入的一种辅助材料，其掺量极少，一般为基料的百分或千分甚至万分之几，但效果显著。

（4）挥发物质（分散介质、溶剂、稀释剂），一类是有机溶剂；另一类是水。

3. 建筑涂料

建筑涂料主要是指涂布在建筑物的外墙、内墙、顶棚、卫生间等处的涂料，主要是指用于水泥砂浆和混凝土基层上的涂料。

4. 建筑涂料基本知识

凡是用水做溶剂或是分散剂的涂料，都可以成为水性涂料和水乳胶涂料。

乳胶漆是合成树脂乳液涂料的俗称。分内墙和外墙两大系列。内墙乳胶漆的成膜物以醋酸乙烯；苯丙乳液为主，外墙乳胶漆的成膜物以苯丙乳液、纯丙乳液和硅丙乳液为主。

5. 常用的建筑涂料

1）内墙涂料

（1）溶剂型内墙涂料。常见的有过氯乙烯墙面涂料、聚乙烯醇缩丁醛墙面涂料、氯化橡胶墙面涂料、丙烯酸酯墙面涂料、聚氨酯系墙面涂料等。

（2）合成树脂乳液内墙涂料（乳胶漆）。常见的有苯-丙乳胶漆、乙-丙乳胶漆、聚醋酸乙烯乳胶内墙涂料、氯乙烯-偏氯乙烯乳液涂料。

（3）水溶性内墙涂料。常见的有聚乙烯醇水玻璃内墙涂料、聚乙烯醇缩甲醛内墙涂料（俗称 803 内墙涂料）、改性聚乙烯醇内墙涂料、水性无机高分子平面状涂料。

2）外墙涂料

（1）合成树脂乳液外墙涂料。常见的有纯丙烯酸外墙涂料、苯-丙乳液涂料、乙-丙乳液涂料。

（2）外用合成树脂乳液砂壁状建筑涂料。

（3）溶剂型外墙涂料常见的有聚氨酯丙稀酸酯外墙涂料、丙烯酸系列外墙涂料。

（4）外墙无机建筑涂料。

3）地面涂料

（1）聚氨酯地面涂料。聚氨酯薄质地面涂料主要用于水泥砂浆、水泥混凝土地面，也可用于木质地板。

（2）环氧树脂地面涂料。地面涂料一般常用环氧树脂涂料和聚氨酯涂料。这两类涂料都具有良好的耐化学性、耐磨损和耐机械冲击性能。但是由于水泥地面是易吸潮的多孔性材料，聚氨酯对潮湿的容忍性差，施工不慎易引起层间剥离、起小泡等弊端，且对水泥基层的黏结力不如环氧树脂涂料，因此当以耐磨为主要的性能要求时宜选用环氧树脂涂料，而以弹性要求为主要性能要求时，则使用聚氨酯涂料。

4）防火涂料

防火涂料由基料及阻燃添加剂两部分组成，除了应具有普通涂料的装饰作用和对基层还需要具有阻燃耐火的特殊功能外，还要求在一定温度发泡形成防火隔热层。因此防火涂料是一种集装饰和防火为一体的特种涂料，同时还具有防腐、防锈、耐酸碱、耐候、耐水、耐盐雾等功能，主要用作建筑物的防火保护，涂覆于建筑物表面。

无论哪种类型的涂料，在施工以及使用过程中能够造成室内外空气质量下降以及有可能含有影响人体健康的有害物质，特别是室内的涂料，如果 VOC、游离甲醛、可溶性重金属（铅、镉、铬、汞）及苯、甲苯、二甲苯含量超过了国家标准《室内装饰装修材料内墙涂料中有害物质限量》（GB 18582—2008）的规定，就会认定为不合格品。

5.5 防 水 材 料

防水材料是防止建筑物遭受雨水、地下水、环境水侵入或透过的各种材料。这种材料自身致密、孔隙率很小、具有憎水性，或能够填塞和封闭建筑缝隙而达到防渗止水的目的。

本节主要介绍防水卷材，防水涂料和建筑密封材料在后面两节介绍。

5.5.1 防水卷材概述

防水卷材是建筑防水材料的重要品种，它是具有一定宽度和厚度并可卷曲的片状定型防水材料。

目前防水卷材有沥青防水卷材、高聚物改性沥青防水卷材和合成高分子防水卷材等三大系列。

防水卷材要满足建筑防水工程的要求，必须具备以下基本性能。

（1）耐水性：是指在水的作用和被水浸润后其性能基本不变，在压力水的作用下具有不透水性。耐水性常用不透水性、吸水性等指标表示。

（2）温度稳定性：是指在高温下不流淌、不起泡、不滑动，低温下不脆裂的性能，即在一定温度变化下保持原有性能的能力。它常用耐热度、耐热性等指标表示。

（3）机械强度、延伸性和抗断裂性：指防水卷材承受一定荷载、应力或在一定变形的条件下不断裂的性能。它常用拉力、拉伸强度和断裂伸长率等指标表示。

（4）柔韧性：是指在低温条件下保持柔韧性的性能。它对保证易于施工、不脆裂十分重要。它常用柔度、低温弯折性等指标表示。

（5）大气稳定性：是指在阳光、热、臭氧及其他化学侵蚀介质等因素的长期综合作用下抵抗侵蚀的能力。它常用耐老化性，热老化保持率等指标表示。

5.5.2 沥青防水卷材

1. 定义

沥青防水卷材是在基胎（原纸或纤维织物等）浸涂沥青后，在表面撒布粉状或片状隔离材料制成的一种防水卷材。

沥青防水卷材是我国传统的防水卷材，生产历史久、成本较低、应用广泛，沥青材料的低温柔性差，温度敏感性大，在大气的作用下易老化，防水耐用年限较短，属于低档防水材料。高聚物改性沥青防水卷材和合成高分子防水卷材的性能较沥青防水材料优异，是防水卷材的发展方向。

2. 主要品种的性能及应用

1）石油沥青纸胎防水卷材

（1）定义。石油沥青纸胎防水卷材是采用低软化点石油沥青浸渍原纸，用高软化点沥青涂盖油纸的两面，再撒以隔离材料而制成的一种纸胎油毡。

（2）分类。按《石油沥青纸胎油毡》（GB 326—2007）规定：幅宽有 915mm、1000mm两种，后者居多。

按隔离材料分为：粉毡、片毡；每卷油毡的总面积为$(20 \pm 0.3)m^2$。

按 $1m^2$ 原纸的质量克数分为：200、350、500 号三种标号。

按物理性能分为：一等品、合格品和优等品。

（3）特点及应用。由于沥青材料的温度敏感性大、低温柔性差、易老化，因而使用年限较短，其中 200 号用于简易防水、临时性建筑防水、防潮及包装等，350 号、500 号油毡用于 III、IV 级防水等级屋面和地下工程的多层防水，可用冷、热沥青胶黏结。

石油沥青油纸是采用低软化点石油沥青浸渍原纸,制成的一种无涂盖层的纸胎防水卷材,双卷包装,总面积为$(40\pm0.6)m^2$,主要用于建筑防潮和包装。

2)其他防水卷材

为了克服纸胎的抗拉能力低、易腐烂、耐久性差的缺点,通过改进胎体材料来改善沥青防水卷材的性能,开发出玻璃布沥青油毡、玻纤沥青油毡、黄麻织物沥青油毡、铝箔胎沥青等一系列沥青防水卷材。沥青防水卷材一般都是叠层铺设、热黏贴施工。

常用的沥青防水卷材的特点及适用范围如表 5.2 所示。

表 5.2　沥青防水卷材的特点及适用范围

卷材名称	特点	适用范围	施工工艺
石油沥青纸胎油毡	传统的防水材料,低温柔性差,防水层耐用年限较短,但价格较低	三毡四油、二毡三油叠层设的屋面工程	热玛碲脂、冷玛碲脂黏贴施工
玻璃布胎沥青油毡	抗拉强度高,胎体不易腐烂,材料柔韧性好,耐久性比纸胎油毡提高一倍以上	多用作纸胎油毡的增强附加层和突出部位的防水层	热玛碲脂、冷玛碲脂黏贴施工
玻纤毡胎沥青油毡	具有良好的耐水性,耐腐蚀性和耐久性,柔韧性也优于纸胎沥青油毡	常用作屋面或地下防水工程	热玛碲脂、冷玛碲脂黏贴施工
黄麻胎沥青油毡	抗拉强度高,耐水性好,但胎体材料易腐烂	常用作屋面增强附加层	热玛蹄脂、冷玛碲脂黏贴施工
铝箔胎沥青油毡	有很高的阻隔蒸气的渗透能力,防水功能好,且具有一定的抗拉强度	与带孔玻纤毡配合或单独使用,宜用于隔汽层	热玛碲脂黏贴

3. 沥青防水卷材的贮存、运输和保管

(1)不同规格、标号、品种、等级的产品不得混放。

(2)卷材应保管在规定温度下,粉毡和玻璃毡不高于 45℃,片毡不高于 45℃。

(3)纸胎油毡和玻纤毡需立放,高度不超过两层,所有搭接边的一端必须朝上面。

(4)玻璃布油毡可以同一方向平放堆置成三角形,最高码放 10 层,并应存放在远离火源、通风、干燥的室内,防止日晒、雨淋和受潮。

(5)用轮船和铁路运输时,卷材必须立放,高度不得超过 2 层,短途运输可平放,不宜超过 4 层,不得倾斜或横压,必要时加盖苫布。

5.5.3　高聚物改性沥青卷材

1. 定义

高聚物改性沥青卷材是以合成高分子聚合物改性沥青为涂盖层,纤维织物或纤维毡为基胎,粉状、粒状、片状或薄膜材料为防黏隔离层制成的防水卷材,具有高温不流淌、低温不脆裂、拉伸强度高、延伸率较大等优异性能。

2.常用品种的性能及应用

常用品种有弹性体改性沥青防水卷材、塑性体改性沥青防水卷材等,高聚物改性沥青有 SBS、APP、PVC 和再生胶改性沥青等。

1)弹性体改性沥青防水卷材

(1)定义。弹性体改性沥青防水卷材是以 SBS 热塑性弹性体做改性剂,以聚酯毡或玻纤毡为胎基,两面覆盖以聚乙烯膜(PE)、细砂(S)、粉料或矿物粒(片)料(M)制成的卷材,简称 SBS 卷材,属弹性体卷材。

(2)品种。《弹性体改性沥青防水卷材》(GB 18242—2008)规定分为六个品种:聚酯毡-聚乙烯膜、玻纤毡-聚乙烯膜、聚酯毡-细砂、聚酯毡-矿物粒、玻纤毡-细砂、玻纤毡-矿物粒。

卷材幅宽为 1000mm,聚酯毡的厚度有 3 mm、4 mm 两种,玻纤毡的厚度有 2 mm、3 mm、4 mm 三种。

(3)特点及应用。SBS 卷材属高性能的防水材料,保持沥青防水的可靠性和橡胶的弹性,提高了柔韧性、延展性、耐寒性、黏附性、耐气候性,具有良好的耐高、低温性,可形成高强度防水层,并耐穿刺、耐硌伤、耐撕裂和疲劳,出现裂缝能自我愈合,能在寒冷气候热熔搭接,密封可靠。

SBS 卷材广泛地应用于各种领域和类型的防水工程,最适用于以下工程:工业与民用建筑的常规及特殊屋面防水;工业与民用建筑的地下工程的防水、防潮及室内游泳池等的防水;各种水利设施及市政工程防水。

2)改性沥青防水卷材

(1)定义。改性沥青防水卷材是指以聚酯毡或玻纤毡为胎基,无规聚丙烯(APP)或聚烯烃类聚合物作改性剂,两面覆以隔离材料所制成的防水卷材,简称 APP 卷材。

(2)品种。卷材的品种、规格、外观要求同 SBS 卷材;其物理力学性能应符合《塑性体改性沥青防水卷材》(GB 18243—2008)的规定。

(3)特点及应用。APP 卷材具有良好的防水性能、耐高温性能和较好的柔韧性(在-15℃不裂),能形成高强度、耐撕裂、耐穿刺的防水层,耐紫外线照射、耐久寿命长,热熔法黏结,可靠性强。它广泛用于各种领域和类型的防水,尤其是工业与民用建筑的屋面及地下防水、地铁、隧道桥和高架桥上沥青混凝土桥面的防水,但必须用专用胶黏剂黏结。

3)冷自黏橡胶改性沥青卷材

(1)定义。冷自黏橡胶改性沥青卷材是用 SBS 和 SBR 等弹性体及沥青材料为基料,并掺入增塑增黏材料和填充材料,采用聚乙烯膜或铝箔为表面材料或无表面覆盖层,底表面或上下表面覆涂硅隔离、防黏材料制成的可自行黏结的防水卷材。

(2)品种。《自黏橡胶改性沥青卷材》(JC 840—1999)规定:每卷面积有 20m²、10 m²、5 m² 三种;宽度有 9201mm、1000mm 两种,厚度有 2.2mm、1.5mm、2.0mm 三种。分

为聚乙烯膜、铝箔、无膜三种。

（3）特点及应用。具有良好的柔韧性、延展性，适应基层变形能力强，施工时不需涂胶黏剂。采用聚乙烯膜为表面材料，适用于非外露的屋面防水；采用铝箔为覆面材料，适用于外露的防水工程。

常见的几种高聚物改性沥青防水卷材的特点和适用范围如表 5.3 所示，在防水设计中可参照选用。

表 5.3　常用高聚物改性沥青防水卷材的特点和适用范围

卷材名称	特　点	适用范围	施工工艺
SBS 改性沥青防水卷材	耐高、低温性能有明显提高，卷材的弹性和耐疲劳性明显改善	单层铺设的屋面防水工程或复合使用，适用于寒冷地区和结构变形频繁的建筑	冷施工铺贴或热熔铺贴
APP 改性沥青防水卷材	具有良好的强度、延伸性、耐热性、耐紫外线照射及耐老化性能	单层铺设，适用于紫外线辐射强烈及炎热地区屋面使用	热熔法或冷黏法铺设
聚氯乙烯改性焦油防水卷材	有良好的耐热及耐低温性能，最低开卷温度为-18℃	有利于在冬季负温度下施工	可热作业亦可冷施工
再生胶改性沥青防水卷材	有一定的延伸性，且低温柔性较好，有一定的防腐蚀能力，价格低廉属低档防水卷材	变形较大或档次较低的防水工程	热沥青黏贴
废橡胶粉改性沥青防水卷材	比普通石油沥青纸胎油毡的抗拉强度、低温柔性均有明显改善	叠层使用于一般屋面防水工程，宜在寒冷地区使用	热沥青黏贴

3. 聚物改性沥青防水卷材的外观要求

（1）成卷卷材应卷紧整齐，端面里进外出不得超过 10mm。

（2）成卷卷材在规定的温度下展开，在距卷芯 1.0m 长度外，不应有裂纹和黏结。

（3）胎基应浸透，不应有未被浸透的条纹。

（4）卷材表面应平整，不允许有空洞、缺边、裂口，矿物粒(片)应均匀并且紧密地黏附于卷材表面。

（5）每卷接头不多于 1 个，较短的一段不应少于 2.5m，接头应剪切整齐，加长 150mm，备作黏结。

4. 高聚物改性沥青防水卷材储存、运输与保管

不同品种、等级、标号、规格的产品应有明显标记，不得混放；卷材应存放在远离火源、通风、干燥的室内，防止日晒、雨淋和受潮；卷材必须立放，高度不得超过 2 层，不得倾斜或横压，运输时平放不宜超过 4 层；应避免与化学介质及有机溶剂等有害物质接触。

5.5.4 合成高分子卷材

合成高分子防水卷材是以合成橡胶、合成树脂或两者的共混体为基础，加入适量的助剂和填充料等，经过特定工序所制成的防水卷材。该类防水卷材具有强度高、延伸率大、弹性高、高低温特性好等特点，防水性能优异，而且彻底改变了沥青基防水卷材施工条件差、污染环境等缺点，是值得大力推广的新型高档防水卷材。

1. 三元乙丙橡胶（EPDM）防水卷材

三元乙丙橡胶结构中的主链上没有双键，当其受到臭氧、光、湿和热等作用时，主链不容易断裂，因此三元乙丙是耐老化性能最好的一种卷材，使用寿命可达 30 年以上。它具有防水性好、重量轻（$1.2\sim2.0kg/m^2$）、耐候性好、耐臭氧性好，弹性和抗拉强度好（$>7.5MPa$），抗裂性强耐酸碱腐蚀等特点。三元乙丙橡胶广泛应用于工业和民用建筑的屋面工程，适合于外露防水层的单层或是多层防水，如易受振动、易变形的建筑防水工程，有刚性防水层或倒置式屋面及地下室、桥梁、隧道防水，并可以冷施工，目前在国内属于高档防水材料。

2. 聚氯乙烯（PVC）防水卷材

聚氯乙稀防水卷材的特点是价格便宜、抗拉强度和断裂伸长率较高，对基层伸缩、开裂、变形的适应性强；低温度柔韧性好，可在较低的温度下施工和应用。卷材的搭接除了可用黏接剂外，还可以用热空气焊接的方法，接缝处严密。

与三元乙丙橡胶防水卷材相比，除在一般工程中使用外，聚氯乙稀防水卷材更适用于刚性层下的防水层及旧建筑混凝土构件屋面的修缮工程，以及有一定耐腐蚀要求的室内地面工程的防水、防渗工程等。

3. 氯化聚乙烯-橡胶共混防水卷材

氯化聚乙烯-橡胶共混防水卷材不仅具有氯化聚乙烯所特有的高强度和优异的耐臭氧，而且因为氯化聚乙烯的大分子结构中没有双链使其耐老化性能强，因此具有橡胶类材料所特有的高弹性、高延伸性和良好的低温柔性。这种材料特别适用于寒冷地区或变形较大的建筑防水工程，但在平整复杂和异型表面铺设困难，对与基层黏结和接缝黏结的技术要求高。

5.6 防 水 涂 料

5.6.1 防水材料概述

1. 定义

防水涂料是一种流态或半流态物质，可用刷、喷等工艺涂布在基层表面，经溶剂或

水分挥发或各组分间的化学反应，形成具有一定弹性和一定厚度的连续薄膜，使基层表面与水隔绝，起到防水、防潮的作用。

2. 特点

防水涂料固化成膜后的防水涂膜具有良好的防水性能，特别适用于各种复杂不规则部位的防水，能形成无接缝的完整防水膜。它大多采用冷施工，不必加热熬制，涂布的防水涂料既是防水层的主体，又是黏结剂，因而施工质量容易保证，维修也较简单。但是，防水涂料必须采用刷子或刮板等逐层涂刷（刮），故防水膜的厚度较难保持均匀一致。因此，防水涂料广泛地适用于工业与民用建筑的屋面防水工程、地下室防水工程和地面防潮、防渗等。

3. 分类

防水涂料按液态类型，可分为溶剂型、水乳型和反应型三种。溶剂型的黏结性较好，但污染环境；水乳型的价格低，但黏结性差一些，从涂料发展的趋势来看，随着水乳型涂料性能的提高，它的应用会更广。

防水涂料按成膜物质的主要成分，可分为沥青类、高聚物改性沥青类和合成高分子类。

4. 基本性能

防水涂料要满足防水工程的要求，必须具备以下性能：

（1）固体含量：是指防水涂料中所含固体的比例。由于涂料涂刷后，涂料中的固体成分形成涂膜，因此，固体含量的多少与成膜厚度及涂膜质量密切相关。

（2）耐热度：是指防水涂料成膜后的防水薄膜在高温下不发生软化变形、不流淌的性能。它反映了防水涂膜的耐高温性能。

（3）柔性：是指防水涂料成膜后的膜层在低温下保持柔韧的性能。它反映了防水涂料在低温下的施工和使用性能。

（4）不透水性：是指防水涂膜在一定水压（静水压或动水压）和一定时间内不出现渗漏的性能；是防水涂料满足防水功能要求的主要质量指标。

（5）延伸性：是指防水涂膜适应基层变形的能力。防水涂料成膜后必须具有一定的延伸性，以适应由于温差、干湿等因素造成的基层变形，保证防水效果。

5.6.2 沥青类防水涂料

沥青类防水涂料主要成膜物质是沥青，有溶剂型和水乳型两种，主要品种有冷底子油、沥青胶、水性沥青基防水涂料。

1. 冷底子油

冷底子油是将石油沥青（30 号、10 号或 60 号）加入汽油、柴油或用煤沥青（软化点为 50～70℃）加入苯溶和而成的沥青溶液，作为打底材料与沥青胶配合使用，增加沥青胶与基层的黏结力。

冷底子油一般不单独作防水材料使用，常用的配合比如下。

① 石油沥青：汽油=30：70；

② 石油沥青：煤油或柴油=40：60。

冷底子油一般现用现配，用密闭容器储存，以防溶剂挥发。

2. 沥青胶

沥青胶是在沥青材料中加入填料改性，提高其耐热性和低温脆性而制成的。粉状填料有石灰石粉、白云石粉、滑石粉、膨润土等，纤维状填料有木纤维、石棉屑等。

其主要技术指标有耐热性、柔韧性、黏结力。

沥青与填充料应混合均匀，不得有粉团、草根、树叶、砂土等杂质。施工方法有冷用和热用两种：热用比冷用的防水效果好；冷用施工方便，避免烫伤，但耗费溶剂。它主要用于沥青和改性沥青类卷材的黏结、沥青防水涂层和沥青砂浆层的底层。

3. 水性沥青基防水涂料

水性沥青基防水涂料是指乳化沥青及在其中加入各种改性材料的水乳型防水材料。它主要用于 III、IV 级防水等级的屋面防水、厕浴间及厨房防水。

我国的主要品种有 AE-1、AE-2 型两大类。AE-1 型是以石油沥青为基料，用石棉纤维或其他矿物填充料改性的水性沥青厚质防水涂料，如改性沥青石棉防水涂料、水性沥青膨润土防水涂料；AE-2 型是用化学乳化剂配成的乳化沥青，掺入氯丁胶乳或再生橡胶等橡胶改性的水性沥青薄质防水涂料。其性能指标应符合《水乳沥青防水涂料》（JC/T 408—2005）的规定。

该涂料按其质量分为一等品和合格品。

5.6.3　高聚物改性沥青防水涂料

高聚物改性沥青防水涂料是以沥青为基料，用合成高分子聚合物进行改性的沥青防水涂料，一般为水乳型、溶剂型或热熔型三种类型的防水涂料。

1. 水乳型再生橡胶改性沥青防水涂料

水乳型再生橡胶改性沥青防水涂料以水为分散剂，具有无毒、无味、不燃的优点，在常温下能进行冷施工作业，还可以在稍潮湿无积水的表面施工，涂膜有一定的柔韧性和耐久性，材料来源广，价格低。

水乳型再生橡胶改性沥青防水涂料涂料适用于工业与民用建筑混凝土基层屋面防水；以沥青珍珠岩为保温层的保温屋面防水；地下混凝土建筑防潮以及旧油毡屋面翻修和刚性自防水屋面的维修等。

JG-2 型是水乳型双组分防水冷胶料，属反应固化型。A 液为乳化橡胶，B 液为阴离子型乳化沥青，分别包装，现用现配，在常温下施工，维修简单，具有优良的防水、抗渗性能，温度稳定性好，但涂层薄，需多道施工，低于 5℃不能施工，加衬中碱玻璃丝或无纺布可做防水层。

水乳型氯丁橡胶改性沥青防水涂料是以阳离子氯丁胶乳和阴离子沥青乳液混合而成，以水代替溶剂，成本低，无毒。

2. 溶剂型氯丁橡胶改性沥青防水涂料

溶剂型氯丁橡胶沥青防水涂料的黏结性能比较好，但存在着易燃、有毒、价格高等缺点，因而目前产量日益下降，有逐渐被水乳型氯丁橡胶沥青取代的趋势。

JG-1 型是溶剂型再生胶改性沥青防水胶黏剂，以渣油（200 号或 60 号道路石油沥青）与废开司粉（废轮胎里层带线部分磨成的细粉）加热熬制，加入高标号汽油而制成，执行《溶剂型橡胶沥青防水涂料》（JC/T 852—1999）。

溶剂型氯丁橡胶改性沥青防水涂料是将氯丁橡胶和石油沥青溶于芳烃溶剂（苯或二甲苯）中形成一种混合胶体溶液，在《溶剂型橡胶沥青防水涂料》（JC/T 852—1999）中按抗裂性及低温柔性分为一等品和合格品。

3. SBS 改性沥青热熔防水涂料

沥青经 SBS 改性后，性能大大提高，耐老化好，延伸率大，抗裂性优；该涂料耐穿刺性好；可一次性施工制成要求的厚度，工效高；施工环境要求低，降温即固化成膜，低温下、下雨前均可施工，但需现场加热。

5.6.4 合成高分子防水涂料

合成高分子防水涂料是以合成橡胶或合成树脂为主要成膜物质配制而成的水乳型或溶剂型防水涂料。根据成膜机理，该涂料分为反应固化型、挥发固化型和聚合物水泥防水涂料三类。

1. 丙烯酸防水涂料

丙烯酸防水涂料也称水性丙烯酸酯防水涂料、环保型防水涂料，能适应基层一定的变形开裂，温度适应性强，在-30～80℃范围内性能无大的变化，适用于各类建筑工程的防水及防水层的维修和保护层等。

2. 聚醋酸乙烯酯防水涂料（EVA 防水涂料）

该涂料采用 EVA 乳液添加多种助剂组成，系单组份水乳型涂料，加上颜料常做成彩色涂料，性能与丙烯酸相似，强度和延性均较好，只是耐热性差，热老化后变硬，强度提高而延伸很快下降，导致变脆。EVA 防水涂料的耐水性较丙烯酸差，不宜用于长期浸水的环境。

3. 聚氨酯防水涂料

聚氨酯防水涂料又名聚氨酯涂膜防水涂料，是一种化学反应型涂料。聚氨酯涂膜防水涂料广泛应用于屋面、地下工程、卫生间、游泳池等的防水，也可用于室内隔水层及接缝密封，还可用作金属管道、防腐地坪、防腐池的防腐处理等。

4. 聚合物水泥涂料

聚合物水泥涂料是由有机聚合物和无机粉料复合而成的双组分防水涂料，既具有有机材料弹性高，又有无机材料耐久性好的优点，能在表面潮湿的基层上施工，使用时将其二组分搅拌成均匀的膏状体，刮涂后，可形成高弹性、高强度的防水涂膜。涂膜的耐候性、耐久性好，耐高温达 140℃，能与水泥类基面牢固黏结；也可以配成各种色彩，无毒、无害、无污染，结构紧密、性能优良的弹性复合体，是适合现代社会发展需要的绿色防水材料。

5.6.5　防水涂料的贮运及保管

（1）防水涂料的包装容器必须密封严实，容器表面应有标明涂料名称、生产厂名、生产日期和产品有效期的明显标志。

（2）贮运及保管的环境温度应不得低于 0℃。

（3）严防日晒、碰撞，渗漏；应存放在干燥、通风、远离火源的室内，料库内应配备专门用于灭扑有机溶剂的消防措施。

（4）运输时，运输工具、车轮应有接地措施，防止静电起火。

5.7　建筑密封材料

5.7.1　建筑密封材料概述

1. 定义

建筑密封材料又称嵌缝材料，是能承受位移并具有高气密性及水密性而嵌入建筑接缝中的定形和不定形的材料。

2. 分类

建筑密封材料按形态分类可分为：分为定形（密封条、压条）和不定形（密封膏或密封胶）两类。定形密封材料是具有一定形状和尺寸的密封材料，如密封条带、止水带等；不定形密封材料通常是黏稠状的材料，分为弹性密封材料和非弹性密封材料。

建筑密封材料按构成类型分为溶剂型、乳液型和反应型。

建筑密封材料按使用时的组分分为单组分密封材料和多组分密封材料。

建筑密封材料按组成材料分为改性沥青密封材料和合成高分子密封材料。

3. 基本性能与选用

为保证防水密封的效果，建筑密封材料应具有高水密性和气密性，良好的黏结性，良好的耐高低温性和耐老化性能，一定的弹塑性和拉伸-压缩循环性能。

密封材料的选用，应首先考虑它的黏结性能和使用部位。密封材料与被黏基层的良好黏结，是保证密封的必要条件，因此，应根据被黏基层的材质、表面状态和性质来选择黏结性良好的密封材料。建筑物中不同部位的接缝，对密封材料的要求不同，如室外的接缝要求较高的耐候性，而伸缩缝则要求较好的弹塑性和拉伸-压缩循环性能。

5.7.2 工程常用的密封材料

1. 遇水不膨胀的止水带

（1）橡胶止水带：橡胶止水带一般用于地下工程、小型水坝、贮水池、地下通道、河底隧道、游泳池等工程的变形缝部位的隔离防水以及水库、输水洞等处闸门的密封止水。

（2）塑料止水带：PVC 塑料止水带，可用于地下室、隧道、涵洞、溢洪道、沟渠等构筑物变形缝的隔离防水。

（3）聚氯乙稀胶泥防水带：适应各种构造变形缝，适用于混凝土墙板的垂直和水平接缝的防水工程，以及建筑墙板、穿墙管、厕浴间等建筑接缝密封防水。

2. 遇水膨胀的定型密封材料

（1）SPJ 型遇水膨胀橡胶。SPJ 型遇水膨胀橡胶广泛地应用于钢筋混凝土建筑防水工程的变形缝、施工缝、穿墙管线的防水密封；盾构法钢筋混凝土管片的接缝防水；顶管工程的接口处；明挖法箱涵、地下管线的接口密封；水利、水电、土建工程防水密封等处。

（2）BW 遇水膨胀止水条。该产品具有膨胀倍率高，移动补充性强，置于施工缝，后浇缝后具有较强的平衡自愈功能，可自行封堵因沉降而出现的新的微小缝隙，对于已完工的工程，如缝隙渗漏水，可用遇水膨胀橡胶止水条重新堵漏，使用该止水条费用低且施工工艺简单，耐腐蚀性佳。

（3）PZ-CL 遇水膨胀止水条一旦与浸入的水相接触，其体积迅速膨胀，达到完全止水。施工的安全性：因有弹力和复原力，易适应构筑物的变形。对宽面的适用性：可在各种气候和各种构件条件下使用。

3. 不定型密封材料（俗称为密封膏或嵌缝膏）

（1）改性沥青油膏。这是一种具有弹塑性可以冷施工的防水嵌缝密封材料，是目前我国产量最大的品种。它具有良好的防水防潮性能，黏结性好，延伸率高，耐高低温性能好，老化缓慢，适用于各种混凝土屋面、墙板及地下工程的接缝密封等，是一种较好的密封材料。

（2）聚氯乙稀胶泥。其适用于各种工业厂房和民用建筑的屋面防水嵌缝，以及受酸碱腐蚀的屋面防水，也可用于地下管道的密封和卫生间等。

（3）聚硫橡胶密封材料（聚硫建筑密封膏）。这是目前世界上应用最广、使用最成熟的一类弹性密封材料。它除了适用于较高防水要求的建筑密封防水外，还用于高层建筑的接缝及窗框周边防水、防尘密封，中空玻璃、耐热玻璃周边密封；游泳池、储水槽、上下管道以及冷库接缝密封、混凝土墙板、屋面板、楼板、地下室等部位的接缝密封。

（4）有机硅建筑密封膏。它是高弹性高档密封膏，有机硅建筑密封膏具有优良的耐热、耐寒、耐老化及耐紫外线等耐候性能，与各种基材如混凝土、铝合金、不锈钢、塑料等有良好的黏结力，并且具有良好的伸缩耐疲劳性能，防水、防潮、抗震，气密、水密性能好，适用于金属幕墙、预制混凝土、玻璃窗、窗框四周、游泳池、贮水槽、地坪及构筑物接缝。

（5）聚氨酯弹性密封膏。它是高弹性建筑密封膏。聚氨酯弹性密封膏对金属、混凝土、玻璃、木材等均有良好的黏结性能，具有弹性大、延伸率大、黏结性好、耐低温、耐水、耐油、耐酸碱、抗疲劳及使用年限长等优点。与聚硫、有机硅等反应型建筑密封膏相比，价格较低。

（6）丙烯酸密封膏。它属于中档建筑密封材料，其适用范围广、价格便宜、施工方便，综合性能明显优于非弹性密封膏和热塑性密封膏，但要比聚氨酯、聚硫、有机硅等密封膏差一些。

5.7.3　建筑密封材料的贮运、保管

建筑密封材料应避开火源、热源，避免日晒、雨淋，防止碰撞，保持包装完好无损；外包装应贴有明显的标记，标明产品的名称、生产厂家、生产日期和使用有效期；应分类贮放在通风、阴凉的室内，环境温度不应超过 50℃。

思　考　题

1．与传统的沥青防水油毡比较，氯化聚乙烯防水卷材（塑料型）主要有哪些特点？适用于哪些防水工程？

2．与传统的沥青防水油毡比较，氯化聚乙烯-橡胶共混防水卷材（非硫化型）主要有哪些特点？适用于哪些防水工程？

3．SBS 的含量越高，则 SBS 改性沥青防水卷材的耐低温性越_____。

4．地下室防水用石油沥青应主要要求（　　　）。

　　A．软化点　　　　　　　　　B．大气稳定性

C．塑性和黏性　　　　　　　　　　D．塑性和大气稳定性

5．下列可用于混凝土结构修补的胶黏剂为（　　）。

  A．聚醋酸乙烯胶黏剂　　　　　　　B．环氧树脂胶黏剂

  C．氯丁橡胶胶黏剂　　　　　　　　D．丁腈橡胶胶黏剂

6．黏贴合成高分子防水卷材时，应使用_____的胶黏剂。

7．加纤维的合成高分子防水卷材与无纤维的防水卷材相比，其抗拉强度高、断裂伸长率_____。

8．名词解释：共聚物，沥青的大气稳定性，热固性塑料，沥青的温度感应性。

9．与标号为 s—75 的沥青胶比较，标号为 s—65 的沥青胶的（　　）。

  A．耐热性好，柔韧性好　　　　　　B．耐热性好，柔韧性差

  C．耐热性差，柔韧性好　　　　　　D．耐热性差，柔韧性差

10．下列卷材中，防水性最好的卷材是（　　）。

  A．三元乙丙橡胶防水卷材　　　　　B．SBS 改性沥青防水卷材

  C．APP 改性沥青防水卷材　　　　　D．氯化聚乙烯防水卷材

11．在塑料的组成中，稳定剂可以提高塑料的_____性能。

12．重要防水工程中使用的建筑防水密封膏应具备哪些优点？适宜品种有哪些？

第6章 建筑钢材

学习目标

掌握建筑钢材的主要技术性质和技术标准。

掌握建筑钢材的品种和选用方法。

了解钢材化学组成、钢材的腐蚀与防止。

能力目标

建筑钢材的主要工艺性能和钢材的选用方法。

掌握钢材相关的性质与指标。

6.1 建筑钢材概述

6.1.1 定义

钢材是以铁为主要元素，含碳量一般在 2% 以下，并含有其他元素的材料。

钢材是指建筑工程中使用的各种钢材，包括钢结构用各种型材（如圆钢、角钢、工字钢、钢管、板材）和钢筋混凝土结构用钢筋、钢丝、钢绞线。

6.1.2 特点

钢材是在严格的技术条件下生产的材料，它有以下优点：材质均匀，性能可靠，强度高，具有一定的塑性和韧性，具有承受冲击和振动荷载的能力，可焊接、铆接或螺栓连接，便于装配。其缺点是：易锈蚀，维修费用大。

6.1.3 应用

钢材应用于大跨度结构、多层及高层结构、受动荷载作用的工业厂房等。

6.2 钢材的生产与分类

6.2.1 钢的生产

1. 钢的冶炼

钢的冶炼是将生铁在冶炼炉中加热至熔融，进行氧化以除去杂质同时控制碳及合金

元素的含量，最后再脱氧。

$$\text{炼钢方法}\begin{cases}\text{转炉}\\\text{平炉}\\\text{电炉}\end{cases}\qquad\text{脱氧程度}\begin{cases}\text{沸腾}\\\text{镇静}\\\text{特殊镇静}\end{cases}$$

2. 钢的铸锭

冶炼好的钢液铸入锭模，冷凝后便形成柱状的钢锭（钢坯），此过程称为铸锭。

3. 钢的加工

热加工目的：①轧制所需的截面及尺寸；②钢锭内部气泡焊合，疏松组织密度增加强度。

冷加工目的：指在常温下通过机械加工使钢材达到变形，拉直、除锈等效果的一种加工方式，提高钢材强度和硬度。

6.2.2　钢的分类

1. 根据所用的炼炉钢不同分类

根据所用的炼炉钢可分为空气转炉钢、氧气转炉、平炉钢和电炉钢。以往质量较差的空气转炉钢已被氧气转炉钢代替，氧气转炉钢和平炉钢质量均很好。

2. 按化学成分不同分类

钢是以铁为主要元素，碳的质量分数一般在 2.11%以下，并含有其他元素。

钢按化学成分可以分为合金钢、非合金、低合金钢三大类。

（1）合金钢：合金含量在 5%～10%之间的钢称为中合金钢；大于 10%的钢称为高合金钢。

（2）非合金钢：即碳素钢，合金元素含量较少，除了含有碳元素外还含有少量的其他元素，如硅、锰、磷等。它按碳的质量分数分类可分为低碳钢、中碳钢、高碳钢，其中它们的碳的质量分数分别为低<0.25%，中=0.25%～0.60%，高>0.60%。

（3）低合金钢：合金元素总量小于 5%的合金钢叫做低合金钢。低合金钢是相对于碳素钢而言的，是在碳素钢的基础上，为了改善钢的一种或几种性能，而有意向钢中加入一种或几种合金元素。加入的合金量超过碳素钢正常生产方法所具有的一般含量时，称这种钢为合金钢。当合金总量低于 5%时称为低合金钢。

为了改善钢材的某些性能，可以加入较多的合金元素。

3. 按主要质量等级不同分类

按主要质量等级，将钢材分为普通钢、优质钢和高级优质钢。

4. 按脱氧方法分类

钢在冶炼过程中，不可避免地产生部分氧化铁并残留在钢水中，降低了钢的质量，因此在铸锭过程中要进行脱氧处理。冶炼后期脱氧（使 FeO 还原为 Fe，过程是 FeO + C → Fe + CO↑，脱氧不完全时，在注模时仍有 CO 气泡从钢液中析出，像是钢液沸腾了），所以根据脱氧程度的不同，有沸腾钢、半镇静钢和镇静钢。

1）沸腾钢

沸腾钢镇静钢为完全脱氧的钢。通常铸成上大下小带保温帽的锭型，浇注时钢液镇静不沸腾。由于锭模上部有保温帽（在钢液凝固时作补充钢液用），这节帽头在轧制开坯后需切除，故钢的收得率低，但组织致密，偏析小，质量均匀。沸腾钢脱氧不充分，碳及磷、硫等的偏析（即元素在钢中分布不均匀，富集于某些区间的现象）较严重，因此沸腾钢的抗冲击韧性和可焊性较差，时效敏感性大，低温下脆性增大，但其成品率高，成本低。

2）镇静钢

镇静钢为完全脱氧的钢。通常铸成上大下小带保温帽的锭型，浇注时钢液镇静不沸腾。由于锭模上部有保温帽（在钢液凝固时作补充钢液用），这节帽头在轧制开坯后需切除，故钢的收得率低，但组织致密，偏析小，质量均匀。优质钢和合金一般都是镇静钢。用一定数量的硅、锰和铝等脱氧剂进行彻底脱氧，钢的质量好，但成本高。

3）半镇静钢

半镇静钢为脱氧较完全的钢，脱氧程度介于沸腾钢和镇静钢之间，浇注时有沸腾现象，但较沸腾钢弱。这类钢具有沸腾钢和镇静钢的某些优点，在冶炼操作上较难掌握。

6.3 建筑钢材的主要技术性能

6.3.1 力学性能

1. 拉伸性能

拉伸抗拉性能是建筑钢材最重要的技术性质。其技术指标为由拉力试验测定的屈服点、抗拉强度和伸长率。低碳钢（软钢）受拉的应力-应变图能够较好地解释这些重要的技术指标，如图 6.1 所示为低碳钢受拉时的应力-应变图。

（1）屈服点：当试件拉力在 OA 范围内时，如卸去拉力，试件能恢复原状，应力与应变的比值为常数，因此，该阶段被称为弹性阶段。当对试件的拉伸进入塑性变形的屈服阶段 AB 时，称屈服下限 $B_{下}$ 所对应的应力为屈服强度或屈服点，记做 σ_s。设计时一般以 σ_s 作为强度取值的依据。对屈服现象不明显的硬钢材，规定以 0.2%残余变形时的应力 $\sigma_{0.2}$ 作为屈服强度（钢材强度取值的依据。结构设计重要指标）。

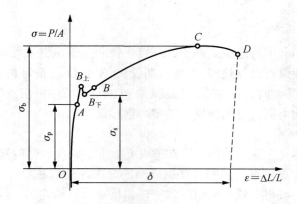

图 6.1 应力-应变图

（2）抗拉强度：从图 6.1 中 BC 曲线逐步上升可以看出：试件在屈服阶段以后，其抵抗塑性变形的能力又重新提高，称为强化阶段。对应于最高点 C 的应力称为抗拉强度，用 σ_b 表示（抗裂度计算的依据，变形验算的重要指标）。

设计中抗拉强度虽然不能利用，但屈强比 σ_s/σ_b 有一定意义。屈强比愈小，反映钢材受力超过屈服点工作时的可靠性愈大，因而结构的安全性愈高。但屈强比太小，则反映钢材不能有效地被利用。

（3）伸长率：图 6.1 中当曲线到达 C 点后，试件薄弱处急剧缩小，塑性变形迅速增加，产生"颈缩现象"而断裂。量出拉断后标距部分的长度 L_1，标距的伸长值与原始标距 L_0 的百分率称为伸长率，即

$$\delta = \frac{L_1 - L_0}{L_0} \times 100\%$$

伸长率表示了钢材的塑性变形能力。由于在塑性变形时颈缩处的伸长较大，故当原始标距与试件的直径之比愈大，则颈缩处伸长中的比重愈小，因而计算的伸长率会小一些。通常以 δ_5 和 δ_{10} 分别表示 $L_0=5d_0$ 和 $L_0=10d_0$（d_0 为试件直径）时的伸长率。对同一种钢材，δ_5 应大于 δ_{10}。

外荷载（拉力）
↑

σ 的理解：$\sigma = P/A \rightarrow$ 受力面积

掌握 4 个阶段：OA，AB，$B\dot{C}$，$CD \rightarrow$ 弹性阶段，屈服阶段，强化阶段，劲缩阶段。

OA（弹性阶段）：弹性模量 $E = \dfrac{\sigma}{\varepsilon}$ 抵抗变形的能力，计算变形的重要指标。

当 σ 一定时，$E\uparrow\varepsilon\downarrow$；当 ε 一定时，$E\uparrow$，$\sigma\uparrow$。

AB（屈服阶段）：σ_s 屈服强度 钢材强度取值的依据，结构设计的重要指标。

BC（强化阶段）：σ_b 抗拉强度 抗裂度计算的依据，变形验算的重要指标。

σ_s/σ_b 值变大利用率升高、安全可结性下降 强调：经过塑性变型后，钢材得到强化。

① 工地现场调直的目的：工地现场对钢筋进行冷拉、冷拔来提高钢筋的屈服应力 σ_s，使得钢材得到强化。

② 冷加工的目的：冷加工后，钢筋的屈服强度 σ_s 变大，钢筋利用率变大。

③ CD（颈缩阶段）：$\delta \uparrow$ 塑性 $\uparrow$ 衡量钢材塑性的重要指标

$$\delta = \frac{\Delta L}{L_0} = \frac{屈服变形}{总变形}$$

2. 冷弯性能

冷弯性能是指钢材在常温下承受弯曲变形的能力，是钢材的重要工艺性能。冷弯性能指标是通过试件被弯曲的角度（90°、180°）及弯心直径 d 对试件厚度（或直径）a 的比值（d/a）区分的，试件按规定的弯曲角和弯心直径进行试验，试件弯曲处的外表面无裂断、裂缝或起层，即认为冷弯性能合格，如图 6.2 所示。

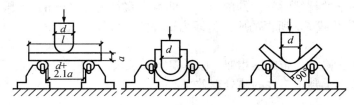

图 6.2 冷弯试验原理图

3. 冲击韧性

冲击韧性是指钢材抵抗冲击荷载的能力。冲击韧性指标是通过标准试件的弯曲冲击韧性试验确定的。以摆锤打击试件，于刻槽处将其打断，试件单位截面积上所消耗的功，即为钢材的冲击韧性指标，用冲击韧性 $a_k (\text{J/cm}^2)$ 表示，a_k 值愈大，冲击韧性愈好。

钢材的化学成分、组织状态、内在缺陷及环境温度都会影响钢材的冲击韧性。试验表明，冲击韧性随温度的降低而下降，其规律是开始下降缓和，当达到一定温度的范围时，突然下降很多而呈脆性，这种脆性称为钢材的冷脆性。发生冷脆时的温度称为临界温度，其数值越低，说明钢材的低温冲击性能越好。所以在负温下使用的结构，应当选用脆性临界温度较工作温度为低的钢材。

随时间的延长而表现出强度提高，塑性和冲击韧性下降的现象称为时效。完成时效变化的过程可达数十年，但是钢材如经受冷加工变形，或使用中经受震动和反复荷载的影响，时效可迅速发展。因时效而导致性能改变的程度称为时效敏感性，对于承受动荷载的结构应该选用时效敏感性小的钢材。

冲击韧性原理如图 6.3 所示。

4. 硬度

钢材的硬度是指其表面局部体积内抵抗外物压入产生塑性变形的能力。常用的测定硬度的方法有布氏法和洛氏法。

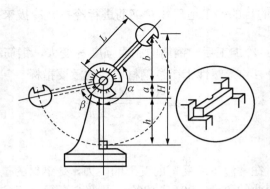

图 6.3 冲击韧性原理图

布氏法的测定原理是利用直径为 D（mm）的淬火钢球，以 P（N）的荷载将其压入试件表面，经规定的持续时间后卸除荷载，即得到直径为 d（mm）的压痕，以压痕表面积 F（mm）除荷载 P，所得的应力值即为试件的布氏硬度值 HB，以数字表示，不带单位。

洛氏法测定的原理与布氏法相似，但是用压头压入试件的深度来表示硬度值。洛氏法压痕很小，常用于判定工件的热处理效果。

5. 疲劳强度

在反复荷载作用下的结构构件，钢材往往在应力远小于抗拉强度时发生断裂，这种现象称为钢材的疲劳破坏。疲劳破坏的危险应力用疲劳极限来表示，它是指疲劳试验中，试件在交变应力的作用下，于规定的周期基数内不发生断裂所能承受的最大应力。

一般认为，钢材的疲劳破坏是由拉应力引起的，因此，钢材的疲劳极限与其抗拉强度有关，一般抗拉强度高，其疲劳极限也较高。由于疲劳裂纹是在应力集中处形成和发展的，故钢材的疲劳极限不仅与其内部组织有关，也和表面质量有关。

6.3.2 冷加工强化、热处理及焊接

1. 冷加工

将钢材在常温下进行冷拉、冷拔或冷轧，使产生塑性变形，从而提高屈服强度，这个过程称为钢材的冷加工强化。

冷加工强化的原理是：钢材在塑性变形中晶格的缺陷增多，而缺陷的晶格严重畸变，对晶格的进一步滑移将起到阻碍作用，故钢材的屈服点提高，塑性和韧性降低。由于塑性变形中产生内应力，故钢材的弹性模量 E 降低。

工地或预制厂钢筋混凝土施工中常利用这一原理，对钢筋或低碳钢盘条按一定制度进行冷拉或冷拔加工，以提高屈服强度。

将经过冷拉的钢筋在常温下存放 15～20d，或加热到 100～200℃并保持一段时间，

这个过程称为时效处理。前者称为自然时效，后者称为人工时效。

冷拉以后再经过时效处理的钢筋，其屈服点进一步提高，抗拉强度稍见增长，塑性继续有所降低。由于时效过程中应力的消减，故弹性模量可基本恢复。

钢材产生时效的主要原因是，溶于 α-Fe 中的碳、氮原子，向晶格缺陷处移动和集中的速度大大加快，这将使滑移面缺陷处碳、氮原子富集，使晶格畸变加剧，造成其滑移、变形更为困难，因而强度进一步提高，塑性和韧性则进一步降低，而弹性模量则基本恢复。

2. 热处理

按照一定的制度，将钢材加热到一定的温度，在此温度下保持一定的时间，再以一定的速度和方式进行冷却，以使钢材内部晶体组织和显微结构按要求进行改变，或者消除钢中的内应力，从而获得人们所需求的机械力学性能，这一过程就称为钢材的热处理。

钢材的热处理通常有以下几种基本方法。

（1）淬火。将钢材加热至 723℃（相变温度）以上某一温度，并保持一定的时间后，迅速置于水中或机油中冷却，这个过程称钢材的淬火处理。钢材经淬火后，强度和硬度提高，脆性增大，塑性和韧性明显降低。

（2）回火。将淬火后的钢材重新加热到 723℃ 以下某一温度范围，保温一定的时间后再缓慢地或较快地冷却至室温，这一过程称为回火处理。回火可消除钢材淬火时产生的内应力，使其硬度降低，恢复塑性和韧性。回火温度越高，钢材硬度下降越多，塑性和韧性等性能均得以改善。若钢材淬火后随即进行高温回火处理，则称调质处理，其目的是使钢材的强度、塑性、韧性等性能均得以改善。

（3）退火。退火是指将钢材加热至 723℃ 以上某一温度，保持一定的时间后，在退火炉中缓慢冷却。退火能消除钢材中的内应力，细化晶粒，均匀组织，使钢材硬度降低，塑性和韧性提高。

（4）正火。正火是指将钢材加热到 723℃ 以上某一温度，并保持相当长的时间，然后在空气中缓慢冷却，则可得到均匀细小的显微组织。钢材正火后强度和硬度提高，塑性较退火为小。

3. 焊接

焊接是使钢材组成结构的主要形式。焊接的质量取决于焊接工艺、焊接材料及钢的可焊性能。

可焊性是指在一定的焊接工艺条件下，在焊缝及附近过热区是否产生裂缝及硬脆倾向，焊接后的力学性能，特别是强度是否与原钢材相近的性能。

钢的可焊性主要受化学成分及其含量的影响，当含碳量超过 0.3%，硫和杂质含量高以及合金元素含量较高时，钢材的可焊性能降低。

一般焊接结构用钢应选用含碳量较低的氧气转炉或平炉的镇静钢，对于高碳钢及合金钢，为了改善焊接后的硬脆性，焊接时一般要采用焊前预热及焊后热处理等措施。

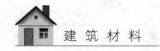

6.4 钢的晶体组织、化学成分及其对性能的影响

6.4.1 钢的基本晶体组织及其对性能的影响

钢材在常温下主要有三种显微组织：

（1）铁素体：钢材中的铁素体是碳在 α-Fe 中的固溶体，由于 α-Fe 体心立方晶格的原子间空隙小，溶碳能力较差，故铁素体含碳量很少（小于 0.02%），由此决定其塑性、韧性好，但强度、硬度低。

（2）渗碳体：渗碳体为铁和碳的化合物 Fe_3C，其含碳量高达 6.67%，晶体结构复杂，塑性差，性硬脆，抗拉强度低。

（3）珠光体：珠光体为铁素体和渗碳体的机械混合物，含碳量较低(0.8%)，层状结构，塑性较好，强度和硬度较高。

此外，钢材在温度高于 723℃时，还存在奥氏体。奥氏体为碳在 γ-Fe 中的固溶体，溶碳能力较强，高温时含碳量可达 2.06%，低温时下降至 0.8%。其强度、硬度不高，但塑性好。碳钢处于红热状态时即存在这种组织，这时钢易于轧制成型。

6.4.2 化学成分及其对性能的影响

化学成分及其对性能的影响见表 6.1。

表 6.1 化学成分对钢材性能的影响表

化学成分		强度	硬度	塑性韧性	冷弯性能	焊接性能	冷脆性	热脆性
重要因素	C↑	↑	↑	↓	↓	↓	↑	↑
合金元素	Si↑	↑	↑	不影响	不降低	不降低		
	Mn↑	↑	↑	不影响		↑		↓
有害元素	P↑	↑	↑	↓	↓	↓	↑	↑
	S		↓					
	O			↓	↓	↓	↑	↑
	N			↓	↓	↓	↑	↑

6.5 建筑钢材的品种与选用

6.5.1 建筑钢材的主要钢种

1. 钢筋混凝土用钢材

1）热轧钢筋

根据《钢筋混凝土用钢 第 2 部分：热轧带肋钢筋》（GB 1499.2—2007）、《钢筋混凝土用余热处理钢筋》（GB 13014—2013）的规定，热轧带肋钢筋的牌号由 HRB 和牌号的屈服点最小值构成。H，R，B 分别为热轧（Hot rolled）、带肋（Ribbed）、钢筋（Bars）三个词的英文首位字母。热轧带肋钢筋分为 HRB335，HRB400，HRB500 三个牌号。

各牌号钢筋的力学性能和工艺性能应符合表 6.2 的规定。热轧带肋钢筋要求按表 6.2 中规定的弯心直径，经弯曲 180°后，钢筋受弯部位的表面不准出现裂纹。

热轧钢筋中应用最多的是普通碳钢中的 Q235A，它的强度虽然不高，但塑性、焊接性能都好，便于加工成形。盘圆钢筋不仅用于中型构件的受力筋，而且用于一般构件的构造筋。

表 6.2 热扎钢筋的力学性能和工艺性能

强度等级代号	外形	钢种	公称直径/mm	屈服强度/MPa	抗拉强度/MPa	伸长率 δ_s/%	冷弯试验	
							角度	弯心直径
HPB235	光圆	低碳钢	8～20	235	370	25	180	$d=a$
HRB335	月牙肋	低碳钢合金钢	6～25	335 400	490	16	180	$d=3a$
			28～50					$d=4a$
HRB400			6～25		570	14	180	$d=4a$
			28～50					$d=5a$
HRB500	等高肋	中碳钢合金钢	6～25	500	630	12	180	$d=6a$
			28～50					$d=7a$

2）冷扎带肋钢筋

国家标准《冷轧带肋钢筋》（GB 13788—2008）规定，冷轧带肋钢筋是用低碳钢热轧盘圆钢筋在其表面沿长度方向均匀地冷轧成两面或三面带有横肋的钢筋。冷轧带肋钢筋用代号 CRB 表示，按抗拉强度的不同，将冷轧带肋钢筋划分成五个牌号：CRB550、CRB650、CRB800、CRB970 和 CRB1170。其中 CRB550 钢筋的公称直径范围为 4～12mm；CRB650 及以上牌号钢筋的公称直径为 4 mm、5 mm、6 mm。各牌号钢筋的力学性能和工艺性能表 6.3，的规定 CRB550 可作为普通混凝土结构的配筋；其他牌号则可作为预应力混凝土结构配筋。由于钢筋表面轧有肋痕，故有效地克服了冷拉、冷拔钢筋与混凝土握裹力低的缺点，同时还具有与冷拉、冷拔钢筋（丝）相接近的强度。

表 6.3 冷扎带肋钢筋的力学性能和工艺性能

牌号	抗拉强度/MPa，≥	伸长率/%，≥ A11, 3	弯曲试验（180°）	反复弯曲次数	松弛率（初始应力=0.7R$_a$）	
					（1000h）/%，≤	（10h）/%，≤
CRB550	550	8.0	$d=3a$	—	—	—
CRB650	650	—	—	3	8	5
CRB800	800	—	—	3	8	5
CRB970	970	—	—	3	8	5
CRB1170	1170	—	—	3	8	5

3）冷拉钢筋

冷拉钢筋是用热轧钢筋加工而成。在常温下，经过冷拉的钢筋可达到除锈、调直、提高强度、节约钢材的目的。热轧钢筋经过冷拉和时效处理后，其屈服点和抗拉强度增大，但塑性、韧性有所降低。为了保证冷拉钢材的质量，而不使冷拉钢筋脆性过大，冷拉操作应采用双控法，即控制冷拉率和冷拉应力，如果冷拉至控制应力而未超过控制冷拉率，则合格；若达到冷拉率，未达到控制应力，则钢筋应降级使用。

冷拉钢筋的技术性质应符合表 6.4 的要求。

表 6.4　冷拉钢筋的力学性能

钢筋级别	钢筋直径/mm	屈服强度/MPa	抗拉强度/MPa	伸长率 δ_{10}/%	冷弯	
		≥			弯曲角度	弯曲直径
I 级	≤12	280	370	11	180°	3d
II 级	≤25	450	510	10	90°	3d
	28～40	430	490	10	90°	4d
III 级	8～40	500	570	8	90°	5d
IV 级	10～28	700	835	6	90°	5d

4）预应力混凝土用热处理钢筋

预应力混凝土用热处理钢筋是用普通热轧中碳低合金钢经淬火和回火调质而成，按其螺纹外形分有纵肋和无纵肋两种（均有横肋），通常有三个规格，即公称直径 6mm、8mm 和 10mm。这种钢筋不能冷拉和焊接，且对应力腐蚀及缺陷敏感性较强，因其具有高强度、高韧性和高黏结力及塑性降低少等优点，特别适用于预应力混凝土构件的配筋。

5）钢丝与钢绞线

将直径为 6.5～8mm 的 Q235 圆盘条，在常温下通过截面小于钢筋截面的钨合金拔丝模，以强力拉拔工艺拔制成直径为 3mm、4mm、5mm 的圆截面钢丝，称为冷拔低碳钢丝。冷拔低碳钢丝的性能与原料强度和引拔后的截面总压缩率有关。由于冷拔低碳钢丝的塑性大幅度下降，硬脆性明显，目前，该类钢丝的应用受到一定的限制。用作预应力混凝土构件的钢丝，其力学性能应符合国标《预应力混凝土用钢丝》（GB/T 5223—2014）的规定。

2．钢结构用钢材

1）碳素结构钢

碳素结构钢是碳素钢中的一类，可加工成各种型钢、钢筋和钢丝，适用于一般结构和工程。国家标准《碳素结构钢》（GB/T 700—2006）具体规定了它的牌号表示方法、技术要求、试验方法、检验规则等。

（1）牌号表示方法。钢的牌号由代表屈服强度的字母、下屈服强度数值、质量等级符号、脱氧程度符号等四个部分按顺序组成。例如：

Q235——A·F

Q——钢材屈服强度代号；

235——下屈服强度数值；

A，B，C，D——质量等级代号；

F——沸腾钢代号；

b——半镇静钢代号；

Z——镇静钢代号；

TZ——特殊镇静钢代号。

在牌号组成表示方法中，"Z"与"TZ"符号可予以省略。

根据《碳素结构钢》规定，碳素结构钢分为 Q195、Q215、Q235、Q255、Q275 五种牌号。上面的例子 Q235——A·F，它表示屈服强度为 235MPa 的 A 级沸腾钢。

（2）技术要求。碳素结构钢的技术要求包括化学成分、力学性能、冶炼方法、交货状态及表面质量五个方面，碳素结构钢化学成分、力学性能、冷弯性能试验指标应分别符合表 6.5～表 6.7 所示的规定。

表 6.5 碳素结构钢的化学成分（GB/T 700—2006）

牌号	统一数字代号 [a]	等级	厚度（或直径）/mm	脱氧方法	化学成分（质量分数）/%，不大于				
					C	Si	Mn	P	S
Q195	U11952	—	—	F、Z	0.12	0.30	0.50	0.035	0.040
Q215	U12152	A	—	F、Z	0.15	0.35	1.30	0.045	0.050
	U12155	B							0.045
Q235	U12352	A	—	F、Z	0.22	0.35	1.40	0.45	0.050
	U12355	B		F、Z	0.20 [b]				0.045
	U12358	C		Z	0.17			0.040	0.040
	U12359	D		TZ				0.035	0.035
Q275	U12752	A	—	F、Z	0.24	0.35	1.50	0.045	0.050
	U12755	B	≤40	Z	0.21			0.045	0.045
			>40		0.22				
	U12758	C	—	Z	0.20			0.040	0.040
	U12759	D		TZ				0.035	0.035

a 表中为镇静钢，特殊镇静钢牌号的统一数字，沸腾钢牌号的统一数字代号如下：

Q195F—U11950；Q215AF—U12150，Q215BF—U12153；Q235AF—U12350，Q235BF—U12353；Q275AF—U12750。

b 经需方同意 Q235B 的碳含量可不大于 0.22%。

表 6.6 碳素结构钢的力学性能（GB/T 700—2006）

牌号	等级	屈服强度 $^a R_{ett}$/(N/mm²)，不小于						抗拉强度 $^b R_m$/(N/mm²)	断后伸长率 A/%，不小于					冲击试验（V型缺口）	
		厚度（或直径）/mm							厚度（或直径）/mm					温度/℃	冲击吸收功（纵向）/J 不小于
		≤16	>16~40	>40~60	>60~100	>100~150	>150~200		≤40	>40~60	>60~100	>100~150	>150~200		
Q195	—	195	185	—	—	—	—	315~430	33	—	—	—	—	—	—
Q215	A	215	205	195	185	175	165	335~450	31	30	29	27	26	—	—
	B													+20	27
^{c}Q235	A	235	225	215	215	195	185	370~500	26	25	24	22	21	—	—
	B													+20	27
	C													0	
	D													-20	
Q275	A	275	265	255	245	225	215	410~540	22	21	20	18	17	—	—
	B													+20	27
	C													0	
	D													-20	

a. Q195 的屈服强度值仅参考，不作交货条件。

b. 厚度大于 100mm 的钢材，抗拉强度下限允许降低 20N/mm²。宽带钢（包括剪切钢板）抗拉强度上限不作交货条件。

c. 厚度小于 25mm 的 Q235B 级钢材，如供方能保证冲击吸收功值合格、经需方同意，可不作检验。

表 6.7 碳素结构钢的冷弯试验指标（GB/T 700—2006）

牌号	试样方向	冷弯试验 180° $B=2a^a$	
		钢材厚度（或直径）^{b}/mm	
		≤60	>60~100
		弯心直径 d	
Q195	纵	0	
	横	0.5a	
Q215	纵	0.5a	1.5a
	横	a	2a
Q235	纵	a	2a
	横	1.5a	2.5a
Q275	纵	1.5a	2.5a
	横	2a	3a

a. B 为试样宽度，a 为试样厚度（或直径）。

b. 钢材厚度（或直径）大于 100mm 时，弯曲试验由双方协商确定。

（3）各类牌号钢材的性能和用途。钢材随牌号增加，含碳量增加，强度和硬度增加，塑性、韧性和可加工性能逐步降低；同一牌号内质量等级越高，钢的质量越好，如 Q235C,

D 级优于 A、B 级，可作为重要焊接结构使用。

建筑工程中应用最广泛的是 Q235 号钢，其含碳量为 0.14%～0.22%，属于低碳钢，具有较强的强度，良好的塑性、韧性以及可焊性，综合性能好，能满足一般钢结构和钢筋混凝土的用钢要求，且成本较低。在钢结构中，主要使用 Q235 号钢轧制成的各种型钢。

Q195、Q215 号钢强度低、塑性和韧性较好，易于冷加工，常用作钢钉、铆钉、螺栓及铁丝等。Q215 号钢经冷加工后可代替 Q235 号钢使用。Q225、Q275 号钢强度较高，但塑性、韧性、可焊性较差，不易焊接和冷加工，可用于轧制带肋钢筋、制作螺栓配件等，但更多地用于机械零件和工具等。

2）低合金高强度结构钢

低合金高强度结构钢是在碳素结构钢的基础上加入总量小于 5%的合金元素而形成的钢种。加入合金元素的目的是提高钢材强度和改善性能。常用的合金元素有硅、锰、钛、钒、铬、镍和铜等。大多数合金元素不仅可以提高钢的强度和硬度，还能改善塑性和韧性。

（1）牌号表示方法。根据国家标准《低合金高强度结构钢》（GB/T 1591—2008）的规定，低合金高强度结构钢共有五个牌号。低合金高强度结构钢的牌号是由代表屈服强度的字母、下屈服强度数值和质量等级符号几个部分按顺序组成。例如，Q345A。

Q——钢材屈服强度代号；

345——下屈服强度数值；

A，B，C，D，E——质量等级代号。

（2）技术要求。低合金高强度结构钢的化学成分和力学性能应满足的国家标准《低合金高强度结构钢》（GB 1591－2008）规定。

（3）性能和用途。低合金高强度结构钢除强度高外，还有良好的塑性和韧性，硬度高，耐磨好，耐腐蚀性能强，耐低温性能好。一般情况下，它的含碳量≤0.2%，因此仍具有较好的可焊性。冶炼碳素钢的设备可用来冶炼低合金高强度结构钢，故冶炼方便，成本低。

采用低合金高强度结构钢，可以减轻结构自重，节约钢材，使用寿命增加，经久耐用，特别适合高层建筑、大柱网结构和大跨度结构。

3）型钢

钢结构构件一般直接采用各种型钢，构件之间可直接或附连接钢板进行连接，连接方式有铆接、螺栓连接或焊接。

（1）热轧型钢。常用的热轧型钢有角钢、槽钢、工字钢、L 形钢和 H 形钢等。

角钢分等边角钢和不等边角钢两种。等边角钢的规格用边宽×边宽×厚度的毫米数表示，如 100×100×10 为边宽 100mm、厚度 10mm 的等边角钢。不等边角钢的规格用长边宽×短边宽×厚度的毫米数表示。如 100×80×8 为长边宽 100mm、短边宽 80mm、厚度 8mm 的不等边角钢。我国目前生产的最大等边角钢的边宽为 200mm，最大不等边角钢的两

个边宽为 200mm×125mm。角钢的长度一般为 3～19m（规格小者短，大者长）。

L 形钢的外形类似于不等边角钢，其主要区别是两边的厚度不等。规格表示方法为"腹板高×面板宽×腹板厚×面板厚（单位为毫米）"，如 L250×90×9×13。其通常长度为 6～12m，共有 11 种规格。

普通工字钢，其规格用腰高度（单位为厘米）来表示，也可以用"腰高度×腿宽度×腰宽度（单位为毫米）"表示，如 30#，表示腰高为 300mm 的工字钢，20 号和 32 号以上的普通工字钢，同一号数中又分 a、b 和 a、b、c 类型。其腹板厚度和翼缘宽度均分别递增 2mm；其中 a 类腹板最薄，翼缘最窄，b 类较厚较宽，c 类最厚、最宽。工字钢翼缘的内表面均有倾斜度，翼缘外薄而内厚。我国生产的最大普通工字钢为 63 号。工字钢的通常长度为 5～19m。工字钢由于宽度方向的惯性，相应回转半径比高度方向的小得多，因而在应用上有一定的局限性，一般宜用于单向受弯构件。

热轧普通槽钢以腰高度的厘米数编号，也可以"腰高度×腿宽度×腰厚度（单位为毫米）"表示。规格从 5 号～40 号有 30 多种，14 号和 25 号以上的普通槽钢同一号数中，根据腹板厚度和翼宽度不同亦有 a、b、c 的分类，其腹板厚度和翼缘宽度均分别递增 2mm。槽钢翼缘内表面的斜度较工字钢为小，紧固螺栓比较容易。我国生产的最大槽钢为 40 号，长度为 5～19m（规格小者短，大者长）。槽钢主要用作承受横向弯曲的梁而后承受轴向力的杠杆。

热轧型钢分为宽翼缘 H 形钢（代号为 HK）、窄翼缘 H 钢（HZ）和 H 型钢桩（HU）三类。规格以公称高度（单位为毫米）表示，其后标注 a、b、c，表示该公称高度下的相应规格，也可采用"腹板高×翼缘宽×腹板厚×翼缘厚（单位为毫米）"来表示，热轧 H 型钢的通常长度为 6～35m。H 型钢翼缘内表面没有斜度，与外表面平行。H 型钢的翼缘较宽且等厚，截面形状合理，使钢材能高效地发挥作用，其内、外表面平行，便于和其他的钢材交接。HK 型钢适用于轴心受压构件和压弯构件，HZ 型钢适用于压弯构件和梁构件。

（2）冷弯薄壁型钢。建筑工程中使用的冷弯型钢常用厚度为 2～6mm 薄钢板或钢带（一般采用碳素结构钢或低含金结构钢）经冷轧（弯）或模压而成，故也称冷弯净壁型钢。其表示方法与热轧型钢相同。冷弯型钢属于高效经济截面，由于壁薄，钢度好，能高效地发挥材料的作用，节约钢材，主要用于轻型钢结构。

（3）钢板和压型钢板。建筑钢结构使用的钢板，按轧制方式可分为热轧钢板和冷轧钢板两类，其种类视厚度的不同，有薄板、厚板、特厚板和扁钢（带钢）之分。热轧钢板按厚度划分为厚板（厚度大于 4mm）和薄板（厚度为 0.35～4mm）两种；冷轧钢板只有薄板（厚度为 0.2～4mm）一种。建筑用钢板主要是碳素结构钢，一些重型结构、大跨度桥梁、高压容器等也采用低合金钢板。一般厚板可用于焊接结构；薄板可用作屋面或墙面等围护结构，以及涂层钢板的原材料。

钢板还可以用来弯曲为型钢，薄钢板经冷压或冷轧成波形、双曲形、V 形等形状，称为压型钢板。彩色钢板（又为有机涂层薄钢板）、镀锌薄钢板、防腐薄钢板等都可用来制作压型钢板。压型钢板具有单位质量轻、强度高、抗震性能好、施工快、外形美观等特点，主要用于围护结构、楼板、屋面等，还可将其与保温材料等制成复合墙板，用途非常广泛。

6.5.2 钢材的检验项目和取样方法

每批钢材的检验项目、取样数量、取样方法和试验方法应符合表 6.8 所示的规定。

表 6.8 钢材的检验项目、取样数量、取样方法

序号	检验项目	取样数量/个	取样方法
1	化学分析	1（每项）	GB/T 20066
2	拉伸	1	GB/T 2975
3	冷弯		
4	冲击	3	

6.5.3 钢材的选用、腐蚀与防护

1. 钢材的选用原则

1）荷载性质

对经常承受动力或振动荷载的结构，易产生应力集中，引起疲劳破坏，须选用材质高的钢材。

2）使用温度

经常处于低温状态的结构，钢材容易发生冷脆断裂，特别是焊接结构的冷脆倾向更加显著，应该要求钢材具有良好的塑性和低温冲击韧性。

3）连接方式

焊接结构当温度变化和受力性质改变时，易导致焊缝附近的母体金属出现冷、热裂纹，促使结构早期破坏。因此，焊接结构对钢材化学成分和机械性能要求应较严。

4）钢材厚度

钢材的力学性能一般随厚度增大而降低，钢材经多次轧制后，钢的内部结晶组织更为紧密，强度更高，质量更好。故一般结构用的钢材厚度不宜超过 40mm。

5）结构的重要性

选择钢材要考虑结构使用的重要性，如大跨度结构、重要的建筑物结构，需相应地选用质量更好的钢材。

2. 钢材的腐蚀

钢材在使用中，经常与环境中的介质接触，由于环境介质的作用，其中的铁与介质

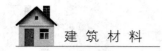

产生化学作用或电化学作用而逐步被破坏,导致钢材腐蚀,亦可称为锈蚀。钢材的腐蚀,轻者使钢材性能下降,重者导致结构破坏,造成工程损失。尤其是钢结构,在使用期间应引起重视。

钢材受腐蚀的原因很多,主要影响因素有环境湿度、侵蚀介质性质及数量、钢材材质及表面状况等。根据其与环境介质的作用,钢材腐蚀分为化学腐蚀和电化学腐蚀两类。

(1)化学腐蚀亦称干腐蚀,属纯化学腐蚀,是指钢材在常温和高温时发生的氧化或硫化作用。钢铁的氧化是由于它与氧化性介质接触产生化学反应而形成的。氧化性气体有空气、氧、水蒸气、二氧化碳、二氧化硫和氯等,反应后生成疏松氧化物。其反应速度随温度、湿度的提高而加速,在干湿交替环境下,腐蚀更为厉害,在干燥环境下,腐蚀速度缓慢,例如:

由 O_2 产生: $Fe + O_2 \longrightarrow FeO, Fe_2O_3, Fe_3O_4$

由 CO_2 产生: $Fe + CO_2 \longrightarrow FeO, Fe_3O_4 + CO$

由 H_2O 产生: $Fe + H_2O \longrightarrow FeO, Fe_3O_4 + H_2$

(2)电化学腐蚀也称湿腐蚀,是由于电化学现象在钢材表面产生局部电池作用的腐蚀。例如在水溶液中的腐蚀和在大气、土壤中的腐蚀等。

钢材在潮湿的空气中,由于吸附作用,在其表面覆盖一层极薄的水膜,由于表面成分或者受力变形等不均匀,使邻近的局部产生电极电位的差别,形成了许多微电池。在阳极区,铁被氧化成 Fe^{+2} 离子进入水膜。因为水中溶有来自空气中的氧,在阴极区氧被还原为 OH^{-1} 离子,两者结合成不溶于水的 $Fe(OH)_2$,并进一步氧化成疏松易剥落的红棕色铁锈 $Fe(OH)_3$。在工业大气的条件下,钢材较容易锈蚀。

钢材在大气中的腐蚀,实际上是化学腐蚀和电化学腐蚀同时作用所致,但以电化学腐蚀为主。

3. 腐蚀防护

钢材的腐蚀有材质的原因,也有使用环境和接触介质的原因,因此,防腐蚀的方法也有所侧重。目前所采用的防腐蚀方法如下。

1)保护层法

在钢材表面施加保护层,使钢与周围介质隔离,从而防止锈蚀。保护层可分为金属保护层和非金属保护层两类。

金属保护层是用耐腐蚀性能好的金属,以电镀或喷镀的方法覆盖在钢材的表面,提高钢材的耐腐蚀能力,如镀锌、镀铬、镀铜和镀镍等。

非金属保护层是在钢材表面用非金属材料作为保护膜,与环境介质隔离,以避免或减缓腐蚀,如喷涂涂料、搪瓷和塑料等。钢结构防止腐蚀用得最多的方法是表面油漆。常用的底漆有:红丹防锈底漆、环氧富锌漆和铁红环氧底漆等。底漆要求有比较好的附着力和防锈蚀能力。常用的面漆有:灰铅漆、醇酸磁漆和酚醛磁漆等。面漆是为了防止底漆老化,且有较好的外观色彩,因此,面漆要求有比较好的耐候性、耐湿性和耐热性,且化学稳定性要好，光敏感性要弱，不易粉化和龟裂。

涂刷保护层之前，应先将钢材表面的铁锈清除干净，目前一般的除锈方法有：钢丝刷除锈、酸洗除锈及喷砂除锈。

2）合金化

在钢材中加入能提高抗腐蚀能力的合金元素，如铬、镍、锡、钛和铜等，制成不同的合金钢，能有效地提高钢材的抗腐蚀能力。

思 考 题

1．何为钢材的冷加工强化和时效处理？其主要目的是什么？

2．为什么 Q235 号钢被广泛用于建筑工程中？

3．低温下承受较大动荷载的焊接结构用钢，要对哪些化学元素的含量加以限制？为什么？可否使用沸腾钢、镇静钢？

4．Q345D 与 Q235A·b 在性能与应用上有何不同？为什么？

5．$40Si_2MnV$ 的含义是什么？与碳素钢相比有何区别？

6．Q235-A·b 与 Q235-A 相比，其可焊性_____。

7．随着含碳量的增加，建筑钢材的可焊性_____。

8．低合金高强度结构钢常用于_____钢结构建筑。

9．寒冷地区承受重级动荷载的焊接钢结构，应选用（   ）。

    A．Q235—A·F   B．Q235—A

    C．Q275   D．Q235—D

10．钢结构设计时，低碳钢强度的取值为（   ）。

    A．σ_s B．σ_b

    C．σ_p D．σ_5

第7章 灌浆材料与其他功能材料

学习目标

掌握常用的防水材料的性能、技术指标及应用。

掌握绝热材料与吸声、隔声材料的原理。

掌握装饰材料的组成、性能以及用途。

了解建筑上常用的灌浆材料、绝热、吸声和隔声材料。

能力目标

能够合理运用灌浆材料，了解功能材料的基理。

7.1 灌 浆 材 料

7.1.1 灌浆材料概述

1. 定义

灌浆材料是在压力作用下注入构筑物的缝隙孔洞之中，具有增加承载能力、防止渗漏以及提高结构的整体性能等效果的一种工程材料。

灌浆材料在孔缝中扩散，然后发生胶凝或固化，堵塞通道或充填缝隙。由于灌浆材料在防水堵漏方面有较好的作用，因此也称堵漏材料。

2. 分类

灌浆材料可分为固粒灌浆材料和化学灌浆材料两大类，化学灌浆材料具有流动性好，能灌入较细的缝隙，凝结时间易于调节等特点而被广泛应用。灌浆材料按组成材料化学成分可分为无机灌浆材料和有机灌浆材料。

3. 基本性能

为保证灌浆材料的作用效果，灌浆材料应具有良好的可灌性、胶凝时间可调性、与被灌体有良好黏结性、良好的强度、抗渗性和耐久性。灌浆材料应根据工程性质、被灌体的状态和灌浆效果等情况，选择并配以相应的灌浆工艺。如为提高被灌体的力学强度和抗变形能力，应选择高强度灌浆材料；而为防渗堵漏，可选用抗渗性能良好的灌浆材料。

7.1.2　常用类型

目前，常用的灌浆材料有：水泥、水玻璃、环氧树脂、甲基丙烯酸甲酯、丙烯酰胺、聚氨酯等，下面分别进行介绍。

1. 水泥灌浆材料

1）性能特点

水泥灌浆材料的基本成分为各类硅酸盐水泥，它是目前使用最多的灌浆材料，具有胶结性能好，没有毒性，固结强度高，施工方便，成本低等优点。

灌浆材料适宜于灌填宽度大于 0.15mm 缝隙，水泥灌浆材料主要用于岩石、基础或结构物的加固和防渗堵漏、后张法预应力混凝土的孔道灌浆以及制作压浆混凝土等。

2）改性方法

为了降低水泥浆体硬化时的收缩、增加黏结力和减少流失，可以在水泥浆中掺加砂子。

为了提高浆液的稳定性和流动性，也可以加入黏土、粉煤灰、矿渣等混合材料。为了调节水泥灌浆材料的胶凝性能，还可加入外加剂如缓凝剂、流化剂、促凝剂等。常用的外加剂见表 7.1。

表 7.1　水泥灌浆材料的外加剂及掺量

名称	外加剂	用量（占水泥量）/%	说明
促凝剂	氯化钙	1～2	加速凝结和硬化
	硅酸钠	0.5～3	加速凝结
	铝酸钠		
缓凝剂	木质磺酸钙	0.2～0.5	缓慢凝结和硬化，增加流动性
	酒石酸	0.1～0.5	
	糖	0.1～0.5	
流化剂	萘磺酸甲醛缩合物	0.2～0.5	
	三聚氰胺甲醛缩合物	0.5	
加气剂	松香树脂皂	0.1～0.2	增加 10% 的空气
	铝粉	0.005～0.02	产生约 15% 的空气
增稠剂	纤维素	0.2～0.3	
	硫酸铝	约 20	产生空气

2. 水玻璃灌浆材料

1）组成

水玻璃是应用最早的化学灌浆材料，主要成分是硅酸钠或硅酸钾，用于灌浆的水玻璃模数以 2.4～2.6 为宜。水玻璃的浓度用波美度表示，以波美度为 50～56 较适宜。

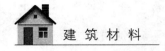

2）性能

水玻璃灌浆材料具有较强的黏结性。水玻璃灌浆材料在促凝剂的作用下，水玻璃水解生成硅酸，并聚合成具有体型结构的凝胶。

常用的促凝剂有：氯化钙、铝酸钠、磷酸、氟硅酸钠、高锰酸钾等，它们对水玻璃灌浆材料性能影响如表 7.2 所示。

表 7.2 促凝剂对水玻璃灌浆材料性能的影响

促凝剂名称	浆液黏度 ($10^{-3}×Pa·s$)	胶凝时间	固结体抗压强度($9.8×10^4Pa$)	灌浆方法
氯化钙	100	瞬时	<30	双液
铝酸钠	5～10	数分钟至几十分钟	<20	单液
碳酸氢钠	2～5	数秒至几十分钟	3～5	单液
磷酸	3～5	数秒至几十分钟	3～5	单液
氟硅酸	3～5	几秒至几十分钟	20～40	单液或双液
乙二醛	2～4	几秒至几十分钟	<20	单液或双液
高锰酸钾	2～3	几秒至几小时	2～3	单液或双液

3）灌浆方法

水玻璃灌浆材料的灌注方法有双液灌浆法和单液灌浆法。

双液灌浆法是将水玻璃浆液与促凝剂在不同的灌浆管或不同的时间内分别灌注。双液法胶凝反应快，胶凝时间短。

单液法则是把两者预先混合均匀后，进行灌注。单液法胶凝时间长，但浆体扩散有效半径比双液法大。

其特点如下：

（1）水玻璃浆液起始黏度低，可灌性好。

（2）水玻璃浆材来源广、造价低、经济效益巨大。

（3）水玻璃浆材主剂毒副作用小、不会污染环境、使用安全。

（4）可以与水泥配合使用，能结合水泥浆材料与水玻璃浆材料两者的优点。

（5）水玻璃类化学灌浆材料是指一系列浆材，可以针对不同施工、水文、地质、土壤条件选用相应种类。

4）应用

水玻璃灌浆材料主要用于土质基础或结构的加固及防渗堵漏。

3. 环氧树脂灌浆材料

1）组成

环氧树脂灌浆材料是以环氧树脂为主体，加入一定比例的固化剂、促进剂、稀释剂、增韧剂等成分而组成的一种化学灌浆材料。

2）分类

环氧树脂主要是双酚 a 型环氧树脂，亦可掺加部分脂肪族环氧树脂、缩水甘油酯型环氧树脂等来改善树脂黏度和固化性能。固化剂和促进剂一般为能在室温下固化的脂肪族胺，如乙二胺、二乙烯三胺、DMP-30 等，稀释剂常用丙酮、苯、二甲苯等，常用的增塑剂有邻苯二甲酸二丁酯、邻苯二甲酸二辛酯、磷酸三乙酯等。

3）性能与应用

环氧树脂灌浆材料具有强度高、黏结力强、收缩小、化学稳定性好等优点，特别对要求强度高的重要结构裂缝的修复和漏水裂缝的处理，效果很好。

4．甲基丙烯酸甲酯灌浆材料

1）组成

甲基丙烯酸甲酯灌浆材料又称甲凝，它是以甲基丙烯酸甲酯、甲基丙烯酸丁酯为主要原材料，加入过氧化苯甲酰（氧化剂）、二甲基苯胺（还原剂）和对苯亚磺酸（抗氧剂）等组分的一种低黏度的灌浆材料，通过单体复合反应而凝结固化。

2）性能与应用

甲基丙烯酸甲酯灌浆材料黏度比水低，渗透力强，扩散半径大，可灌入 0.05～0.1mm的细微裂隙，聚合后强度和黏结力都很高，光稳定性和耐酸碱性均较好。

甲基丙烯酸酯灌浆材料宜于干燥的情况下使用，而不宜于直接堵漏和十分潮湿情况下使用，可用于大坝油管、船坞和基础等混凝土的补强和堵漏。

5．丙烯酰胺灌浆材料

1）组成

丙烯酰胺灌浆材料又称丙凝。它是以丙烯酰胺为基料，并与交联剂、促进剂、引发剂等材料组成的化学灌浆材料。

丙烯酰胺是易溶于水的有机单体，可聚合成线型聚合物。交联剂常用有 N，N′-亚甲基双丙烯酰胺、二羟乙基双丙烯酰胺等，它可以把线型的丙烯酰胺连接成网状结构。

引发剂有过硫酸铵、过硫酸钠等。促进剂有三乙酸胺和 β-二甲胺基丙腈等。

使用前将引发剂和其他材料分别配制两种溶液（甲液、乙液），按一定比例同时进行灌注。浆体在缝隙中聚合成凝胶体而堵塞渗漏通道。

2）性能与应用

丙烯酰胺灌浆材料黏度低，与水接近，可灌性极好。浆料的胶凝时间可以精确调节，胶凝前的黏度保持不变，有较好的渗透性，扩散半径大，能渗透到水泥灌浆材料不能到达的缝隙。但丙烯酰胺灌浆材料的强度低，有一定的毒性，在干燥条件下凝胶会产生不同程度的收缩而造成裂缝。为了提高丙烯酰胺灌浆材料的强度可以掺加脲醛树脂、水泥等材料。

丙烯酰胺灌浆材料主要用于大坝、基础等混凝土的补强和防渗堵漏。

6. 聚氨酯灌浆材料

1）组成

聚氨酯灌浆材料又称氰凝，它是由多异氰酸酯、含羟化合物、稀释剂、阻聚剂及促进剂等配制而成。常用的有多异氰酸酯有甲苯二异氰酸酯(TDI)、二苯基甲烷二异氰酸酯(MDI)、多苯基甲烷多异氰酸酯(PAPI)等。含羟化物常用的是聚醚。

促进剂是为了提高多异氰酸酯与羟基的反应和与水的反应，常用的促进剂有叔胺（如三乙胺、三乙醇胺等）和锡盐（如二丁基二月桂酸锡、氯化亚锡等），它们分别具有提高多异氰酸酯与水反应的活性和促进链的增长与胶凝的作用，常常同时使用。

稀释剂有丙酮、二甲苯、二氯乙烷等，可降低浆料的黏度和提高可灌性。

阻聚剂可延缓多异氰酸酯与羟基反应，常用的有苯磺酰氯等。

2）固化原理

异氰酸酯首先与水反应生成氨（并排出二氧化碳气体），氨与异氰酸酯加成生成不溶于水的凝胶体并同时排出二氧化碳气体，使浆液膨胀，促进浆液向四周渗透扩散，从而堵塞裂缝孔道，达到防水堵漏的目的。

3）性能与应用

聚氨酯灌浆材料形成的聚合体抗渗性强，结石后强度高，胶凝工作时间可控，特别适合于地下工程的渗漏补强和混凝土工程结构补强。

7.2 绝 热 材 料

7.2.1 绝热材料绝热机理

1. 传热方式

热量的传递方式有三种：导热、对流和热辐射。

（1）热导。导热是指由于物体各部分直接接触的物质质点（分子、原子、自由电子）做热运动而引起的热能传递过程。

（2）对流。对流是指较热的液体或气体因遇热膨胀而密度减小，从而上升，冷的液体或气体补充过来，形成分子的循环流动，这样，热量就从高温的地方通过分子的相对位移传向低温的地方。

（3）热辐射。热辐射是一种靠电磁波来传递能量的过程。

2. 传热机理

1）多孔型

多孔型绝热材料起绝热作用的机理如图 7.1 所示。

当热量 Q 从高温面向低温面传递时，在未碰到气孔之前，传递过程为固相中的导热，在碰到气孔后有两条路线。

一条路线仍然是通过固相传递，但其传热方向发生变化，总的传热路线大大增加，从而使传递速度减缓。

另一条路线是通过气孔内气体的传热，其中包括高温固体表面对气体的辐射与对流传热、气体自身的对流传热、气体的导热、热气体对低温固体表面的辐射及对流传热，以及热固体表面和冷固体表面之间的辐射传热。

由于在常温下对流和辐射传热在总的传热中所占的比例很小，故以气孔中气体的导热为主，但由于空气的导热系数仅为 0.029W/ (m·K)[即 0.025kCal/ (m·h·℃)]，大大小于固体的导热系数，故热量通过气孔传递的阻力较大，从而传热速度大大减缓。这就是含有大量气孔的材料能起绝热作用的原因。

2）纤维型

纤维型绝热材料的绝热机理（见图7.2）基本上和通过多孔材料的情况相似。显然，传热方向和纤维方向垂直时的绝热性能比传热方向和纤维方向平行时的要好一些。

3）反射型

反射型绝热材料的绝热机理如图 7.3 所示。

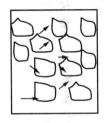 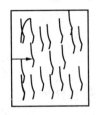 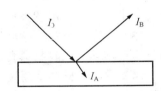

图 7.1　多孔绝热材料绝热机理　　图 7.2　纤维绝热材料绝热机理　　图 7.3　反射绝热材料绝热机理

当外来的热辐射能量 I_0 投射到物体上时，通常会将其中一部分能量 I_B 反射掉，另一部分能量 I_A 被吸收（一般建筑材料都不能穿透热射线，故透射部分忽略不计）。

根据能量守恒原理，则

$$I_A + I_B = I_0$$

或

$$I_A/I_0 + I_B/I_0 = 1$$

式中，比值 I_A/I_0 说明材料对热辐射的吸收性能，用吸收率"A"表示，比值 I_B/I_0 说明材料的反射性能，用反射率"B"表示，即

$$A + B = 1$$

由此可以看出，凡是反射能力强的材料，吸收热辐射的能力就小；反之，如果吸收能力强，则其反射率就小。

故利用某些材料对热辐射的反射作用（如铝箔的反射率为 0.95）在需要绝热的部位表面贴上这种材料，就可以将绝大部分外来热辐射（如太阳光）反射掉，从而起到绝热的作用。

7.2.2 绝热材料的性能

1. 导热系数

1）概述

导热系数是材料导热性能的一个物理指标。

保温性能主要用导热系数做指标，$\lambda\downarrow$导热性$\downarrow$反之易然。

个别材料的导热系数差别很大，大致为 0.03489～3.489W/(m·K)。如空气λ=0.02326 W/(m·K)、泡膜塑料λ=0.03489 W/(m·K)、水λ=0.5815 W/(m·K)。

导热系数能说明材料本身热量传导能力的大小，它受本身物质构成、孔隙率、材料所处环境的温、湿度及热流方向的影响。

2）影响因素

（1）材料的物质构成。材料的导热系数受自身物质的化学组成和分子结构的影响。化学组成和分子结构比较简单的物质比结构复杂的物质有较大的导热系数。

（2）孔隙率。由于固体物质的导热系数比空气的导热系数大得多，故材料的孔隙率越大，一般来说，材料的导热系数越小。材料的导热系数不仅与孔隙有关，而且还与孔隙的大小、分布、形状及连通状况有关。

（3）温度。材料的导热系数随着温度的升高而增大，因为温度升高，材料固体分子的热运动增强，同时材料孔隙中空气的导热和孔壁间的辐射作用也有所增加。

（4）湿度。材料受潮吸水后，会使其导热系数增大。这是因为水的导热系数比空气的导热系数要大 20 倍左右所致。若水结冰，则由于冰的导热系数为空气的导热系数的 80 倍左右，从而使材料的导热系数增加更多。

（5）热流方向。对于纤维状材料，热流方向与纤维排列方向垂直时，材料表现出的导热系数要小于平行时的导热系数。这是因为前者可对空气的对流等起有效的阻止作用所致。

2. 温度稳定性

材料在受热作用下保持其原有性能不变的能力，称为绝热材料的温度稳定性。

3. 吸湿性

绝热材料从潮湿环境中吸收水分的能力称为吸湿性。一般其吸湿性越大，对绝热效果越不利。

4. 强度

绝热材料的机械强度和其他建筑材料一样是用极限强度来表示的，通常采用抗压强度和抗折强度。

由于绝热材料含有大量的孔隙，故其强度一般均不大，因此不宜将绝热材料用于承受外界荷载部位。对于某些纤维材料，有时常用材料达到某一变形时的承载能力作为其强度代表值。

5. 选择原则

选用绝热材料时，应考虑其主要性能达到如下指标：

（1）导热系数不宜大于 0.23W/(m·K)。

（2）表观密度或堆积密度不宜大于 600kg/m³。

（3）块状材料的抗压强度不低于 0.3MPa。

（4）绝热材料的温度稳定性应高于实际使用温度。

在实际应用中，由于绝热材料抗压强度等一般都很低，常将绝热材料与承重材料复合使用。另外，由于大多数绝热材料都具有一定的吸水、吸湿能力，故在实际使用时，需在其表层加防水层或隔汽层。

7.2.3　常用绝热材料

1. 硅藻土

硅藻土是一种被称为硅藻的水生植物的残骸。在显微镜下观察，可以发现硅藻土是由微小的硅藻壳构成，硅藻壳的大小在 5～400μm 之间，每个硅藻壳内包含大量极细小的微孔，其孔隙率为 50%～80%，因此硅藻土有很好的保温绝热性能。

硅藻土的化学成分为含水非晶质二氧化硅，其导热系数 A=0.060W/(m·K)，最高使用温度约为 900℃。硅藻土常用作填充料，或用其制作硅藻土砖等。

2. 膨胀蛭石

蛭石是一种复杂的镁、铁含水铝硅酸盐矿物，由云母类矿物经风化而成，具有层状结构。

将天然蛭石经破碎、预热后快速通过煅烧带可使蛭石膨胀 20～30 倍，煅烧后的膨胀蛭石表观密度可降至 87～900 kg/m³，导热系数 A=0.046～0.07W/(m·K)，最高使用温度为 1000～1100℃。膨胀蛭石除可直接用于填充材料外，还可用胶结材（如水泥、水玻璃等）将膨胀蛭石胶结在一起制成膨胀蛭石制品。

3. 膨胀珍珠岩

珍珠岩是由地下喷出的熔岩在地表水中急冷而成，具有类似玉髓的隐晶结构。

珍珠岩（以及松脂岩、黑曜岩）经破碎、预热后，快速通过煅烧带，可使珍珠岩体积膨胀约 20 倍。膨胀珍珠岩的堆积密度为 40～500kg/m³，导热系数丸=0.047～0.070 W/(m·K)，最高使用温度为 800℃，最低使用温度为–200℃。膨胀珍珠岩除可用作填充材料外，还可与水泥、水玻璃、沥青、黏土等结合制成膨胀珍珠岩绝热制品。

4. 发泡黏土

将一定矿物组成的黏土（或页岩）加热到一定温度，会产生一定数量的高温液相，同时会产生一定数量的气体，由于气体受热膨胀，使其体积胀大数倍，冷却后即得到发泡黏土（或发泡页岩）轻质骨料。

其堆积密度约为 350 kg/m³；导热系数为 0.105W/(m·K)。

发泡黏土可用作填充材料和混凝土轻骨料。

5. 轻质混凝土

轻骨料混凝土由于采用的轻骨料有多种，如黏土陶粒、膨胀珍珠岩等，采用的胶结材也有很多种，如普通硅酸盐水泥、矾土水泥、水玻璃等，从而使其性能和应用范围变化很大。以水玻璃为胶结材，以陶粒为粗骨料，以蛭石砂为细骨料的轻骨料混凝土，其表观密度约为 1100 kg/m³，导热系数为 0.222W/(m·K)。

多孔混凝土主要有泡沫混凝土和加气混凝土。泡沫混凝土的表观密度约为 300～500kg/m³，导热系数为 0.082～0.186W/(m·K)；加气混凝土的表观密度为 400～700kg/m³，导热系数为 0.093～0.164W/(m·K)。

6. 微孔硅酸钙

微孔硅酸钙是以石英砂、普通硅石或活性高的硅藻土以及石灰为原料经过水热合成的绝热材料。其主要水化产物为托贝莫来石或硬硅钙石。

以托贝莫来石为主要水化产物的微孔硅酸钙，其表观密度约为 200kg/m³，导热系数约为 0.047W/(m·k)，最高使用温度约为 650℃。

以硬硅钙石为主要水化产物的微孔硅酸钙，其表观密度约为 230kg/m³，导热系数约为 0.056W/(m·k)，最高使用温度约为 1000℃。

7. 泡沫玻璃

用玻璃粉和发泡剂配成的混合料经煅烧而得到的多孔材料称为泡沫玻璃。

根据所用发泡剂化学成分的差异，在泡沫玻璃的气相中所含有的气体有碳酸气、一氧化碳、硫化氢、氧气、氮气等，其气孔尺寸为 0.1～5mm，且绝大多数气孔是孤立的。

泡沫玻璃的表观密度为 150～600kg/m³，导热系数为 0.058～0.128W/(m·K)，抗压强度为 0.8～15MPa，最高使用温度为 300～400℃（采用普通玻璃）、800～1000℃（采用无碱玻璃）。

泡沫玻璃可用来砌筑墙体，也可用于冷藏设备的保温，或用作漂浮、过滤材料。

8. 岩棉及矿渣棉

岩棉和矿渣棉统称矿物棉，由熔融的岩石经喷吹制成的称为岩棉，由熔融矿渣经喷吹制成的称为矿渣棉。

将矿棉与有机胶结剂结合可以制成矿棉板、毡、筒等制品，其堆积密度为 45～150 kg/m³，导热系数为 0.049～0.044W/(m·K)，最高使用温度约为 600℃。

矿棉也可制成粒状棉，用作填充材料，其缺点是吸水性大、弹性小。

9. 玻璃棉

将玻璃熔化后从流口流出的同时，用压缩空气喷吹形成乱向玻璃纤维称为玻璃棉。

玻璃棉堆积的密度为 10～120kg/m³，导热系数为 0.041～0.035W/(m·K)；其最高使用温度：采用普通有碱玻璃时为 350℃，采用无碱玻璃时为 600℃。

玻璃棉除可用作围护结构及管道绝热外，还可用于低温保冷工程。

10. 陶瓷纤维

陶瓷纤维是采用氧化硅、氧化铝为原料，经高温熔融、喷吹制成的。

其纤维直径为 2～4mm，堆积密度为 140～190kg/m³，导热系数为 0.044～0.049 W/(m·K)，最高使用温度为 1100～1350℃。

陶瓷纤维可制成毡、毯、纸、绳等制品，用于高温绝热，还可将陶瓷纤维用于高温下的吸声材料。

11. 吸热玻璃

在普通的玻璃中加入氧化亚铁等能吸热的着色剂或在玻璃表面喷涂氧化锡可制成吸热玻璃。

这种玻璃与相同厚度的普通玻璃相比，其热阻挡率可提高 2.5 倍，我国生产的茶色、灰色、蓝色等玻璃即为此类玻璃。

12. 热反射玻璃

在平板玻璃表面采用一定的方法涂敷金属或金属氧化膜，可制得热反射玻璃。该玻璃的热反射率可达 40%，从而可起绝热作用。

热反射玻璃多用于门、窗、橱窗上，近年来广泛地用作高层建筑的幕墙玻璃。

13. 中空玻璃

中空玻璃是由两层或两层以上平板玻璃或钢化玻璃、吸热玻璃及热反射玻璃，以高强度气密性的密封材料将玻璃周边加以密封，而玻璃之间一般留有 10～30mm 的空间并充入干燥空气而制成。

如中间的空气层厚度为 10mm 的中空玻璃，其导热系数为 0.100W/(m·K)，而普通玻璃的导热系数为 0.756W/(m·K)。

14. 碳化软木板

碳化软木板是以一种软木橡树的外皮为原料，经适当破碎后再在模型中成型，在300℃左右热处理而成的。其表观密度为 105～437 kg/m³，导热系数为 0.044～0.079 W/(m·K)，最高使用温度为 130℃，由于其低温下长期使用不会引起性能的显著变化，故常用做保冷材料。

15. 纤维板

纤维板是采用木质纤维或稻草等草质纤维经物理化学处理后，加入水泥、石膏等胶结剂，再经过滤压而成的。其表观密度为 210～1150 kg/m³，导热系数为 0.058～0.307 W/(m·K)，可用于墙壁、地板、顶棚等，也可用于包装箱、冷藏库等。

16. 蜂窝板

蜂窝板是由两块较薄的面板，中间牢固地黏结一层较厚的蜂窝状芯材而成的板材，亦称蜂窝夹层结构。

蜂窝状芯材是指采用浸渍过合成树脂（酚醛、聚酯等）的牛皮纸、玻璃布和铝片，经过加工黏合成六角形空腹（蜂窝状）的整块芯材。

芯材的厚度在 1.5～450mm 范围内，空腔的尺寸为 10mm 左右。常用的面板为浸渍过树脂的牛皮纸或不经树脂浸渍的胶合板、纤维板、石膏板等。

此外，还有一些绝热材料新品种，如彩钢夹芯板、多孔陶瓷、绝热涂料、PE/EVA 发泡塑料、气凝胶等，在此不一一详述。

表 7.3 列出常用绝热材料的组成及基本性能。

表 7.3 常用的绝热材料简表

名称	主要组成	导热系数 W/(m·K)	主要应用
硅藻土	无定形 SiO₂	0.060	填充料、硅藻土砖等
膨胀蛭石	铝硅酸盐矿物	0.046～0.070	填充料、轻集料等
膨胀珍珠岩	铝硅酸盐矿物	0.047～0.070	填充料、轻集料等
微孔硅酸钙	水化硅酸钙	0.047～0.056	绝热管、砖等
泡沫玻璃	硅、铝氧化物玻璃体	0.058～0.128	绝热砖、过滤材料等
岩棉及矿棉	玻璃体	0.044～0.049	绝热板、毡、管等
玻璃棉	钙硅铝系玻璃体	0.035～0.041	绝热板、毡、管等
泡沫塑料	高分子化合物	0.031～0.047	绝热板、管及填充等
中空玻璃	玻璃	0100	窗、隔断等
纤维板	木材	0.058～0.307	墙壁、地板、顶棚等

7.3　吸声、隔声材料

7.3.1　吸声材料

1. 吸声材料吸声机理

声音起源于物体的振动，产生振动的物体称为声源。声源发声后迫使邻近的空气跟着振动而形成声波，并在空气介质中向四周传播。声音在传播的过程中，一部分由于声能随着距离的增大而扩散，另一部分则因空气分子的吸收而减弱。当声波遇到材料表面时，入射声能的一部分从材料表面反射，另一部分则被材料吸收，这样，就起到了吸声的作用。

被吸收声能（E）和入射角声能（E_0）之比，称为吸声系数 α，即

$$\alpha = E/E_0$$

2. 吸声材料

同一材料，对于高、中、低不同频率的吸声系数不同。材料的吸声系数越高，吸声效果越好。

为了全面反映材料的吸声特性，通常取 125Hz、250Hz、500Hz、1000Hz、2000Hz、4000Hz 等六个频率的吸声系数来表示材料吸声的频率特性。凡六个频率的平均吸声系数大于 0.2 的材料，可称为吸声材料。

为发挥吸声材料的作用，材料的气孔应是开放的，且应相互连通，气孔越多，吸声性能越好。

大多数吸声材料强度较低，因此，吸声材料应设置在护壁台以上，以免撞坏。吸声材料易于吸湿，安装时应考虑到胀缩的影响，还应考虑防水、防腐、防蛀等问题。尽可能使用吸声系数较高的材料，以便使用较少的材料达到较好的效果。

3. 吸声材料的应用

在音乐厅、影剧院、大会堂、播音室等内部的墙面、地面、顶棚等部位，适当采用吸声材料，能改善声波在室内传播的质量，保持良好的音响效果。

4. 吸声材料的类型

吸声材料按吸声机理的不同可分为两类吸声材料：一类是多孔性吸声材料，另一类是吸声的柔性材料、膜状材料、板状材料和穿孔板。

1）多孔性吸声材料

多孔性吸声材料由纤维质和开孔型结构材料组成。

其吸声机理是：多孔性吸声材料从表面到内部存在许多细小的敞开孔道，当声波入

射至材料表面时，声波很快顺着微孔进入材料内部，引起孔隙内的空气振动，由于摩擦、空气黏滞阻力和材料内部的热传导作用，使相当一部分声能转化为热能而被吸收。

绝热材料一般具有封闭的互不连通的气孔，这种气孔越多，则保温绝热效果越好。对于吸声材料，则具有开放的互相连通的气孔，这种气孔愈多，则其吸声性能愈好。

2）吸声的柔性材料、膜状材料、板状材料和穿孔板

其组成为：柔性材料、膜状材料、板状材料和穿孔板。

其吸声机理是：在声波作用下发生共振作用使声能转变为机械能被吸收。

它们对于不同频率有择优倾向：柔性材料和穿孔板以吸收中频声波为主，膜状材料以吸收低中频声波为主，而板状材料以吸收低频声波为主。

5. 吸声材料的结构形式

1）多孔性吸声材料

多孔性吸声材料是比较常用的一种吸声材料。多孔性吸声材料的吸声性能与材料的表观密度和内部构造有关。在建筑装修中，吸声材料的厚度、材料背后的空气层以及材料的表面状况也对吸声性能产生影响。

（1）材料表观密度和构造的影响：多孔材料表观密度增加，意味着孔减少，能使低频吸声效果有所提高，但高频吸声性能却下降。材料孔隙率高、孔隙细小，吸声性能较好，孔隙过大，效果较差。但过多的封闭微孔，对吸声不一定有利。

（2）材料厚度的影响：多孔材料的低频吸声系数，一般随着厚度的增加而提高，但厚度对高频影响不显著。材料的厚度增加到一定程度后，吸声效果的变化就不明显。所以，为了提高材料吸声性能而无限制地增加厚度是不适宜的。

（3）背后空气层的影响：大部分吸声材料都是周边固定在龙骨上，安装在离墙面5～15mm 处。材料背后空气层的作用相当于增加了材料的厚度，吸声效能一般随着空气层厚度的增加而提高。当材料离墙面的安装距离（即空气层厚度）等于 1/4 波长的奇数倍时，可获得最大的吸声系数。根据这个原理，借调整材料背后空气层厚度的办法，可达到提高吸声效果的目的。

（4）表面特征的影响：吸声材料表面的空洞和开口孔隙对吸声是有利的。当材料吸湿或表面喷涂油漆、孔口充水或堵塞，会大大降低吸声材料的吸声效果。

2）薄板振动吸声结构

建筑中常用胶合板、薄木板、硬质纤维板、石膏板、石棉水泥或金属板等，把它们的周边固定在墙或顶棚的龙骨上，并在背后留有空气层，即成薄板振动吸声结构。

薄板振动吸声结构的特点是具有低频吸声特性，同时还有助于声波的扩散。

薄板振动吸声结构是在声波的作用下发生振动，板振动时由于板内部和龙骨间出现摩擦损耗，使声能转变为机械振动，而起吸声作用。由于低频声波比高频声波更容易激起薄板产生振动，所以具有低频吸声特性。

建筑中常用的薄板振动吸声结构的共振频率在 80～300Hz，在此共振频率附近的吸声系数最大，为 0.2～0.5，而在其他频率附近的吸声系数就较低。

3）共振腔吸声结构

共振腔吸声结构的吸声机理：当瓶腔内空气受到外力激荡，会按一定的频率振动，这就是共振吸声器。每个单独的共振器都有一个共振频率，在其共振频率附近，由于颈部空气分子在声波的作用下像活塞一样进行往复运动，因摩擦而消耗了声能。若在腔口蒙一层细布或疏松的棉絮，可以加宽和提高共振频率范围的吸声量。为了获得较宽频带的吸声性能，常采用组合共振腔吸声结构或穿孔板组合共振腔吸声结构。

共振腔吸声结构的结构特点是共振腔吸声结构具有封闭的空腔和较小的开口，很像个瓶子。

4）穿孔板组合共振腔吸声结构

吸声结构由穿孔的胶合板、硬质纤维板、石膏板、石棉水泥板、铝合板、薄钢板等，将周边固定在龙骨上，并在背后设置空气层而构成。这种吸声结构在建筑中使用得比较普遍。

穿孔板组合共振腔吸声结构吸声机理：穿孔板组合共振腔吸声结构具有适合中频的吸声特性。穿孔板厚度、穿孔率、孔径、孔距、背后空气层厚度以及是否填充多孔吸声材料等，都直接影响吸声结构的吸声性能。

穿孔板组合共振腔吸声结构的结构特点：这种吸声结构与单独的共振吸声器相似，可看做由多个单独共振器并联而成。

5）柔性吸声材料

柔性吸声材料吸声机理：具有密闭气孔，声波引起的空气振动不易直接传递到材料内部，只能相应地产生振动，在振动过程中由于克服材料内部的摩擦而消耗了声能，引起声波衰减。这种材料的吸声特性是在一定的频率范围内出现一个或多个吸收频率。

柔性吸声材料结构特点：具有密闭气孔和一定弹性的材料，如聚氯乙烯泡沫塑料，表面仍为多孔材料。

6）悬挂空间吸声体

悬挂空间吸声体，由于声波与吸声材料的两个或两个以上的表面接触，增加了有效的吸声面积，产生了边缘效应，加上声波的衍射作用，大大地提高实际的吸声效果。

实际使用时，可根据不同的使用地点和要求，设计成各种形式的悬挂在顶棚下的空间吸声体。空间吸声体有平板形、球形、圆锥形、棱锥形等多种形式。

7）帘幕吸声体

帘幕吸声体是用具有通气性能的纺织品，安装在离墙面或窗洞一定距离处，背后设置空气层。

这种吸声体对中、高频都有一定的吸声效果。帘幕的吸声效果还与材料种类有关。帘幕吸声体安装、拆卸方便，兼具装饰作用，应用价值较高。

常用的吸声材料及吸声结构的构造如表 7.4 所示。

表 7.4　常用吸声材料及吸声结构的构造

类别	多孔吸声材料	薄板振动吸声结构	共振腔吸声结构	穿孔板组合吸声结构	特殊吸声结构
构造图例					
举例	玻璃棉 矿棉 木丝板 半穿孔纤维板	胶合板 硬质纤维板 石棉水泥板 石膏板	共振吸声器	穿孔胶合板 穿孔铝板 微穿孔板	空间吸声体 帘幕体

7.3.2　隔声材料

1. 隔声材料隔声机理

声波传播到材料或结构时，因材料或结构吸收会失去一部分声能，透过材料的声能总是小于作用于材料或结构的声能，这样材料或结构就起到了隔声作用。

2. 隔声材料隔声能力

描述隔声材料隔声能力的指标是透射系数和隔声量。

1）透射系数

材料的隔声能力可通过材料对声波的透射系数 τ 来衡量的。

$$\tau = E_\tau / E$$

材料的透射系数越小，说明材料的隔声性能越好。

2）隔声量

工程上常用构件的隔声量 R（单位 dB）来表示构件对空气的声隔绝能力，它与透射系数的关系为

$$R = -10\lg\tau$$

同一材料或结构对不同频率的入射声波有不同的隔声量。

3. 声波传递

声波在材料或结构中传递的基本途径有两种：空气声和结构声。

1）空气声

空气声是指经由空气直接传播，或者是声波使材料或构件产生振动，使声音传至另一空间中去。

2）结构声（固体声）

结构声是指由于机械振动或撞击使材料或构件振动发声。

4. 隔声分类

对于不同的声波传播途径的隔绝可采取不同的措施，选择适当的隔声材料或结构。隔声结构的分类如表 7.5 所示。

表 7.5　隔声的分类

分类		提高隔声的措施
空气声隔绝	单层墙空气声隔绝	1. 提高墙体的单位面积质量和厚度； 2. 墙与墙接头不存在缝隙； 3. 黏贴或涂抹阻尼材料
	双层墙的空气声隔绝	1. 采用双层分离式隔墙； 2. 提高墙体的单位面积质量； 3. 黏贴或涂抹阻尼材料
	轻型墙的空气声隔绝	1. 轻型材料与多孔或松软吸声材料多层复合； 2. 各层材料质量不等，避免非结构谐振； 3. 加大双层墙间的空气层厚度
	门窗的空气声隔绝	1. 采用多层门窗； 2. 设置铲口，采用密封条等材料填充缝隙
结构声隔绝	撞击声的隔绝	1. 面层增加弹性层； 2. 采用浮筑接面，使面层和结构层之间减振； 3. 增加吊顶

5. 提高隔声的措施

（1）对结构声隔声最有效的措施是以弹性材料作为楼板面层，直接减弱撞击能量。

（2）在楼板基层与面层间加弹性垫层材料形成浮筑层，减弱撞击产生的振动。

（3）在楼板基层下设置弹性吊顶，减弱楼板振动向下辐射的声能。

7.3.3　吸声与隔声材料的选择

1. 隔声材料

对空气声的隔声而言，墙或板传声的大小，主要取决于其单位面积质量，质量越大，越不易振动，则隔声效果越好，因此，应选择密实、沉重的材料（如黏土砖、钢板、钢筋混凝土等）作为隔声材料。

2. 吸声材料

吸声性能好的材料，一般为轻质、疏松、多孔的材料，不能简单地就把它们作为隔声材料来使用。

思 考 题

1. 简述影响材料导热系数的主要因素。
2. 材料的孔隙大小及其形态特征对材料的性质有何影响?
3. 灌浆材料主要有哪些? 对应的使用范围有何不同?
4. 绝热材料的传热材料有哪些? 主要的传热机理有哪些?
5. 吸声隔声材料的主要机理是什么?

第 2 部分

材料试验指导

第8章 水泥性质试验

📎 **内容与要求**

本试验为验证型试验，包括水泥的标准稠度用水量、凝结时间、体积安定性及胶砂强度试验。要求学生按照试验方法进行称料拌和、试件成型及试验并测定水泥胶砂 28 d 的抗折和抗压强度。

8.1 水泥标准稠度用水量试验

8.1.1 试验目的

检验水泥的凝结时间与体积安定性时，水泥浆的稠度影响试验结果。为了便于比较，规定用标准稠度的水泥净浆试验。所以，测定凝结时间与安定性之前，先要测定水泥的标准稠度用水量。

水泥凝结时间的长短与施工关系密切：初凝过早，给施工造成困难；终凝太迟，将影响施工进度。因此必须了解水泥的凝结时间。

8.1.2 主要仪器设备

（1）水泥净浆搅拌机：应符合《水泥净浆搅拌机》（JC/T 729—2005）的要求。

（2）标准稠度测定仪与凝结时间测定仪如图 8.1 所示，滑动部分的总重为（300±2）g；金属空心试锥，锥底直径 40mm，高 50mm；装净浆用锥模，上口内径 60mm，锥高 75mm。

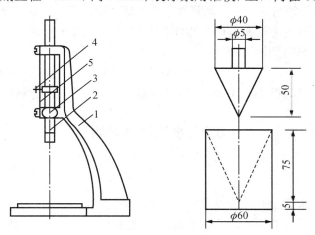

图 8.1 标准稠度测定仪

（3）量水器（最小刻度为0.1mL，精度为1%）；天平（能准确称量至1g）。

（4）代用法维卡仪：应符合《水泥净浆标准稠度与凝结时间测定仪》（JC/T 727—2005）的要求。

8.1.3 试验步骤

1. 试验前必须做到

（1）维卡仪的金属棒能自由滑动。

（2）调整至试杆接触玻璃板时指针对准零点。

（3）搅拌机运行正常。

2. 水泥净浆的拌制

搅拌锅和搅拌叶片先用湿棉布擦过，将称好的500g水泥试样倒入搅拌锅内。拌和时，先将锅放到搅拌机锅座上，升至搅拌位置，开动机器，同时徐徐加入拌和水，慢速搅拌120s，停拌15s，接着快速搅拌120s后停机。采用调整水量的方法，拌和水量按经验找水，采用不变水量方法时，拌和水量为142.5mL水，水量精确至0.5mL。

3. 标准稠度的测定

拌和结束后，立即将拌好的净浆装入锥模内，用小刀插捣，振动数次，刮去多余的净浆，抹平后迅速放到试锥下面的固定位置上，将试锥降至净浆表面，拧紧螺丝，然后突然放松，让试锥自由地流入净浆中，到试锥停止下沉时记录试锥下沉的深度。整个操作应在搅拌后1.5min内完成。

（1）用调整水量的方法测定时，以试锥下沉深度（28±2）mm时的净浆为标准稠度净浆。其拌和水量为该水泥的标准稠度用水量 P（%），按水泥质量的百分比表示。如下沉深度超出了范围，须另称试样，调整水量，重新试验，直至达到（28±2）mm时为止。

（2）用不变水量的方法测定时，根据测得的试锥下沉深度 S（mm），按下式（或仪器上对应标尺）计算得到标准稠度用水量 P（%）。

$$P=33.4-0.185S$$

注：当试锥下沉深度小于13mm时，应改用调整水量的方法测定。

8.2 水泥凝结时间

8.2.1 试验目的

测定水泥自加水后至开始凝结（初凝）以及凝结完（终凝）所有的时间，即称为凝结时间。水泥凝结时间的长短，反映水泥的水化速度，用于评定水泥的物理性质，进而指导施工和生产。

8.2.2　主要仪器设备

（1）凝结时间测定仪与测定标准稠度时所用的测定仪相同，但试锥应换成针，装净浆用的锥模应换成圆模，如图 8.2 所示。

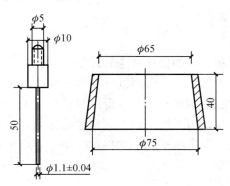

图 8.2　试针及圆模

（2）净浆搅拌机与测定标准稠度时所用的相同。

（3）养护箱：以便控制温度、湿度在规定的范围内。

（4）天平、量水器等。

8.2.3　试验步骤

1.　测定前准备工作

调整凝结时间测定仪的试针接触玻璃板时，指针对准零点。

2.　试件的制备

以标准稠度用水量制成标准稠度净浆一次装满试模，振动数次刮平，立即放入湿气养护箱中。记录水泥全部加入水中的时间作为凝结时间的起始时间。

3.　初凝时间的测定

试件在湿气养护箱中养护至加水后 30min 时进行第一次测定。测定时，从湿气养护箱中取出［温度为（20±1）℃，相对湿度不低于 90%］试模放到试针下，降低试针与水泥净浆表面接触，拧紧螺丝 1～2s 后，突然放松，试针垂直自由地沉入水泥净浆。观察试针停止下沉或释放试针 30s 时指针的读数。当试针沉至距底板（4±1）mm 时，为水泥达到初凝状态；由水泥全部加入水中至初凝状态的时间为水泥的初凝时间，用 min 表示。

4.　终凝时间的测定

为了准确观测试针沉入的状况，在终凝针上安装了一个环形附件。在完成初凝时间

测定后，立即将试模连同浆体以平移的方式从玻璃板上取下，翻转 180°，直径大端向上，小端向下放在玻璃板上，再放入湿气养护箱中继续养护，临近终凝时间时每隔 15min 测定一次，当试针沉入试体 0.5mm 时，即环形附件开始不能在试体上留下痕迹时，为水泥达到终凝状态，由水泥全部加入水中至终凝状态的时间为水泥的终凝时间，用 min 表示。

5. 测定时的注意事项

测定时应注意，在最初测定的操作时应轻轻扶持金属柱，使其徐徐下降，以防试针撞弯，但结果以自由下落为准；在整个测试过程中，试针沉入的位置至少要距试模内壁 10mm。临近初凝时每隔 5min 测定一次，临近终凝时每隔 15min 测定一次，到达初凝或终凝时应立即重复测定一次，当两次结论相同时才能定为到达初凝或终凝状态。每次测定不能让试针落入原针孔，每次测试完毕须将试针擦净并将试模放回湿气养护箱内，整个测试过程要防止试模受振。

8.3　水泥体积安定性

8.3.1　试验目的

检查水泥硬化后体积变化是否均匀，是否固体积变化不均匀而产生裂缝或弯曲现象。因为用体积安定性不良的水泥制成混凝土时，将使混凝土产生裂缝，引起工程质量降低，甚至破坏，造成严重损失，也引起漏水和易腐蚀。

8.3.2　主要仪器设备

（1）沸煮箱：有效容积约为 410mm×240mm×310mm，箅板结构应不影响试验结果，箅板与加热器之间的距离大于 50mm。箱的内层由不易锈蚀的金属材料制成，能在（30 ± 5）min 内将箱内的试验用水由室温升至沸腾并可保持沸腾状态 3h 以上，整个过程中不需补充水量。

（2）雷氏夹：由铜质材料制成，其结构如图 8.3 所示。当一根指针的根部先悬挂在一根金属丝或尼龙丝上，另一根指针的根部再挂上 300g 质量的法码时，两根指针的针尖距离增加应在（17.5±2.5）mm 范围之内，即 $2x=$（17.5±2.5）mm（见图 8.4），当去掉砝码后针尖的距离能恢复至挂砝码前的状态。

（3）雷氏夹膨胀值测定仪：如图 8.4 所示，标尺最小刻度为 1mm。

（4）玻璃板、抹刀、直尺等。

（5）其他仪器设备与测定标准稠度用水量试验相同。

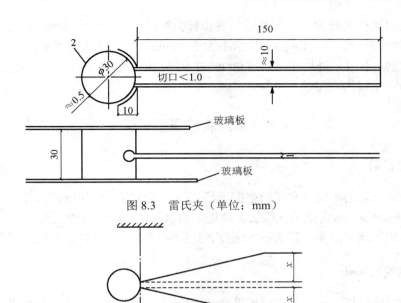

图 8.3　雷氏夹（单位：mm）

图 8.4　雷氏夹受力示意图

8.3.3　试验步骤

1. 测定前准备工作

每个试样需成型两个试件，每个雷氏夹需配备重量为 75～85g 的玻璃板两块，凡与水泥净浆接触的玻璃板和雷氏夹内表面都要稍稍涂上一层油。

2. 雷氏夹试件的成型

将预先准备好的雷氏夹放在已稍擦油的玻璃板上，并立即将已制好的标准稠度净浆一次装满雷士夹，装浆时一只手轻轻扶持雷氏夹，另一只手用宽约 10mm 的小刀插捣数次，然后抹平，盖上稍涂油的玻璃板，接着立即将试件移至湿气养护箱内养护（24±2）h。

3. 沸煮

（1）调整好沸煮箱内的水位，使能保证在整个沸煮过程中都超过试件，不需中途添补试验用水，同时又能保证在（30±5）min 内升至沸腾。

（2）移去玻璃板取下试件，先测量雷氏夹指针尖端间的距离（A），精确到 0.5mm，接着将试件放入沸煮箱水中的试件架上，指针朝上，然后在（30±5）min 内加热至沸并恒沸（180±5）min。

（3）结果判别：沸煮结束后，立即放掉沸煮箱中的热水，打开箱盖，待箱体冷却

至室温，取出试件进行判别。测量雷氏夹指针尖端的距离（C），准确至 0.5mm，当两个试件煮后增加距离（$C-A$）的平均值不大于 4.0mm 时，即认为该水泥安定性合格，当两个试件的（$C-A$）值相差超过 4.0mm 时，应用同一样品立即重做一次试验。再如此，则认为该水泥为安定性不合格。

8.4 水泥胶砂强度试验

8.4.1 试验目的

本试验主要是为了检验水泥的强度等级。根据《水泥胶砂强度检验方法（ISO 法）》（GB 17671—1999）规定采用软练法。按规定的水灰比，用标准成型的方法，在标准养护条件下养护至规定龄期，测其抗折强度和抗压强度，以此来确定水泥的强度等级。

8.4.2 主要仪器设备

（1）胶砂搅拌机：一种工作时搅拌叶片既绕自身轴线自转，又沿搅拌锅周边公转，运动轨迹似行星式的水泥胶砂搅拌机，如图 8.5 所示。

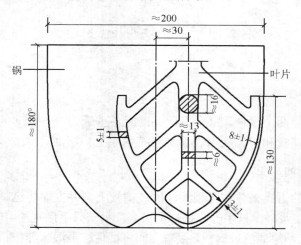

图 8.5 砂浆搅拌机（单位：mm）

（2）胶砂振实台：由可以跳动的台盘和使其跳动的凸轮等组成，如图 8.6 所示。

（3）试模：胶砂试模由同时可成型三条 400mm×40mm×160mm 棱柱体的可拆卸试模，隔板、端板、底座、紧固装置及定位销组成。

（4）抗折试验机：一般采用双杠杆的，也可采用性能符合要求的其他试验机。

（5）抗压试验机及抗压夹具：抗压试验机以 200～300kN 为宜，误差不得超过上±2%；抗压夹具由硬质钢材制成，受压面积为 4cm×6.25cm。

（6）天平（精度：±1g）、量水器（精度：±1mL）等。

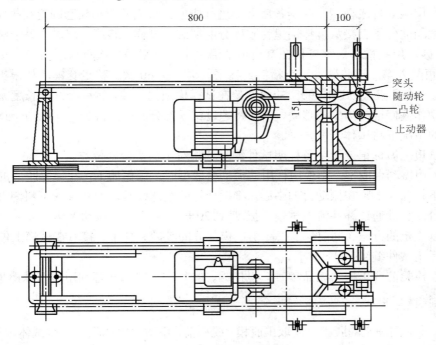

图 8.6　胶砂振实台（单位：mm）

8.4.3　试验步骤

1. 试件成型

（1）成型前将试模擦净，四周模板与底座的接触面上应涂黄油，紧密装配，防止漏浆。内壁均匀地刷一薄层机油。

（2）标准砂应符合"中国 ISO 标准砂"质量要求。

（3）每锅胶砂成型三条试件。除火山灰水泥外，每锅砂按质量：标准砂：水=1：3：0.5，用天平称取（450±2）g、中国 ISO 标准砂（1350+5）g，量水器量取（225±1）ml 水。

火山灰水泥的用水量按 0.5 的水灰比，并且火山灰水泥的胶砂流动度不小于 180mm来确定。当流动度小于 180mm 时，须用 0.01 的整数倍递增的方法将水灰比调整为砂浆流动度不小于 180mm。

（4）胶砂搅拌：先将水倒入搅拌锅内，再加入水泥，把锅放在固定架上，上升至固定位置。然后立即开动机器，低速搅拌 30s 后，在第二个 30s 开始的同时均匀地将砂子加入。当各级砂是分装时，从最粗粒级开始，依次将每级砂的量加完。把机器转至高速再搅拌 30s，停拌 90s，在第一个 15s 内用一胶皮刮具将叶片和锅壁上的胶砂刮入锅中间，

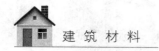

然后在高速下继续搅拌 60s。各个搅拌阶段，时间误差应在±1s 以内。

（5）用振实台成型：胶砂制备后立即进行成型。将空试模和模套固定在振实台上，用一个适当的勺子直接从搅拌锅里将胶砂分两层装入试模。装第一层时，每个槽里约放300g 胶砂，用大播料器垂直架在套模顶部沿每个模槽来回一次将料层播平，接着振实60 次。再装入第二层胶砂，用小播料器播平，再振实 60 次。移走套模，从振实台取下试模，用一金属直尺以近似 90°的角度架在试模模顶的一端，然后沿试模长度方向以横向锯割动作慢慢地向另一端移动，一次将超过试模部分的胶砂刮去，并用同一直尺在近似水平的情况下将试体表面抹平。

在试模上做标记或加字条标明试件编号和相对于振实台的位置。

（6）用振动台成型：当使用代用的振动台成型时，操作如下：在搅拌胶砂的同时将试模和下料漏斗卡紧在振动台的中心。将搅拌好的全部胶砂均匀地装入下料漏斗中，开动振动台，胶砂通过漏斗流入试模。振动（120±5）s 停止。振动完毕，取下试模，用刮平刀以规定的方法（同前）刮去高出试模部分的胶砂并抹平。接着在试模上做标记或加字条标明试件编号。

（7）检验前或更换水泥品种时，搅拌锅、叶片和下料漏斗等须用湿布抹擦干净。

2. 脱模与养护

（1）养护到规定的脱模时间取出脱模。脱模前，用防水墨或颜料笔对试体进行编号。两个龄期以上的试体，编号时应将同一试模中的三条试件分在两个以上的龄期内。

（2）脱模时应非常小心。对于 24h 龄期的，应在破型前 20min 内脱模。对于 24h 以上龄期的，应在成型后 20～24h 之间脱模。硬化较慢的水泥允许延期脱模，但须记录脱模时间。

（3）试件脱模后立即水平或垂直放入水槽中养护，养护水温度为（20±1）℃，试件之间应留有间隙，养护期间试件之间或试体上表面的水深不得小于 5mm。每个养护池只养护同类型的水泥试件。

3. 强度测定

不同龄期的试件，应按表 8.1 规定时间里（从水泥加水搅拌开始算起）进行强度测定。

表 8.1　龄期与测定时间

龄期	试验时间	龄期	试验时间	龄期	试验时间
1d	24h±15min	3d	72h±45min	28d	>28d±8h
2d	48h±30min	7d	7d±2h		

1）抗折强度测定

（1）每龄期取出三条试件先做抗折强度测定。测定前须擦去试件表面的水分和砂粒。清除夹具上圆柱表面粘着的杂物。试件放入抗折夹具内，应使试件侧面与圆柱接触。

（2）采用杠杆式抗折试验机时，试件放入前，应使杠杆成平衡状态；试件放入后，调整夹具，使杠杆在试件折断时尽可能地接近平衡位置。

（3）抗折强度测定时的加荷速度为（50±10）N/s。

（4）抗折强度按下式计算（计算至 0.1MPa）：

$$R_f = 1.5F_t L/b^3$$

式中：R_f——单个试件抗折强度，MPa；

F_t——折断时施加于棱柱体中部的荷载，N；

L——支撑点之间的距离，mm；

b——棱柱体正方形截面的边长，mm。

（5）以一组三个试件测定值的算术平均值作为抗折强度的试验结果（精确至 0.1MP）。当三个强度值中有超出平均值±10%时，应剔除该值后再取平均值作为抗折强度试验结果。

2）抗压强度测定

（1）抗折强度测定后的两个断块应立即进行抗压强度测定。抗压强度测定须用抗压夹具进行，使试件受压面积为 40mm×40mm。测定前应清除试件受压面与加压板之间的砂粒或杂物。测定时以试件的侧面作为受压面，并使夹具对准压力机压板中心。

（2）整个加荷过程中以（2400±200）N/s 的速率均匀加荷直至破坏。

（3）抗压按下式计算（计算至 0.1MPa）：

$$R_c = F_c/A$$

式中：R_c——单个试件抗压强度，MPa；

F_c——破坏时的最大荷载，N；

A——受压部分面积，即 40mm×40mm=1600mm^2。

（4）以一组三个棱柱体上得到的六个抗压强度测定值的算术平均值作为抗压强度的试验结果（精确至 0.1MPa）。如六个测定值中有一个超出六个平均值的±10%，应剔除这个结果，而以剩下五个的平均数为试验结果。如五个测定值中再有超过它们平均数±10%的，则此组结果作废。

思 考 题

1．你认为影响水泥标准稠度用水量的主要因素有哪些？如何影响？

2．测定水泥标准稠度用水量有何意义？

3．水泥胶砂抗压、抗折强度试验的加荷速度、计算方法和计算的精确度各有何要求？

4．试验条件对水泥强度的影响有哪些方面？如何影响？

第9章 砂、石骨料试验

📎 **内容与要求**

本试验为验证型试验，试验内容包括测定细集料（砂）和粗集料（碎石）的筛分析、表观密度和堆积密度试验。要求学生按照试验方法熟悉操作仪器并进行试验。

9.1 建筑用砂试验

9.1.1 适用范围

本方法适用于建筑用砂相关技术指标检测。

9.1.2 编制依据

《建筑用砂》（GB/T 14684—2011）。

《普通混凝土用砂、石质量标准及检验方法》（JGJ 52—2006）。

9.1.3 检测项目及技术要求

检测项目：一般建筑用砂，常规检测项目详见表 9.1。

表 9.1 砂子常规检测项目

项目	I 类	II 类	III 类
含泥量/%，<	1.0	3.0	5.0
泥块含量/%，<	0	1.0	2.0
松散堆积密度/（kg/m³），>	1350		
表观密度/（g/m³），>	2500		
空隙率/%，<	47		
氯离子含量/%	I 类	II 类	III 类
	0.01	0.02	0.06
贝壳含量	符合要求		

颗粒级配见表 9.2。

表 9.2　砂子颗粒级配分布

筛孔直径/mm 累计筛余/% 级配区	1	2	3
9.50	0	0	0
4.75	10～0	10～0	10～0
2.36	35～5	25～0	15～0
1.18	65～35	50～10	25～0
0.600	85～71	70～41	40～16
0.300	95～80	92～70	85～55
0.150	100～90	100～90	100～90
细度模数	粗	中	细
	3.7～3.1	3.0～2.3	2.2～1.6

9.1.4　试验取样量

每项试验取样量应符合表 9.3 规定。

表 9.3　砂子检测各项指标取样量

序号	试验项目	砂试样取样量/kg
1	颗粒级配	4.4
2	含泥量	4.4
3	泥块含量	20.0
4	堆积密度	5.0
5	表观密度	2.6
6	氯离子含量/%	4.4
7	贝壳含量	4.4

9.1.5　主要仪器设备

（1）天平要求：称量 1000g，感量 1g 及称量 15kg，感量 1g。

本中心配置：（1）JYT-10 架盘天平；（2）DK-15A 电子天平。

（2）恒温箱要求：（105±5）℃。

本中心配置：101A-4 鼓风电热恒温干燥箱。

（3）套筛要求：符合《建筑用砂》（GB/T 14684—2011）及《普通混凝土用砂、石质量标准及检验方法》（JGJ 52—2006）。

本中心配置：① 方孔砂筛《建设用卵、碎石》（GB/T 14685—2011）；②圆孔砂筛。

9.1.6 检测程序

1. 颗粒级配测定

（1）用四分法将试样缩分至约 1100g，放在烘箱中于（105±5）℃烘至恒量，冷却至室温后，筛除大于 9.50mm 的颗粒（并算出其筛余百分率），分成大致相等的两份备用。

（2）称取试样 500g，精确到 1g。置于按孔径从大到小组合的套筛上，附上筛底，将砂样倒入最上层筛中，然后进行筛分。

（3）筛分用摇筛机，摇 10min；取下套筛，按筛孔大小的顺序再逐个用手筛，筛至每分钟通过量小于试样总量的 0.1%为止，通过的砂粒并入下一号筛中，并和下一号筛中的试样一起过筛，这样顺序进行，直至各号筛全部筛完为止。

（4）称取各号筛上的筛余量，精确到 1g。试样在各号筛上的筛余量不得超过下式（1）计算出的量，超过时应按下列方法之一处理。

$$G=(A \times d^{1/2}) \div 200 \tag{1}$$

式中：G——在一个筛上的筛余量，g；

A——筛面面积，mm^2；

d——筛孔尺寸，mm。

① 将该粒级试样分成少于按上式（1）计算出的量，分别筛分，并以筛余量之和作为该号筛的筛余量。

② 将该粒级及以下各粒级的筛余混合均匀，称出其质量，精确至 1g。再用四分法缩分为大致相等的两份，取其中一份，称出其质量，精确至 1g 后继续筛分。计算该粒级及以下各粒级的分计筛余量时应根据缩分比例进行修正。

（5）结果计算与评定：

① 计算分计筛余百分率：各号筛的筛余量与试样总量之比，计算精确至 0.1%。

② 计算累计筛余百分率：该号筛的筛余百分率加上该号筛以上各筛余百分率之和，精确至 0.1%。筛分后，如每层的筛余量与筛底的剩余量之和同原试样质量之差超过 1%时，须重新试验。

③ 砂的细度模数按下式（2）计算，精确至 0.01。

$$M_x=[(A_2+A_3+A_4+A_5+A_6)-5A_1] \div (100-A_1) \tag{2}$$

式中：M_x——细度模数；

A_1、A_2、A_3、A_4、A_5、A_6——分别为 4.75mm、2.36mm、1.18mm、600μm、300μm、150μm 筛的累计筛余百分率。

2. 含泥量（标准方法）

（1）按标准规定取样，并将试样缩分至约 1100g，放在烘箱中于（105±5）℃下烘干至恒量，等冷却至室温后，立即称取各为 400g(mL)的试样两份备用。

（2）取烘干的试样一份倒入淘洗容器中，注入清水，使水面高于试样面约 150mm，充分搅拌均匀后，浸泡 2h，然后用手在水中淘洗试样，使尘屑、淤泥和黏土与砂粒分离，把浑水缓缓倒入 1.25mm 及 80μm 的套筛上（1.25 筛放在 80μm 筛上面），滤去小于 75μm 的颗粒。试验前的筛子的两面应用水润湿，在整个过程中应小心防止砂粒流失。

（3）再向容器中注入清水，重复上述操作，直至容器内的水目测清澈为止。

（4）用水淋洗剩余在筛上的细粒，并将 80um 筛放在水中（使水面略高出水中砂粒的上表面）来回摇动，以充分洗掉小于 75μm 的颗粒，然后将两只筛余颗粒和清洗容器中已经洗净的试样一并倒入搪瓷盘，放在烘箱中（105±5）℃烘干至恒重，待冷却至室温后称其重量（mL）。

（5）结果计算与评定：

含泥量按下式计算，精确至 0.1%。

$$\omega_a = \frac{m_0 - m_1}{m_0} \times 100(\%)$$

式中：ω_a——含泥量，%；

m_0——试验前的干燥试样的质量，g；

m_1——试验后的干燥试样的质量，g。

取两个试样试验结果的算数平均值作为测定值。两次结果的差值超过 0.5%时，应重新取样进行试验。

3. 泥块含量

（1）将样品在潮湿状态下用四分法缩分至约 3000g，放在烘箱中于（105±5）℃下烘干至恒量，等冷却至室温后，筛除小于 1.25mm 的颗粒，称取 400g 分为两份备用。

（2）称取试样 200g，将试样倒入淘洗容器中，注入清水，使水面高于试样面约 150mm，充分搅拌均匀后，浸泡 24h，然后用手在水中碾碎泥块，再把试样放在 630μm 筛上，用水淘洗，直至容器内的水目测清澈为止。

（3）保留下来的试样小心地从筛中取出，装入浅盘后，放在烘箱中于（105±5）℃下烘干至恒重，待冷却到室温后称重（m_2）。

（4）结果计算与评定。

泥块含量按下式计算，精确至 0.1%。

$$\omega_{b,l} = \frac{m_1 - m_2}{m_1} \times 100(\%)$$

式中：$\omega_{b,l}$——泥块含量，%；

m_1——试验前的干燥试样重量，g；

m_2——试验后的干燥试样重量，g。

取两次试样试验结果的算数平均值作为测定值。两次结果的差值超过 0.4%时，应重新取样进行试验。

4. 表观密度（标准方法）

（1）将试样用四分法缩分至650g，放在烘箱中于（105±5）℃下烘干至恒量，冷至室温。

（2）称取 300g（m_0）试样，装入盛有半瓶冷开水的容量瓶中，用手旋转摇动容量瓶，使砂样充分摇动，排除气泡，塞紧瓶盖，静置24h，然后用滴管小心地添水，使水面与瓶径刻度线齐平，再塞紧瓶盖，擦干瓶外水分，称其质量（mL）。

（3）倒出瓶中水和试样，将瓶子内外表面洗净，再向容量瓶内注水至瓶颈刻度线齐平，塞紧瓶盖，擦干瓶外水分，称其质量（m_2）。

（4）结果计算与评定。

① 砂的密度按下式计算（精确至 10 kg/m³）。

$$\rho_0 = \frac{m_0}{m_0 + m_2 - m_1} \times \rho_{水}$$

式中： ρ_0——砂密度，g/cm³；

$\rho_{水}$——水的密度，1000kg/m³；

m_0——试样质量，g；

m_1——试样、水及容量瓶的总质量，g；

m_2——水及容量瓶的总质量，g。

② 取两次试验测定值的算数平均值作为试验结果，两次试验值之差不大于20kg/m³，否则须重新试验。

5. 堆积密度和紧密密度

（1）松散堆积密度。用取样铲将试样从容量筒上方50mm处徐徐倒入，让试样以自由落体落下，装满后，使容量筒口上部试样成锥体，且容量筒四周溢满时，即停止加料，然后用直尺垂直于筒中心线，沿容器上口边缘向两边刮平（试验过程中应防止触动容量筒），称取试样和容量筒总质量。

（2）紧密体积密度。取试样一份分两次装入容量筒，装完一层后，在筒底垫放一根直径为10mm的钢筋，将筒按住，左右交替颠击地面25次，然后装入第二层，第二层装满后用同样的方法颠实（但筒底所垫钢筋的方向应与第一层放置方向垂直）后，再加试样直至超过筒口，然后用直尺垂直于筒中心线，沿容器上口边缘向两边刮平，称取试样和容量筒的总质量。

（3）结果计算与评定。

① 堆积密度（ρ_1）或紧密密度（ρ_c）按下式计算，精确至10kg/m³。

$$\rho_1(\rho_c) = \frac{m_1 - m_2}{V} \times 1000 (\text{kg} / \text{m}^3)$$

式中：　$\rho_1(\rho_c)$——堆积密度或紧密密度，kg/m³；

　　　　m_2——容量筒质量，kg；

　　　　m_1——容量筒和试样总质量，kg；

　　　　V——容量筒的容积，L。

②　取两次试验的算术平均值作为试验结果。

9.2　建筑用卵石、碎石试验

9.2.1　适用范围

本作业指导书适用于建筑用卵石、碎石相关技术指标检测。

9.2.2　编制依据

《建筑用卵石、碎石》（GB/T 14685—2011）。

《普通混凝土用砂、石质量标准及检验方法》（JGJ 52—2006）。

9.2.3　检测项目及技术要求

检测项目：一般建筑用卵石、碎石，常规检测项目见表 9.4。

表 9.4　石子检验的各项指标

项目		I 类	II 类	III 类
泥含量/%，<		0.5	1.0	1.5
泥块含量/%		0	<0.5	<0.7
松散堆密度/（kg/cm³），>		1350		
密度/（kg/cm³），>		2500		
空隙率/%，<		47		
针片状颗粒含量/%，<		5	15	25
压碎值/%，<	碎石	10	20	30
	卵石	12	16	16
		I 类	II 类	III 类

颗粒级配见表 9.5。

表9.5　颗粒级配分布

筛孔尺寸（方孔筛）/mm 累计筛余/% 公称粒径/mm		2.36	4.75	9.50	16.0	19.0	26.5	31.5	37.5	53.0	63.0	75.0	90
连续粒级	5～10	95～100	80～100	0～15	0								
	5～16	95～100	85～100	30～60	0～10	0							
	5～20	95～100	90～100	40～80		0～10	0						
	5～25	95～100	90～100		30～70		0～5	0					
	5～31.5	95～100	90～100	70～90		15～45		0～5	0				
	5～40		95～100	70～90		30～65			0～5	0			
单粒粒级	10～20		95～100	85～100		0～15	0						
	16～31.5		95～100		85～100			0～10	0				
	20～40			95～100		80～100			0～10		0		
	31.5～63				95～100			75～100	45～75		0～10	0	
	40～80					95～100			70～100		30～60	0～10	0

9.2.4　试验取样量

单项试验取样量应符合表9.6所示的规定。

表9.6　石子各项检验指标取样量

最大粒径/mm 试样重/kg 试验项目	9.5	16.0	19.0	26.5	31.5	37.5	63.0	75.0
颗粒级配	9.5	16.0	19.0	25.0	31.5	37.5	63.0	80.0
泥含量	8.0	8.0	24.0	24.0	40.0	40.0	80.0	80.0
黏块含量	8.0	8.0	24.0	24.0	40.0	40.0	80.0	80.0
堆积密度与空隙率	40.0	40.0	40.0	40.0	80.0	80.0	120.0	120.0
表观密度	8.0	8.0	8.0	8.0	12.0	16.0	24.0	24.0
针片状颗粒含量	1.2	4.0	8.0	12	20.0	40.0	40.0	40.0
压碎值	按试验要求的粒级和数量取样							

9.2.5　主要仪器设备

石子性能检测主要仪器设备见表9.7。

表 9.7　石子性能检测试验主要仪器设备

名称	用途	要求	配置
套筛	筛分	标准	方孔套筛
套筛	筛分	标准	圆孔套筛
0.08mm、1.25mm 筛	过滤	标准	水泥筛
架盘天平	称量	称量 1kg，感量 1g	JYT-10 架盘天平
电子天平	称量	称量 15kg，感量 1g	DK-15A 电子天平
台秤	称量	称量 50kg，感量 50g	磅秤
压力试验机	测压碎值	30t，精确度 2%	200t 压力机，1 级精度
恒温箱	烘干	（105±5）℃	101A-4 恒温箱
针片状规准仪	测量	标准	针片状规准仪

9.2.6　检测程序

1. 表观密度测定

（1）风干后，筛除小于 4.75mm 的颗粒，洗净分两份（见表 9.8），将试样置于（20±2）℃水中，并淘洗放入水中的颗粒并浸泡 24h，制备成饱和面干试样。将饱和面干试样立刻放入广口瓶中置于电子天平托盘上，并加纯水至瓶口满，覆上玻璃片，要求玻璃与液面之间无气泡，称取试样加水及广口瓶加玻璃盖重量总和。倒出水及试样后，注入纯水至前述瓶口满，并称取水及广口瓶加玻璃盖总重。将倒出的试样放在恒温箱中于（105±5）℃下烘干至恒重，并称干试样重量。

表 9.8　石子最大粒径与每份试样质量

试样最大粒径/mm	小于 26.5	31.5	37.5	63.0	75.0
每份试样量/kg	2.0	3.0	4.0	6.0	6.0

（2）结果计算与评定。密度 ρ_0 按下式计算，精确至 10kg/cm^3。

$$\rho_0 = \frac{G_0}{G_0 + G_2 - G_1} \times \rho_{水}$$

式中：ρ_0——砂密度，g/cm^3；

$\quad\quad\rho_{水}$——水的密度，1000kg/m^3；

$\quad\quad G_0$——试样质量，g；

$\quad\quad G_1$——试样、水及容量瓶的总质量，g；

$\quad\quad G_2$——水及容量瓶的总质量，g。

以两次试验测定值的算术平均值作为试验结果，两次试验结果之差大于 20kg/m³，注重新试验。

2. 颗粒级配的测定

（1）用四分法缩分至略重于表 9.9 规定的试样量，取两份试样放在（105±5）℃烘箱中烘干至恒量，并冷却到室温，分别称量，精确到 1g。筛子按孔径从大到小组合，附上筛底，将一份试样倒入最上层筛里，然后进行筛分。

（2）用摇筛机筛分，套筛摇 10min，取下套筛，按筛孔大小的顺序逐个用手筛，筛至每分钟通过量小于试样总量的 1%为止。通过的颗粒并入下一号筛中，并和下一号筛中的试样一起过筛，这样顺序进行，直至各号筛全部筛完为止。

（3）称取每号筛上的筛余量，精确到 1g。

表 9.9　石子最大粒径与每份试样的质量

石子最大粒径/mm	9.5	16.0	19.0	26.5	31.5	37.5	63.0	75.0
每份试样量/kg	1.9	3.2	3.8	5.0	6.3	7.5	12.6	16.0

（4）结果计算与评定。

① 分别计算筛余百分率：各号筛上的筛余量与试样总量之比，精确到 0.1%。

② 计算累计筛余百分率：该号筛上的筛余百分率加上该号筛以上各筛余百分率之和，精确至 0.1%。

③ 取两次试验测定值的算术平均值作为试验结果。筛分后，如每号筛上的筛余量与底盘上的筛余量之和与原试样量相差超过 1%，则须重新试验。

3. 含泥量的测定

（1）用四分法缩分至略重于表 9.10 所示的规定的试样量，取两份试样放在（105±5）℃烘箱中烘至恒量，冷却至室温后，分别称量，精确到 1g。将一份试样放入冲洗容器中，注入清水，使水面高于试样表面 150mm，充分搅拌后，浸泡 2h，然后用手在水中淘洗试样使尘屑、淤泥和黏土与石子颗粒，把浑水慢慢倒入 1.18mm 及 75μm 的套筛（1.25 筛入套在 0.080 筛上面），滤去小于 75μm 的颗粒，在整个试验过程中要小心防止大于 75μm 的颗粒流失。再次向容器中加入清水，重复上述操作，直至容器内的水目测清洁为止。

表 9.10　石子对大粒径与每份试样的质量

最大粒径/mm	9.5	16.0	19.0	26.5	31.5	37.5	63.0	75.0
最少试样量/kg	2.0	2.0	6.0	6.0	10.0	10.0	20.0	20.0

（2）用水淋洗剩余在筛上的细粒，并将 75μm 筛放在水中（使水面略高出筛中石子颗粒的上表面）来回摇动，以充分洗掉小于 75μm 的颗粒，然后将两筛上剩余的颗粒和

清洗容器中已经洗净的试样一并倒入搪瓷盘中，置于烘箱中于（105±5）℃下烘干至恒量，待冷却到室温，称试样的质量，精确到 1g。

（3）结果计算与评定。

含泥量按下式计算，精确至 0.1%。

$$Q_1 = \frac{G_1 - G_2}{G_1} \times 100$$

式中：Q_1——黏土、淤泥及石屑含量，%；

G_1——冲洗前的烘干试样质量，g；

G_2——冲洗后的烘干试样质量，g。

取两次试验的测定值的算术平均值作为试验结果，两次测定值相差应小于 0.3%，否则须重新试验。

4. 泥块含量的测定

（1）筛除小于 4.75mm 的颗粒，分为大致相等的两份备用，按表 9.6 取样，精确至 1g。试样倒入淘洗容器中，注入清水，取两份试样放在烘箱中于（105±5）℃烘干至恒量，冷却至室温，分别准确称量；浸泡（使水面高于试件上表面）24h 后，用手在水中碾碎泥块和黏土块，然后把试样放在 2.36mm 的筛上用水淘洗，直至容器内的水目测清澈为止。保留下来的试样小心地从筛里取出，装入搪瓷盘后，放在烘箱中于（105±5）℃下烘干至恒量，冷却至室温称量，精确到 1g。

（2）结果计算与评定。

泥块含量按下式计算，精确至 0.1%。

$$Q_b = \frac{G_1 - G_2}{G_1} \times 100$$

式中：Q_b——泥块含量，%；

G_1——冲洗前的烘干试样的质量，g；

G_2——冲洗后的烘干试样的质量，g。

取两次试验结果的算术平均值，精确至 0.1%。

5. 针片状颗粒含量的测定

（1）按表 9.6 的规定取样，分为大致相等的两份，取两份试样放在烘箱中于（105±5）℃下烘干至恒量，冷却至室温，分别称重，然后按表 9.10 规定的粒级筛分。按粒级分别用规准仪逐粒检验，凡颗粒长度大于针状规准仪上相应间距者视为针状颗粒；颗粒厚度小于片状规准仪上相应孔宽者，视为片状颗粒，称其总质量，精确到 1g。

（2）结果计算与评定。石子中针片状颗粒总含量按下式计算，精确至 0.1%。

$$Q_c = \frac{G_2}{G_1} \times 100$$

式中： Q_c ——针片状颗粒总含量，%；

　　　 G_1 ——试样质量，g；

　　　 G_2 ——试样中所含针片状颗粒总质量，g。

6. 松散堆积密度

（1）按表 9.6 取样烘干或风干后，用取样铲将试样从容量筒口上方 50mm 处倒入，让试样以自由落体落下，装满后，使容量筒上部试样成锥体，且容量筒四周溢满时，即停止加料，除去凸出容量口表面的颗粒，并以合适的料粒填入凹陷部分，使表面稍凸起部分和凹陷部分的体积大致相等（试验过程应防止触动容量筒），称取试样和容量筒总质量。

（2）松散堆积密度按下式计算，精确至 10kg/m³。

$$\rho_1 = \frac{G_1 - G_2}{V} \times 1000$$

式中： ρ_1 ——松散堆积密度，kg/m³；

　　　 G_2 ——容量筒质量，g；

　　　 G_1 ——容量筒和试样总质量，g；

　　　 V ——容量筒的容积，L。

取两次试验测定值的算术平均值为试验结果。

7. 紧密密度

（1）按表 9.6 取试样 1 份烘干或风干后，分三层装入容量筒；装完第一层后，在筒底垫放一根直径为 25mm 的钢筋，将筒按住，左右交替颠击地面各 25 下，然后装入第二层，用同样的方法颠实（但筒底所垫钢筋的方向应与第一层放置方向垂直），然后再装入第三层，如法颠实，待三层试样装填完毕后，加料直到试样超出容量筒口，用钢筋沿筒口边缘滚转，刮下高出筒口的颗粒，用合适的颗粒填平凹处，使表面稍凸起部分和凹陷部分的体积大致相等，称取试样和容量筒合重（ G_1 ）。

（2）紧密密度 ρ_c 按下式计算，精确至 10kg/m³。

$$\rho_c = \frac{G_1 - G_2}{V} \times 1000$$

式中： G_2 ——容量筒的重量，kg；

　　　 G_1 ——容量筒和试样总重，kg；

　　　 V ——容量筒的容积，L。

以两次试验结果的算术平均值作为测定值。

（3）容量筒容积的校正方法：以（20±5）℃的饮用水装满容量筒，用玻璃板沿筒口滑移，使其紧贴水面，擦干筒外壁水分后称重，用下式计算筒容积（ V ）。

$$V = m'_2 - m'_1$$

式中：m_1'——容量筒重，kg；

m_2'——容量筒、玻璃板和水合重，kg。

8. 空隙率

空隙率 $\upsilon_i(\upsilon_c)$ 按下式计算。

$$\upsilon_i(\upsilon_c)=(1-\rho_i)\div\rho\times100\%$$

式中：$\upsilon_i(\upsilon_c)$——碎石或卵石的堆积（或紧密）密度，kg/m³；

ρ——碎石或卵石的表观密度，kg/m³。

空隙率计算精确到 1%。

9. 压碎指标值

（1）称试样 3000g，精确 1g，将试样置圆模于底盘上，取试样一份，分两层装入模内，每装完一层试样后，在底盘下面垫放一直径为 10mm 的圆钢筋，将筒按住，左右交替各颠 25 次，两层颠实后，平整模内试样表面，盖上压头。

（2）把装有试样的模子置于压力机上，开动压力试验机，按 1kN/s 速度均匀加荷到 200kN 并稳荷 5s，然后卸荷。取下加压头，倒出试样，用孔径为 2.36mm 的筛筛除被压碎的细粒，称出留在筛上的试样质量，精确到 1g。

（3）结果计算与评定。

压碎值按下式计算，精确至 0.1%。

$$Q_c = \frac{G_1 - G_2}{G_1} \times 100$$

式中：Q_c——压碎值，%；

G_1——试样的质量，g；

G_2——压碎试验后筛余的试样质量，g。

以三次试验结果的算术平均值，精确到 1g。

思 考 题

1. 在砂筛分过程中，如有一只筛上砂筛余量超过 200g，如何处理？
2. 本试验中，砂表观密度计算公式如何？怎样理解该公式？

第 10 章 普通水泥混凝土试验

内容与要求

本试验为设计型试验，包括水泥混凝土工作性测定和强度试验。要求学生事先设计水泥混凝土的初步配合比，并计算出拌和 15L 混凝土所需各种材料的数量，根据计算的结果进行水泥混凝土拌和物的拌制及施工和易性的测定，并进行配合比调整，实测混凝土的表观密度及混凝土试件成型、养护，测定 28 天的抗压强度。

10.1 普通水泥混凝土拌和物试验

10.1.1 试验目的及适用范围

为了控制混凝土工程的质量，检验混凝土拌和物的各种性能及其质量和流变特征，要求统一遵循混凝土拌和物性能试验方法，从而对工业与民用建筑和一般构筑物中所使用普通混凝土拌和物的基本性能进行检验。

10.1.2 拌和物取样及试样制备

（1）混凝土拌和物试验用料取样应根据不同的要求，从同一盘搅拌或同一车运送的混凝土中取出；或在试验室用机械或人工拌制。

（2）混凝土工程施工中取样进行混凝土拌和物性能试验时，其取样方法和原则应按《混凝土结构工程施工质量验收规范》（GB 50204—2002）及其他有关规定执行。

（3）在试验室拌制混凝土拌和物进行试验时，混凝土拌和物的拌和方法按下列方法步骤进行。

① 试验室温度应保持在（20±5）℃，并使混凝土拌和物避免遭受阳光直射和风吹（当需要模拟施工所用的混凝土时，试验室和原材料的质量、规格和温度条件应与施工现场相同）。

② 所用材料应符合有关的技术要求。在拌和前，材料的温度应保持与试验室的温度相同。

③ 各种材料应拌和均匀。水泥如有结块而又必须使用时，应过 0.90mm 方孔筛，并记录筛余物。

④ 在决定用水量时，应扣除原材料的含水量，并相应增加其各种材料的用量。

⑤ 拌制混凝土的材料用量以重量计。称量精确度：骨料为±1.0%；水、水泥和外加剂为±0.5%。

⑥ 掺外加剂时，掺入方法应按照有关的规定。

⑦ 拌制混凝土所用的各种用具（如搅拌机、拌台铁板和铁铲、抹刀等）应预先用水湿润，使用完毕后必须清洗干净，上面不得有混凝土残余。

⑧ 使用搅拌机拌制混凝土时，应在拌和前预拌适量的砂浆进行刷膛（所用砂浆或混凝土配合比应与正式拌和的混凝土配合比相同），使搅拌机内壁黏附一层砂浆，以避免正式拌和时水泥砂浆的损失。机内多余的砂浆或混凝土倒在铁板上，使拌和铁板也黏附薄层砂浆。

（4）拌和设备。

搅拌机：容积 30～100L，转速为 18～22r/min。

磅秤：称量 100kg，感量 50g；台磅：称量 10kg，感量 5g；天平：称量 1kg，感量 0.5g（称量外加剂用）。

铁板：拌和用铁板，尺寸不宜小于 1.5m×2.0m，厚度为 3～5mm。

其他：铁铲、抹刀、坍落度筒、刮尺、容器等。

（5）操作步骤。

① 人工拌和法：将称好的砂料、水泥放在铁板上，用铁铲将水泥和砂料翻拌均匀，然后加入称好的粗骨料（石子），再全部拌和均匀。将拌和均匀的拌和物堆成圆锥形，在中心做一凹坑，将称量好的水（约一半）倒入凹坑中，勿使水溢出，小心拌和均匀。再将材料堆成圆锥形做一凹坑，倒入剩余的水，继续拌和。每翻一次，用铁铲在全部拌和物面上压切一次，翻拌一般不少于 6 次。拌和时间（从加水算起）随拌和物体积的不同，宜按如下规定控制：拌和物体积在 30L 以下时，拌和 4～5min；体积在 30～50L 时，拌和 5～9min；体积超过 50L 时，拌和 9～12min。混凝土拌和物体积超过 50L 时，特别注意拌和物的均匀性。

② 机械拌和法：按照所需数量，称取各种材料，分别按石、水泥、砂依次装入料斗，开动机器徐徐地将定量的水加入，继续搅拌 2～3min（或根据不同的情况，按规定进行搅拌），将混凝土拌和物倾倒在铁板上，再经人工翻拌两次，使拌和物均匀一致后用做试验。

（6）混凝土拌和物取样后应立即进行试验。试验前混凝土拌和物应经人工略加翻拌，以保证其质量均匀。

10.1.3　混凝土拌和物和易性的检验和评定

混凝土拌和物和易性的评定，通常采用测定混凝土拌和物的流动性，辅以直观经验评定黏聚性和保水性，来确定和易性。常使用混凝土拌和物坍落度测定来判断和易性。

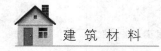

1. 试验目的

混凝土拌和物坍落度测定用以判断混凝土拌和物的流动性，主要适用于坍落度值不小于 10～220mm 的塑性和流动性混凝土拌和物的稠度测定，骨料最大粒径不应大于 40mm。

2. 试验设备

（1）坍落度筒：为薄钢板制成的截头圆锥筒，其内壁应光滑、无凸凹的部位。底面和顶面应相互平行并与锥体的轴线垂直。在坍落度筒外 2/3 高度处安两个手把，下端应焊脚踏板。筒的内部尺寸为：底部直径（200±2）mm；顶部直径（100±2）mm；高度（300±2）mm；筒壁厚度不小于 1.5mm 如图 10.1 所示。

（2）金属捣棒：直径 16mm，长 650mm，端部为弹头形；

（3）铁板：尺寸 600mm×600mm，厚度 3～5mm，表面平整。

（4）钢尺和直尺：300～500mm，最小刻度 1mm。

（5）小铁铲、抹刀等。

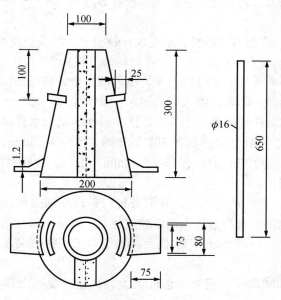

图 10.1 坍落度筒示意图

3. 试验程序

（1）用水湿润坍落度筒及其他用具，并把坍落度筒放在已准备好的刚性水平 600mm×600mm 的铁板上，用脚踩住两边的脚踏板，使坍落度筒在装料时保持在固定位置。

（2）把按要求取得的混凝土试样用小铲分三层均匀地装入筒内，使捣实后每层高度为筒高的 1/3 左右。每层用捣棒沿螺旋方向由外向中心插捣 25 次，各次插捣应在截面上均匀分布。插捣筒边的混凝土时，捣棒可以稍稍倾斜。插捣底层时，捣棒应贯穿整个深度，插捣第二层和顶层时，捣棒应插透本层至下层的表面。插捣顶层的过程中，如混凝土沉落到低于筒口，则应随时添加，捣完后刮去多余的混凝土，并用抹刀抹平。

（3）清除筒边底板上的混凝土后，垂直平稳地在 5～10s 内提起坍落度筒。从开始装料到提坍落度筒的整个过程应不间断地进行，并应在 150s 内完成。

（4）提起坍落度筒后，测量筒高与坍落后混凝土试体最高点之间的高度差，即为该混凝土拌和物的坍落度值。坍落度筒提离后，如混凝土发生崩坍成一边剪坏的现象，则应重新取样另行测定。如第二次试验仍出现上述现象，则表示该混凝土和易性不好，应予以记录备查。

（5）观察坍落后的混凝土拌和物试体的黏聚性与保水性：黏聚性的检查方法是用捣棒在已坍落的混凝土拌和物截锥体侧面轻轻敲打，此时如截锥试体逐渐下沉（或保持原状），则表示黏聚性良好，如果倒坍、部分崩裂或出现离析现象，则表示黏聚性不好。保水性以混凝土拌和物中稀浆析出的程度来评定，坍落度筒提起后如有较多的稀浆从底部析出，锥体部分的混凝土拌和物也因失浆而骨料外露，则表明其保水性能不好。如坍落度筒提起后无稀浆或仅有少量稀浆自底部析出，则表示其保水性能良好。

10.1.4　混凝土拌和物堆积密度测定

1. 测定目的

测定混凝土拌和物堆积密度，用以计算每立方米混凝土的材料用量和含气量。

2. 试验设备

（1）容量筒：金属制，两旁装有把手，要求不易变形，不漏水，尺寸见表 10.1。

表 10.1　容量筒尺寸

骨料最大粒径/mm	容积/L	内部尺寸/mm	
		直径	高度
40	5	186	186
80	15	267	367

（2）钢制捣棒：直径 16mm，长 650mm，一端为弹头形。

（3）磅秤：称量 100kg，感量 0.05kg。

（4）玻璃板：面积略大于筒顶面。

（5）振动设备：频率（50±3）Hz、空载振幅(0.5±0.1)mm 的振动台，或直径 30～35mm 的振捣棒。

3．试验步骤

（1）称干的容量筒和玻璃板的总重量 G_1。在筒中加满水，将玻璃板沿筒顶面水平推过去，使玻璃板下没有空气泡。将外面擦干后称量。两次重量相减除以水的密度 1，即为圆筒的体积 V（L）。

（2）采用插捣法捣实时，混凝土拌和物分三层装入容量筒内，每次装入量大致相同，每层用捣棒均匀插捣，插捣次数见表 10.2。每插捣一层完毕后，应在容量筒外壁拍打 10～15 下，以消除表面气泡。如有棒坑留下，用捣棒轻轻填平。

表 10.2 每层插捣次数

容量筒容积/L	插捣次数/次
5	16
15	35

（3）采用振动法振实时，在容量筒上加一套筒，一次将混凝土拌和物装满并稍高出筒顶，然后用振动台或振捣棒振实，直至混凝土拌和物表面出现水泥浆为止。振动时间不得超过 1.5min。在振动台上振实时，应防止容量筒在振动台上自由跳动。用振捣棒振实时，要缓慢均匀地提棒，不留棒孔。

（4）将捣实的混凝土拌和物表面刮平（用玻璃板盖在筒顶检验）。将外面擦干净，包括玻璃板一起称重量 G_1，精确至 0.1kg。

4．试验结果计算

混凝土拌和物堆积密度按下式计算（计算至 $10kg/m^3$）：

$$\rho_d = (G - G_1)/V$$

式中： ρ_d ——混凝土拌和物堆积密度，kg/m^3；

　　G ——容量筒、混凝土和玻璃板总重量，kg；

　　G_1 ——容量筒和玻璃板重量，kg；

　　V ——容量筒容积，L。

以两次试验结果的算术平均值作为测定值。

10.2 普通混凝土立方体抗压强度的测定

10.2.1 试验目的及适用范围

测定混凝土立方体的抗压强度，以检验材料质量，确定、校核混凝土配合比，并为控制施工质量提供依据。

10.2.2　试验设备

（1）压力试验机：测量精度为±1%，其量程应能使试件的预期破坏荷载值不小于全量程的 20%，也不大于全量程的 80%。

试验机上、下压板应有足够的刚度，其中的一块压板（最好是上压板）应带有球形支座，使压板与试件接触均衡；在试验机上、下压板及试件之间可各垫一钢垫板，钢垫板两承压面均应平整。与试件接触的压板或垫板的尺寸应大于试件的承压面，其不平度不应大于边长的 0.02%。

（2）试模：150mm×150mm×150mm、100mm×100mm×100mm 或 200mm×200mm×200mm。

（3）钢尺：量程 30mm，最小刻度 1mm。

10.2.3　试验步骤

1. 试验准备

（1）试件从待检区或养护地点取出后，先将试件擦拭干净，测量尺寸，检查其外观，并据此计算试件的承压面积。如实测尺寸之差不超过 1mm，可按公称尺寸进行计算。

（2）选择试件承压面时不允许成型面作为承压面。

（3）根据不同的混凝土强度，选择不同的测量范围。

2. 抗压试验

（1）将试件安放在试验机的下压板上，试件的承压面应与上、下压板平行。试件的中心应与试验机下压板的中心对准。开动试验机，当上压板与试件接近时，调整球座，使之接触均衡。

（2）试验时应连续均匀地加荷，加荷速度应为：混凝土强度等级<C30 时，取每秒钟 0.3～0.5MPa（约 7～11kN/s）；混凝土强度等级≥C30 且<C60 时，取每秒钟 0.5～0.8 MPa（约 11～18kN/s）；混凝土强度等级≥C60 时，取每秒钟 0.8～1.0 MPa（约 18～23kN/s）。

（3）当试件接近破坏而开始急剧变形时，应停止调整试验机油门，直至试件破坏，然后记录破坏荷载。

10.2.4　试验结果计算

（1）混凝土立方体试件抗压强度按下式计算：

$$f_{cu}=P/A$$

式中：f_{cu}——混凝土立方体试件抗压强度，MPa；

P ——破坏荷载，N；

A ——试件承压面积，mm^2。

混凝土立方体试件抗压强度计算至 0.1MPa。

（2）取三个试件测值的算术平均值作为该组试件的抗压强度值。三个测值中的最大值或最小值如有一个与中间值的差值超过中间值的 15% 时，则把最大值及最小值一并舍去，取中间值为该组抗压强度值。如两个测值与中间值的差均超过中间值的 15%，则该组试件的试验结果无效。

（3）取 150mm×150mm×150mm 试件的抗压强度值为标准值，用其他尺寸试件测得的强度值均应乘以尺寸换算系数，其值对 200mm×200mm×200mm 试件为 1.05；对 100mm×100mm×100mm 试件为 0.95。

10.3　混凝土抗渗性能试验

10.3.1　适用范围

本方法适用于测定硬化后混凝土的抗渗等级。

10.3.2　编制依据

《普通混凝土长期性能和耐久性能试验方法》（GB/T 50082—2009）。

10.3.3　检测项目及技术要求

检测项目：抗渗等级。

混凝土抗渗技术要求见表 10.3。

表 10.3　混凝土抗渗技术要求

检测项目	抗渗等级				
	水压力				
技术标准/MPa	P_6	P_8	P_{10}	P_{12}	P_{14}
	≥0.7	≥0.9	≥1.1	≥1.3	≥1.5

10.3.4　试样取样

（1）混凝土抗渗性能试验试件为顶面直径 175mm，底面直径 185mm，高度 150mm 的圆台体或直径与高度均为 150mm 的圆柱体试件。

（2）抗渗试件以 6 个为一组。每组试件所用的拌和物应从同一盘混凝土或同一车混凝土中取样。

（3）试件成型后 24h 后拆模，用钢丝刷刷去两端面的水泥浆膜，然后送入标准养护室养护。

（4）试件一般养护 28d 龄期进行试验，如有特殊要求，也可在其他龄期进行。

10.3.5　试验仪器

混凝土抗渗仪：应能使水压按规定的制度稳定地作用在试件上的装置。

加压装置：螺旋或其他形式，其压力以能把试件压入试件套内为宜。

本中心配置：混凝土渗透仪。

10.3.6　检测程序

（1）试件的密封如下。

① 试件养护至试验前一天取出，将表面烘干并擦试干净，然后将密封材料放在平底小铁盘内进行加热熔化，待完全熔化后将试件侧面放在熔化的铁盘内均匀地滚涂一层。

② 将试模加热至 50℃ 左右，然后将试件用适宜的压力压入试模内，稍冷却后即可解除压力。

（2）抗渗仪操作步骤如下。

① 旋下压力容器上的注水嘴的螺栓，将洁净的清水注入压力容器内，直至注满溢出为止，再将螺栓装上并拧紧。

② 向进水箱注满清水。

③ 打开 6 只控制阀，向试模内倒入清水，观察"0"控制阀放水管出水流畅，然后关闭"0"控制阀，继续向试模座注水直至注满为止。

④ 调节电接点和表至 4MP 的位置上。

⑤ 通电、启动电源开关，使水泵能正常运行（应无冲击现象），观察六个试模座出水是否正常，直到无气泡为止。

⑥ 逐个关闭控制阀，观察压力表压力是否上升，排除一切泄漏故障，使压力能稳定到所调节的范围内。

⑦ 将装好试件的试模安装就位，拧上螺母（但不拧紧），打开各个试模控制阀门，观察各个试模座泄出水为止。拧紧螺母，然后按标准的试验方法进行试验。

（3）试验从水压为 0.1MPa 开始。以后每隔 8h 增加水压 0.1 MPa，要随时注意观察试件端面的渗水情况。

（4）当六个试件中有三个试件端面呈现渗水现象时，即可停止试验，记下当时的水压。

在试验过程中，如发现水从试件周边渗出，则应停止试验，并重新密封。

10.3.7　试验结果计算

混凝土的抗渗等级以每组六个试件中四个试件未出现渗水时的最大压力计算，其计算式如下：

$$P=10H-1$$

式中：P ——抗渗等级；

H ——六个试件中三个渗水时的水压力，MPa。

思　考　题

1．你认为影响混凝土和易性有哪些因素？

2．如果混凝土偏黏稠、坍落度低，如何在不降低其强度的情况下，增加其坍落度？

3．混凝土立方体抗压强度值如何评定？

4．影响混凝土抗渗性的主要因素有哪些？

5．试着区别"渗水高度法"与"逐级加压法"两种方法的不同？参见（GB/T 50082 —2009）。

第11章 砂浆性质试验

📷 **内容与要求**

本试验为设计型试验，包括砂浆的和易性测定和强度试验。要求学生按事先设计的砌筑砂浆的配合比并计算出拌和 10L 砂浆所需各种材料的数量，根据计算的结果进行砂浆的拌制及和易性的测定并进行调整，砂浆试件成型、养护，测定其 28d 的抗压强度。

11.1 砂浆稠度的测定

11.1.1 试验目的

本试验适用于确定配合比或施工过程中控制砂浆的稠度，以达到控制用水量为目的。

11.1.2 主要仪器设备

（1）砂浆稠度仪：由试锥、容器和支座三部分组成，如图 11.1 所示。

（2）钢制捣棒：直径 10mm、长 350mm，一端呈半球形。

（3）铁铲、量筒、秒表等。

11.1.3 砂浆的拌和

砌筑砂浆时，大量应用的是混合砂浆，试验室拌和混合砂浆的方法（人工拌和）如下：

将取来的砂样风干，过 4.75mm 的筛；水泥如有结块应充分混合均匀，并过 0.9mm 的筛。按确定的砂浆配合比，备好 5L 砂浆所需的材料量。

先将称好的水泥和砂置于搅拌锅中，搅拌均匀，然后在中间做一凹槽，将称好的石灰膏（黏土膏）倒入凹槽中，再倒入适量的水将石灰膏（黏土膏）调稀，然后与水泥、砂共同拌和，逐次加水，直到砂浆混合物色泽一致，和易性凭观察符合要求为止，一般需搅拌 5min。加水时，可用量筒称定量的水，拌和好以后，由剩余的

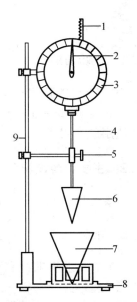

图 11.1 砂浆稠度仪

1—齿条侧杆；2—指针；3—刻度盘；
4—滑杆；5—固定螺丝；6—圆锥体；
7—圆锥筒；8—底座；9—支架

水量即可计算掺入的水量。砂浆拌和完毕应立即进行稠度测定。

11.1.4 试验步骤

（1）盛浆容器内表面和试锥表面用湿布擦干净，用少量的润滑油轻擦滑杆，后将滑杆上多余的油用吸油纸擦净，使滑杆能自由滑动。

（2）将砂浆拌和物一次装入容器，使砂浆表面略低于容器 10mm 左右，用捣棒自容器中心向边缘插捣 25 次，然后轻轻地将容器摇动或敲击 5～6 下，使砂浆表面平整，然后将容器置于稠度测定仪的底座上。

（3）拧开试锥滑杆的制动螺丝，向下移动滑杆，当试锥尖端与砂浆表面刚接触时，拧紧制动螺丝，使齿条侧杆下端刚接触杆上端，并将指针对准零点上。

（4）拧开制动螺丝，同时记录时间，待 10s 立即固定螺丝，使齿条侧杆下端接触滑杆上端，从刻度盘上读出下沉深度（精确至 1mm）即为砂浆的稠度值。

（5）圆锥形容器内的砂浆，只允许测定一次稠度，重复测定时，应重新取样测定。

11.1.5 试验结果处理

（1）取两次试验结果的算术平均值，计算值精确至 1mm。

（2）两次试验值之差如大于 20mm，则应另取砂浆搅拌后重新测定。

11.2 砂浆分层度的测定

11.2.1 试验目的

测定砂浆拌和物在运输及停放时的保水能力及砂浆内部各组分之间的相对稳定性，以评定其和易性。掌握《建筑砂浆基本性能试验方法标准》（JGJ/T 70—2009），正确使用仪器设备。

11.2.2 主要仪器设备

砂浆分层度测定仪、砂浆稠度测定仪、水泥胶砂振实台及秒表等。

11.2.3 试验步骤

（1）首先将砂浆拌和物按稠度试验方法测定稠度。

（2）将砂浆拌和物一次装入分层度筒内，待装满后，用木锤在容器周围距离大致相等的四个不同的地方轻轻敲击 1～2 下，如砂浆沉落到低于筒口，则应随时添加，然后刮去多余的砂浆并用镘刀抹平。

（3）静置 30min 后，去掉上节 200mm 砂浆，剩余的 100mm 砂浆倒出放在拌和锅内拌 2min，再按稠度试验方法测其稠度。前后测得的稠度之差即为该砂浆的分层度值（cm）。

11.2.4　试验结果评定

砂浆的分层度宜在 10～30mm 之间，如大于 30mm，易产生分层、离析和泌水等现象；如小于 10mm，则砂浆过干，不宜铺设且容易产生干缩裂缝。

11.3　砂浆立方体抗压强度试验

11.3.1　试验目的

测定砂浆强度，并可验证砂浆的配合比。

11.3.2　主要仪器设备

（1）试模：7.07mm×7.07mm×7.07mm 立方体。

（2）捣棒：直径 10mm、长 350mm 的捣棒，一端应磨圆。

（3）压力试验机：采用精度不大于±2%的试验机，其量程应能使试件的预期破坏荷载值不小于全量程的 20%，也不大于全量程的 80%。

11.3.3　试件的制备和养护

制作砌筑砂浆的试件时，将无底试模放在预先铺有吸水纸的普通黏土砖（砖的吸水率不小于 10%，含水率不大于 20%），试模内壁事先涂有一薄层机油或脱模剂。

放在纸上的湿纸，应为湿的新闻纸，纸的大小要以能盖过砖的四边为准，砖平整，凡砖四个垂直面黏过水泥或其他胶结材料后，不允许再使用。

向试模内一次注满砂浆，用捣棒均匀地由外向里按螺旋方向插捣 25 次，为了防止低稠度砂浆插捣后可能留下孔洞，允许用油灰刀沿模壁插数次，使砂浆高出试模顶面 6～8mm。

当砂浆表面开始出现麻斑状时（约 15～30min），将高出部分的砂浆沿试模顶面削去抹平。

试件制作后应在（20±5）℃温度环境下停置一昼夜（24±2）h，当气温较低时，可适当延长时间，但不应超过两昼夜，然后对试件进行编号并拆模。试件拆模后，应在标准养护条件下继续养护至 28d，然后进行试压。

标准养护的条件是：水泥混合砂浆应为——温度（20±3）℃，相对湿度为 60%～80%；水泥砂浆应为——温度（20±3）℃，相对湿度 90%以上；养护期间，试件彼此间隔不少于 10mm。

11.3.4 试验步骤

（1）试件从养护地点取出后，应尽快进行试验，以免试件内部的温、湿度发生显著变化。试验前先将试件擦试干净，测量尺寸，并检查其外观。试件尺寸测量精确至 1mm，并据此计算试件的承压面积。如实测尺寸与公称尺寸之差不超过 1mm，可按公称尺寸进行计算。

（2）将试件安放在试验机的下压板上（或下垫板上），试件的承压面应与成型时的顶面垂直，试件中心应与试验机下压板（或下垫板）中心对准。开动试验机，当上压板与试件（或上垫板）接近时，调整球座，使接触面均衡受压。承压试验应连续而均匀地加荷，加荷速度应为每秒 0.5～1.5kN（砂浆强度为 5MPa 及 5MPa 以下时，取下限为宜；砂浆强度为 5MPa 以上时，取上限为宜）。当试件接近破坏而开始迅速变形时，停止调整试验机油门，直到试件破坏，然后记录破坏荷载。

11.3.5 试验结果处理

砂浆的抗压强度按下列公式计算：

$$f_{m, cu} = \frac{N_u}{A}$$

式中：$f_{m, cu}$——砂浆立方体抗压强度，MPa；

N_u——立方体破坏压力，N；

A——试件的承压面积，mm^2。

砂浆立方体抗压强度计算应精确至 0.1MPa；以六个试件测定值的算术平均值作为该组试件的抗压强度值，平均值计算精确至 0.1MPa；当六个试件的最大值或最小值与平均值的差超过 20%时，以中间四个试件的平均值作为该试件的抗压强度值。

思 考 题

1．影响砂浆稠度与分层度的因素有哪些？

2．如何对砂浆试块抗压强度值进行评定？

3．如果砂浆在砌筑时，砌筑时所用的黏土砖没有进行预湿处理，那么可能会出现什么问题？如何处理？

第12章　石油沥青试验

内容与要求

本试验为验证型试验，包括石油沥青的针入度、软化点和延度试验，石油沥青的旋转薄膜加热、脆点、溶解度、闪点和燃点、黏度等试验。对于针入度、软化点和延度试验，要求学生按照试验方法进行试件的成型、养护、测定；对于其他试验，可采用演示法让学生了解其试验操作方法。

12.1　石油沥青的针入度测定试验

12.1.1　适用范围

本方法适用于测定道路石油沥青、改性沥青针入度以及液体石油沥青蒸馏或乳化沥青蒸发后残留物的针入度。建筑工程中使用的石油沥青在常温下大多是固体或固体状态，可以通过测定沥青的针入度来表示它的黏性，并以针入度为主要指标来评定石油沥青的牌号。

12.1.2　主要仪器设备

（1）针入度仪：针入度仪的构造如图12.1所示，针入度仪的下部为三脚底座，脚端装有螺丝，用以调整水平，座上附有放置试样的圆形小台和垂直固定支柱。柱上有两个悬臂可以调节上下，上臂装有分度为360°的针入度刻盘，下臂装有操纵机构，可以控制标准针与连杆的升降。试验时按下按钮，连杆即能自由落下。连杆、针与砝码的总重应为（100±0.01）g。

（2）标准针：是由淬火后并磨光的不锈钢的针和针柄组成。针与针柄共重（25±0.02）g，其尺寸应符合规定，如图12.2所示。

（3）盛样皿：金属制，圆柱形平底。小盛样皿的内径55mm，深为35mm（适用于针入度小于200）；大盛样皿的内径为70mm，深为45mm（适用于针入度200～350）；对针入度大于350的试样需使用特殊盛样皿，其深度不小于60mm，试样体积不少于125mL。

（4）恒温水槽：容量不少于10L，控温的准确度为0.1℃。水槽中应设有一带孔的搁架，位于水面下不得少于100mm，距水槽底不得少于50mm处。

（5）平底玻璃皿：容量不少于 1L，深度不少于 80mm，内设有一不锈钢三脚支架，能使盛样皿稳定。

（6）温度计：0～50℃，分度为 0.1℃。

（7）秒表：分度 0.1s。

（8）盛样皿盖：平板玻璃，直径不小于盛样皿的开口尺寸。

（9）溶剂：三氯乙烯等。

（10）其他：电炉或砂浴、石棉网、金属锅或瓷把坩埚等。

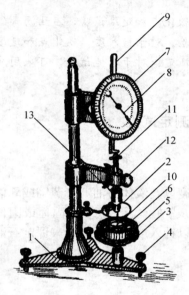

图 12.1　针入度仪

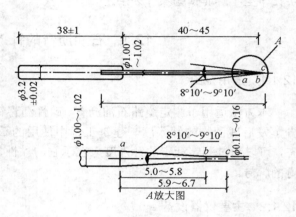

图 12.2　针入度标准针（单位：mm）

1—底座；2—小镜；3—圆形平台；
4—调平螺丝；5—保温皿；6—试样；
7—刻度盘；8—指针；9—活杆；
10—标准针；11—连杆；12—按钮；13—砝码

12.1.3　试验步骤

1. 试验准备

（1）按规定的方法准备试样。

（2）按试验要求将恒温水槽调节到要求的试验温度 25℃，并保持稳定。

（3）将预先除去水分的沥青试样装入金属皿（或瓷皿）中加热熔化，加热温度为 120～180℃，充分搅拌，至气泡完全消除（即水分完全脱出）为止，用筛过滤除去杂质，将过滤后的软化沥青注入盛样皿中，试样厚度不得小于 30mm，放在环境温度 15～30℃ 的空气中冷却 1～1.5h（小试样皿）或 1.5～2h（大试样皿），防止粉尘落入，然后再浸入保持规定试验温度的恒温水浴中。小试样皿恒温 1～1.5h，大试样皿恒温 1.5～2h。水浴中水面应高出试样表面 25mm。

（4）调整针入度仪使之水平。检查针连杆和导轨，以确认无水和其他外来物，无明显摩擦。用三氯乙烯或其他溶剂清洗标准针，并拭干。将标准针插入针连杆，用螺丝固紧。按试验条件，加上附加砝码。

2. 试验步骤

（1）取出达到恒温的盛样皿，并移入水温控制在试验温度（25±0.1）℃（可用恒温水槽中的水）的平底玻璃皿中的三脚支架上，试样表面以上的水层深度不少于 10mm。

（2）将盛有试样的平底玻璃皿置于针入度仪的平台上。慢慢放下针连杆，用适当位置的反光镜或灯光反射观察，使针尖恰好与试样表面接触。拉下刻度盘的拉杆，使与针连杆顶端轻轻接触，调节刻度盘或深度指示器的指针，使指示为零。

（3）开动秒表，在指针正指 5s 的瞬间，用手紧压按钮，使标准针自动下落贯入试样，经规定的时间，停压按钮使针停止移动。

注：当采用自动针入度仪时，计时与标准针落下贯入试样同时开始，至 5s 时自动停止。

（4）拉下刻度盘拉杆与针连杆顶端接触，读取刻度盘指针或位移指示器的读数，准确至 0.5（0.1mm）。

（5）同一试样平行试验至少三次，各测试点之间及与盛样皿边缘的距离不应少于 10mm。每次试验后应将盛有盛样皿的平底玻璃皿放入恒温水槽，使平底玻璃皿中水温保持试验温度。每次试验应换一根干净的标准针或将标准针取下用蘸有三氯乙烯溶剂的棉花或布揩净，再用干棉花或布擦干。

（6）测定针入度大于 200 的沥青试样时，至少用三支标准针，每次试验后将针留在试样中，直到三次平行试验完成后，才能将标准针取出。

12.1.4 试验结果

以每一试样的三次测定值的算术平均值为该试样的针入度值。三次测定值的最大值与最小值之差，不得超过表 12.1 中规定的数值，否则试验应重做。

表 12.1 针入度试验结果允许偏差范围

针入度（0.1mm）	允许差值（0.1mm）
0～49	2
50～149	4
150～249	12
250～500	20

12.2 石油沥青的延伸度测定试验

12.2.1 适用范围

本方法适用于测定道路石油沥青、液体沥青蒸馏残留物和乳化沥青蒸发残留物等材料的延伸度。延伸度是表示石油沥青塑性的指标。通过对沥青延伸度的测定，来了解沥青塑性大小，即沥青产生变形而不破坏的能力。延伸度也是评定沥青牌号的指标之一。

12.2.2 主要仪器设备

（1）延伸度测定仪：延伸仪由长方形水槽和传动装置组成。水槽箱内衬镀锌白铁皮或涂瓷漆，箱的一侧壁上固定一标尺；传动装置是由电动机带动丝杆旋转，附在丝杆上的滑动器随丝杆转动而由水槽的一端向另一端滑动。滑动器的位置，可以由指针（固定在滑动器上）在标尺上指示出来，如图 12.3 所示。

（2）试模：是由两个铜制端模和两个侧模组成，其尺寸如图 12.4 所示。

（3）瓷皿或金属皿（熔化试样用）；滤筛（筛孔 0.6~0.8mm）；金属板（或玻璃板）

（4）水浴和温度计（0~50℃分度 0.5℃）。

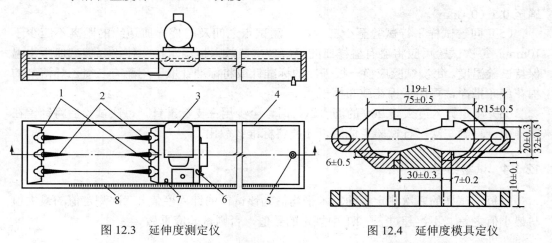

图 12.3 延伸度测定仪   图 12.4 延伸度模具定仪

1—试模；2—试样；3—电机；4—水槽；5—泄水孔；
6—开关柄；7—指针；8 标尺

12.2.3 试验步骤

（1）将隔离剂（甘油：滑石粉=2：1）均匀地涂于金属板和"8"字模两侧模的内侧（注意端模勿涂）。在金属板上将试模组装后卡紧。

（2）将加热熔化并脱水的沥青过滤，然后呈细流状自试模一端至另一端往返多次，缓慢注满，并略高于试模顶面。浇注后的试样在 15～30℃环境中冷却 30min 后，用热刀从试模中部向两端刮去高于试模表面的沥青，表面应刮得平整光滑。

（3）将试模连同金属板浸入恒温水浴或延伸仪水槽中，水温保持（25±0.5）℃，沥青试件上表面水层高度不低于 25mm。

（4）检查延伸度测定仪滑板移动速度（5cm/min），并使指针指向零点。待试件在水槽中恒温 1h 后，便将试模自金属板上取下，将端模顶端小孔分别套在水槽端部金属板上和滑板上，并取下两侧试模。检查水温〔保持（25±0.5）℃〕。

（5）开动电动机，观察沥青受拉伸的情况。若沥青与水的密度相差较大时（可观察拉伸后沥青丝在水中沉浮的情况），可加入酒精或食盐调整水的比重，使沥青丝保持水平。

（6）试件被拉断时，指针在标尺上所指示的数值（cm），即为试样的延伸度。

12.2.4　试验结果评定

同一试样，每次平行试验不少于三个，如三个测定结果均大于 100cm，试验结果记作 ">100cm"；特殊需要也可分别记录实测值。如三个测定结果中，有一个以上的测定值小于 100cm 时，若最大值或最小值与平均值之差满足重复性试验精密度要求，则取三个测定结果的平均值的整数作为延度试验结果，若平均值大于 100cm，记作 ">100cm"；若最大值或最小值与平均值之差不符合重复性试验精度要求时，试验应重新进行。

当试验结果小于 100cm 时，重复性试验的允许差为平均值的 20%；复现性试验的允许差为平均值的 30%。

12.3　石油沥青的软化点测定试验

12.3.1　适用范围

本方法适用于测定道路石油沥青、煤沥青的软化点，也适用于测定液体石油沥青经蒸馏或乳化沥青破乳蒸发后残留物的软化点。软化点是表示沥青温度稳定性的指标。通过软化点的测定，可以知道沥青的黏性和塑性随温度升高而改变的程度。即软化点高时，温度稳定性好。软化点也是评定石油沥青牌号的指针之一。

12.3.2　主要仪器设备

本试验采用"环球法"，主要仪器设备如下。

（1）软化点测定仪：是由支架上放置的 800mL 烧杯与杯中的测定架装置（见图 12.5）、试样环（见图 12.6）与钢球、稳定计等几部分组成。

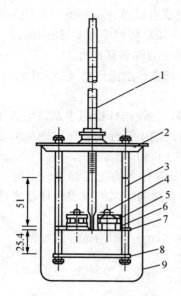

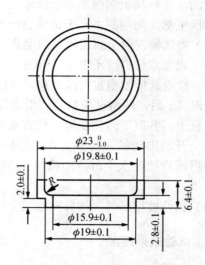

图 12.5 软化点测定仪装置图   图 12.6 试样环（单位：mm）

1—温度计；2—盖板；3—立杆；4—钢球；
5—钢球定位环；6—金属环；7—中属板；
8—下底板；9—烧杯

（2）测定架是主要组成部件：由上、中、下三块金属板和立柱构成。上金属板盖在烧杯口上，使整个测定架悬吊于烧杯中。中、下板之间距离为 25.4mm。中层金属板上有三个（或五个）孔，中间孔是插温度计用的，其余孔为安置盛沥青试样的铜环所用的。

（3）光滑钢板或玻璃板，刮刀，玻璃棒等工具。

（4）加热器，温度计（0～150℃）。

（5）甘油、滑石粉等。

12.3.3 试验步骤

（1）将铜环置于涂有隔离剂的金属板上。

（2）将熔化并脱水的试样浇入铜环内，略高出环的上表面。若估计软化点在 120℃以上时，铜环和金属板应预热至 80～100℃。将试样在 15～30℃环境中冷却 30min 后，用热刀刮平，注意使沥青表面与铜环上口平齐、光滑。

（3）将铜环水平地放置在测定架的小孔上，中间孔插入温度计。将测定架置于烧杯中。

（4）当预计软化点在 80℃以上时，烧杯中装入（32±1）℃的甘油；当预计软化点在 80℃以下时，烧杯中装入水，装入高度应与测定架上的标记相平。经 15min 后，在铜环上表面中心部位的沥青试样上放一枚 3.5g 的钢球。

（5）将烧杯移至支架的石棉网上，并加热。开始升温 3min 后，升温速度控制在每分钟（5±0.5）℃。在升至一定温度后，沥青开始软化，钢球随之下坠。当沥青裹着钢球下坠至金属板上时，记录此时的温度，即为沥青的软化点。

12.3.4　评定结果

每个试样至少试验两个试件，取两个试件的算术平均值作为试验结果，两试件测定结果之间的差数不得大于表 12.2 所示的规定。

表 12.2　石油沥青软化点测定值的最大允许差值

软化点/℃	允许差值/℃
<80	1
80～100	2
>100～140	3

12.3.5　精密度（95%置信度）

（1）同一试样平行试验两次，当两次测定值的差值符合重复性试验精密度的要求时，取其平均值作为软化点试验结果，准确至 0.5℃。

（2）当试样软化点小于 80℃时，重复性试验的允许差为 1℃，复现性试验的允许差为 4℃。

（3）当试样软化点等于或大于 80℃时，重复性试验的允许差为 2℃，复现性试验的允许差为 8℃。

12.3.6　报告

（1）取两个结果的平均值作为报告值。
（2）报告试验结果时同时报告浴槽中所使用加热介质的种类。

思 考 题

1. 测量石油沥青针入度和延度时恒温水浴温度为多少？为什么？
2. 在制作石油沥青试件时，加热温度有何要求？为什么？

第 13 章　钢材力学性能试验

📎 **内容与要求**

本试验为验证型试验，包括钢材的抗拉试验和冷弯试验。要求学生按照试验方法熟悉操作仪器进行试验。

13.1　钢筋的拉伸性能试验

13.1.1　试验目的

测定低碳钢的屈服强度、抗拉强度、伸长率三个指标，作为评定钢筋强度等级的主要技术依据。掌握《金属材料　拉伸试验　第 1 部分：室温试验方法》（GB/T 228.1—2010）和钢筋强度等级的评定方法。

13.1.2　主要仪器设备

（1）万能试验机：为了保证机器的安全和试验准确，应选择合适量程，保证最大荷载时，指针位于第三象限内。试验机的测力示值误差应不大于 1%。

（2）钢板尺、游标卡尺、千分尺、两脚爪规等。

13.1.3　试件制作与准备

抗拉试验用钢筋试件一般不经过车削加工，可以用两个或一系列等分小冲点或细划线标出原始标距（标记不应影响试样断裂），测量标距长度 L_0，精确到 0.1mm。

圆形试件横断面直径应在标距的两端及中间处两个相互垂直的方向上各测一次，取其算术平均值，选用三处测得的横截面积中的最小值。

13.1.4　试验步骤

1. 屈服强度与抗拉强度的测定

（1）调整试验机测力度盘的指针，使其对准零点，并拨动副指针，使之与主指针重叠。

（2）将试件固定在试验机夹头内，开动试验机进行拉伸。拉伸速度为：屈服前，应力增加速度每秒钟为 10MPa；屈服后，试验机活动夹头在荷载下的移动速度为不大于

0.5L_C/min（不经车削试件）。

（3）拉伸中，测力度盘的指针停止转动时的恒定荷载，或第一次回转时的最小荷载，即为所求的屈服点荷载 F_S(N)。

（4）向试件连续施荷直至拉断，由测力度盘读出最大荷载，即为所求的抗拉极限荷载 F_b(N)。

2．伸长率的测定

（1）将已拉断试件的两端在断裂处对齐，尽量使其轴线位于一条直线上。如拉断处由于各种原因形成缝隙，则此缝隙应计入试件拉断后的标距部分长度内。

（2）如拉断处到邻近标距端点的距离大于 1/3L_0 时，可用卡尺直接量出已被拉长的标距长度 L_1(mm)。

（3）如拉断处到邻近标距端点的距离小于或等于 1/3L_0 时，则要用移位法计算标距 L_1(mm)。但如用直接测量所求的伸长率能达到技术条件的规定值。

13.1.5　试验结果处理

（1）屈服强度按下式计算：

$$\sigma_s=F_s/A$$

式中：σ_s——屈服强度，MPa；

$\qquad F_s$——屈服时的荷载，N；

$\qquad A$——试件原横截面面积，mm^2。

（2）抗拉强度按下式计算：

$$\sigma_b=F_b/A$$

式中：σ_b——屈服强度，MPa；

$\qquad F_b$——最大荷载，N；

$\qquad A$——试件原横截面面积，mm^2。

（3）伸长率按下式计算（精确至 1%）

$$\delta_{10}(或\delta_5)=(L_1-L_0)/L_0\times100\%$$

式中：δ_{10}、δ_5——分别表示 $L_0=10a$ 和 $L_0=5a$ 时的伸长率（a 为试件的原始直径）；

$\qquad L_0$——原始标距长度 10a（或 5a），mm；

$\qquad L_1$——试件拉断后直接量出或按移位法确定的标距部分长度（测量精确至 0.1mm），

$\qquad\qquad$ mm。

当试验结果有一项不合格时，应另取双倍数量的试样重做试验，如仍有不合格的项目，则该批钢材判为拉伸性能不合格。

如试件在标距端点上或标距处断裂，则试验结果无效，应重新做试验。

13.2 钢筋的冷弯试验

13.2.1 试验目的

通过检验钢筋的工艺性能评定钢筋的质量。掌握《金属材料 弯曲试验方法》（GB/T 232—2010）钢筋弯曲（冷弯）性能的测试方法和钢筋质量的评定方法，正确使用仪器设备。

13.2.2 主要仪器设备

压力机或万能试验机：试验机应有足够硬度的支撑辊（支承辊的距离可以调节），同时还应有不同直径的弯心（弯心直径由相关标准规定）。

13.2.3 试件制作与准备

（1）试件的弯曲外表面不得有划痕。

（2）试样加工时，应去除剪切或火焰切割等形成的影响区域。

（3）当钢筋直径小于 35mm 时，不需加工，直接试验；若试验机能量允许时，直径不大于 50mm 的试件亦可用全截面的试件进行试验。

（4）当钢筋直径大于 35mm 时，应加工成直径 25mm 的试件。加工时应保留一侧原表面，弯曲试验时，原表面应位于弯曲的外侧。

（5）弯曲试件长度根据试件直径和弯曲试验装置而定，通常按下式确定试件长度：

$$L=5a+150(\text{mm})（a \text{ 为试件原始直径}）$$

13.2.4 试验步骤

（1）半导向弯曲：试件一段固定，绕弯心直径进行弯曲。试样弯曲到规定的弯曲角度或出现裂纹、裂缝或断裂为止。

（2）导向弯曲：①试样放置在两个支点上，将一定直径额弯心在试件两个支点中间施加压力，使试件弯曲到规定的角度或出现裂纹、裂缝、断裂为止。②试样在两个支点上按一定弯心直径弯曲至两臂平行时，可一次完成试验，亦可以先弯曲到一定的角度，然后再放置在试验机平板之间继续施加压力，压至试样两臂平行。此时可以加与弯心直径相同尺寸的衬垫进行试验。试验应在平稳的压力作用下，缓慢施加压力。两辊间距离为（d+2.5a）0.5a，并且在过程中不允许有变化。

（3）试验应在 10～35℃或控制条件下（23±5）℃进行。

13.2.5 试验结果处理

弯曲后，按有关规定检查试样弯曲外表面，进行结果评定，若无裂纹、裂缝或裂断，则评定试件合格。

注：裂纹：试件弯曲外表面金属基本上出现裂纹，其长度大于 2mm，而小于或等于 5mm，宽度大于 0.2mm，而小于或等于 0.5mm 时，称为裂纹。

裂缝：试件弯曲外表面金属基本上出现明显开裂，其长度大于 5mm，宽度大于 0.5mm 时，称为裂缝。

裂断：试件弯曲外表面出现沿宽度贯穿的开裂，其深度超过试件厚度的 1/3 时，称为裂断。

在微裂纹、裂纹、裂缝中规定的长度和宽度，只要有一项达到某规定范围，即应按该级评定。

思 考 题

1. 钢筋的拉伸性能试验使用的主要仪器有哪些？
2. 钢筋的拉伸性能试验是测定钢筋的哪些性能指标？
3. 简述钢筋的拉伸性能试验步骤。
4. 钢筋的冷弯试验使用的主要仪器有哪些？
5. 简述钢筋的冷弯试验步骤。

第14章 一些常见的试验报告

水泥强度、物理性能检验记录

委托编号：　　　　　　　　　　　样品编号：　　　　　　　　　　第　页　共　页

委托单位			施工单位			检测日期		
工程名称			使用部位			检测地点	水泥试验室	
样品信息	厂　别	品　种	强度等级	出厂日期	合格证编号	样品状态	代表数量/t	
检测依据	GB 175—2007《通用硅酸盐水泥》					.		
环境条件	成型室温度/℃		成型室湿度/%		养护箱温度/℃		养护箱湿度/%	养护水温度/℃
主要仪器设备	仪器名称		型号规格		管理编号		校准有效期至	
	万能试验机		WE-10B		（C）01-003		年　月　日	
	抗折试验机		KJZ-5000		（C）01-008		年　月　日	
检测过程异常情况		描述：			采取控制措施：			
备注								

一、细度检测（80vm负压筛析法）

序号	试样总量/g	筛余量/g	试验筛修正系数/c	细度/%	细度平均值/%
1	25.00		0.86		
2	25.00				

二、标准稠度用水量、凝结时间、安定性检测

1．稠度检测（口标准法口试锥法）

样品重/g	加水量/mL	口试杆距底板距离/mm	加水时间	标准稠度加水量/mL	标准稠度用水量/%
500					
500					
500					

2．凝结时间检测（标准法）

	样品重/g		加水量/mL		加水时间	
初凝过程	时间					
	试杆距底板距离/mm					
终凝过程	时间					
	试针沉入试件深度/mm					
初凝			终凝			
初凝时间			终凝时间			

审核：　　　　　　　　　　校对：　　　　　　　　　　检测：

水泥强度、物理性能检验记录（续表）

委托编号：　　　　　　　　　　　　样品编号：　　　　　　　　　　　　第　页　共　页

3. 安定性检测（雷氏法）				
沸煮开始时间		沸煮结束时间		沸煮时间
试件编号	C1			C2
沸煮前雷氏夹指针尖端距离	C1/mm		C2/mm	
沸煮后雷氏夹指针尖端距离	A1/mm		A2/mm	
雷氏夹指针尖端增加距离	C1-A1/mm		C2-A2/mm	
C-A 平均值/mm		C-A 差值的绝对值/mm		
结果				

三、胶砂强度检测				
	水泥/g	标准砂/g	水/g	流动度/mm
试验配料	450	1350	225	
成型日期			成型时间	
龄期	3d		28d	
破型日期				
破型时间				

抗折检测	试件编号	荷载 F_f/N	强度 R_f/MPa	试件编号	荷载 F_f/N	强度 R_f/MPa
	D-1			D-4		
	D-2			D-5		
	D-3			D-6		
	代表值/MPa					

抗压检测	试件编号	荷载 F_c/kN	强度 R_c/MPa	试件编号	荷载 F_c/kN	强度 R_c/MPa
	D-1			D-4		
	D-2			D-5		
	D-3			D-6		
	代表值（MPa）					

公式	抗折强度：　　　　　　　$R_f=1.5F_fL/b_3$ L——支撑圆柱之间的距离，mm；B——棱柱体正方形截回的边长，mm。 抗压强度：　　　　　　　$R_c=F_c/A$ A——受压部分面积，mm^3。

审核：　　　　　　　　　　　校对：　　　　　　　　　　　检测：

用砂检验记录表

委托编号：　　　　　　　　　　　　样品编号：　　　　　　　　　　　　第　页　共　页

工程名称		生产厂家		检验日期	
施工单位		品种标号		报告编号	
委托单位	本系	检验地点	本系试验室	抽样日期	
检验依据	JGJ52—2006	出厂日期		出厂编号	
检验环境	符合标准要求	代表数量		抽样编号	

序号	检验项目	检验结果	检验日期
1	表观密度/（kg/m³）		
2	堆积密度/（kg/m³）		
3	含泥量/%		
4	泥块含量/%		
5	其他		
6	筛分析法		

筛孔尺寸/mm	4.75	2.36	1.18	0.60	0.30	0.150	筛底
筛余质量/g							
分计筛余率/%							
累计筛余率/%							

标准颗粒级配范围	I	II	III	细度模数：$M_x=$		
0.60mm	85%～87%	70%～41%	40%～16%	级配区域：		区

骨料含水率	容器质量/kg	烘干前试样与容器总质量/kg	烘干后试样与容器总质量/kg	骨料含水率/%
测定值				

结果评定	
备注	

审核：　　　　　　　　　　　　校对：　　　　　　　　　　　　检测：

用石检验记录表

委托编号：　　　　　　　　　　　样品编号：　　　　　　　　　　　　　　第　页　共　页

工程名称		生产厂家		检验日期	
施工单位		品种标号		报告编号	
委托单位	本系	检验地点	本系试验室	抽样日期	
检验依据	JGJ52—2006	出厂日期		出厂编号	
检验环境	符合标准要求	代表数量.		抽样编号	

序号	检验项目		检验结果		检验日期
1	表观密度/（kg/m³）				
2	堆积密度/（kg/m³）				
3	含泥量/%				
4	泥块含量/%				
5	其他				
6			筛分析法		

筛孔尺寸/mm	37.5	31.5	26.5	19.0	16.5	9.50	4.75
筛余质量/g							
分计筛余率/%							
累计筛余率/%							
连续级配公称粒级/mm	0～5			30～65		70～80	95～100

表观密度测试	m 烘干后的试样质量/kg	m₁ 试样、水、瓶和玻璃片的总质量/kg	m₂ 水、瓶和玻璃片的总质量/kg	ρ表观密度/（kg/m³）
测定值				
骨料含水率	容器质量/kg	烘干前试样与容器总质量/kg	烘干后试样与容器总质量/kg	骨料含水率/%
测定值				
结果评定				
备注				

审核：　　　　　　　　　　　校对：　　　　　　　　　　　检测：

混凝土配合比设计记录表

委托编号：　　　　　　　　　　样品编号：　　　　　　　　　　　　　第　页　共　页

检验依据	JCJ55—2011《普通混凝土配合比设计规程》				检验地点	本系试验室
工程名称及部位					鉴定编号	
施工单位					搅拌方式	
强度等级					要求坍落度	
配合比编号					试配时间	
水灰比					砂率/%	
材料名称	水泥	砂	石	水	外加剂	掺合料
每 m³ 用料/kg						
调整后每盘用料/kg	砂含水率　　%		石含水率　　%			

鉴定结果	鉴定项目	混凝土拌和物性能		
		坍落度	保水性	黏聚性
	设计	30～60mm	中	中
	实测	mm		

混凝土拌和物表观密度	容量容积 L	容量筒质量/（mL/kg）	容量筒和混凝土试样总质量（m_2-m_1）/kg	混凝土拌和物表观密度/（kg/m³）
测试值				测试值

维勃稠度法	水泥	砂	石	水	维勃稠度值
设计每 m³ 用料/kg	kg	kg	kg	kg	10～31.5s
测定值	kg	kg	kg	kg	s

结果评定	
试验单位	
试验日期	

审核：　　　　　　　　　校对：　　　　　　　　　检测：

混凝土抗压强度检验记录表

委托编号：　　　　　　　　样品编号：　　　　　　　　　第　页　共　页

检验依据：GB/T 50081—2002 《普通混凝土力学性能试验方法标准》		检验地点	本系试验室
		委托编号	
工程名称 及部位		实测坍落度	
委托单位		试验委托人	
设计强度等级		试验编号	
水泥品种及 强度等级		试验编号	
砂种类		试验编号	
石种类、 公称直径		试验编号	
外加剂名称		试验编号	
掺合料名称		试验编号	

配合比编号					
成形日期		要求龄期	d	要求试验日期	
养护方法		收到日期		试块制作人	

试 验 结 果	试验 日期	实际 龄期 /d	试件 边长 /mm	受压 面积 /mm²	荷载/kN		平均抗压强 度/MPa	折合 150mm 立方体抗 压强度/MPa	达到设计 强度等级 /%
					单块值	平均值			

结果评定

试验单位	
报告日期	

审核：　　　　　　　　　　校对：　　　　　　　　　　检测：

混凝土配合比设计报告

质控（建）   共　页　第　页

工程名称					报告编号	

委托单位		委托编号	搅拌方法	坍落度/mm	委托日期	
施工单位		样品编号	维勃稠度/s	养护温度	检验日期	
使用部位		设计等级	振捣方法	养护湿度	报告日期	
见证单位		见证人	证书编号	混凝土环境条件、要求		

材料	水泥	厂别： 强度等级： 出厂日期： 出厂编号： 检验编号：	砂	种类： M_x： 检验编号：	石	种类： 粒级/mm： 检验编号：	外加剂Ⅰ	种类： 型号： 厂别： 检验编号：	外加剂Ⅱ	种类： 型号： 厂别： 检验编号：	掺合料	种类： 出厂日期： 厂别： 检验编号：

配合比	试配强度/MPa	砂率/%	材料用量/（kg/m³）	水	水泥	砂	石	外加剂	外加剂	掺合料	备注
			配合比（质量比）					%	%	%	

说明	1. 施工时，应根据现场砂，石含水率调整为现场施工配合比 2. 本报告以____推算。	检验依据	
		检验仪器	仪器名称：　　　　检定证书编号：

备注	

批准：　　　　　审核：　　　　　校核：　　　　　检验：

建筑砂浆性能检验记录表

委托编号： 样品编号： 第 页 共 页

				检验地点		本系试验室
检验依据： JGJ/T 70—2009《建筑砂浆基本性能试验方法标准》 GB 50203—2011《砌体结构工程施工质量验收规范》				试验编号		
				委托编号		
工程名称及部位				试样编号		
委托单位				试验委托人		
砂浆种类		强度等级		水泥品种及 强度等级		

砂浆稠度分层度	拌和____L 砂浆所用各材料用量/kg		静置前稠度值/cm	静置 30min 后稠 度值/cm	分层度 值/cm
测定值					
标准值	砂浆沉入度 30～90mm，分层度为 10～30mm。				

试件成 型日期		要求龄期	d	试验日期	

试验结果	试压日期	实际 龄期/d	试件 边长 /mm	受压 面积 /mm²	荷载/kN		抗压强 度/MPa	达设计强度等级/%
					单块	平均		

结果评定：

试验单位	
报告日期	

审核： 校对： 检测：

钢材检验报告

委托单位：　　　　　　　　　　　　　　　　　　　　　　　　来样日期：

检验编号：　　　　　　　　　　　　　　　　　　　　　　　　报告日期：

工程名称				使用部位		
试样编号	种类名称	牌号		等级	规格尺寸	生产厂

质量证明书号	代表数量	检验日期	检验依据		检验条件

检验项目	直径（厚度）/mm	屈服点（屈服强度）/MPa	抗拉强度/MPa	伸长率/%	冷弯 弯心直径 $d=3a$ 弯心度 $180°$	反复弯曲/次
标准要求						
检验结果						—
						—
	—	—	—	—	—	—
	—	—	—	—	—	—

检验项目	碳（C）%	硅（Si）%	锰（Mn）%	磷（P）%	硫（S）%	—
标准要求	—	—	—	—	—	—
检验结果	—	—	—	—	—	—

结论	

备注	

检验单位：　　　　　　　负责：　　　　　　　审核：　　　　　　　检验：

建筑材料试验报告

_____院（系）____班____组　　　　　　姓名：_____学号：_____

试验日期：_____年___月___日　　　　　　试验成绩：____指导教师：_____

水泥物理性质试验

一、试验内容

1. 水泥标准稠度用水量测定。

2. 水泥胶砂试件成型。

二、试验目的

三、主要试验仪器

四、试验步骤

1. 水泥标准稠度用水量测定。

2. 水泥胶砂试件成型。

五、试验数据与处理

1. 水泥标准稠度用水量（代用法-固定用水量法）。

水泥牌号：_____室内温度：_____℃　相对湿度：_____%

试验次数	水泥用量/g	用水量/g	试锥下沉深度/mm	标准稠度用水量/%

2. 水泥标准稠度用水量（标准法）。

水泥牌号：_____室内温度：_____℃　相对湿度：_____%

试验次数	水泥用量/g	用水量/g	试杆距底板距离/mm	标准稠度用水量/%
1				
2				
3				

3. 水泥胶砂成型。

水泥牌号：_____室内温度：_____℃　相对湿度：_____%

水泥用量/g	用水量/g	标准砂/g	水灰比

建筑材料试验报告

_____院（系）_____班_____组　　　　　　　姓名：_____ 学号：_____

试验日期：_____年____月____日　　　　　　　试验成绩：_____指导教师：_____

水泥力学性质试验

一、试验内容

测定水泥胶砂试件的力学性能。

二、试验目的

三、主要试验仪器

四、试验步骤

五、试验数据与处理

水泥牌号：_____齢期：____d

1. 水泥抗折强度

试件编号	抗折夹具/mm			加荷速度 /（N/s）	破坏荷载 /N	抗折强度 /MPa	试验结果 /MPa
	宽 b	高 h	跨距 L				
1							
2							
3							

2. 水泥抗压强度

试件编号	受压面积 /mm²	加荷速度 /（N/s）	破坏荷载 /kN	抗压强度 /MPa	试验结果 /MPa
1					
2					
3					
4					
5					
6					

建筑材料试验报告

　　　　院（系）　　　班　　　组　　　　　　　　　姓名：　　　　　学号：　　　　　

试验日期：　　　　年　　月　　日　　　　　　　　试验成绩：　　　指导教师：　　　　

砂石物理性能试验

<table>
<tr><td colspan="2">

一、试验内容

1．砂的筛分析试验。

2．砂、石子的表观密度试验。

二、试验目的

三、主要试验仪器

四、试验步骤

1．砂的筛分析。

2．砂、石子的表观密度。

五、试验数据与处理

1．砂筛分析试验
</td></tr>
</table>

1．砂筛分析试验

项　目	筛孔尺寸/mm							合计
	4.75	2.36	1.18	0.60	0.30	0.15	<0.15	
筛余量/g								
分计筛余百分率/%								
累计筛余百分率/%								

级配曲线

（累计筛余/% 0～100；筛孔尺寸/mm 0.15　0.30　0.60　1.18　2.36　4.75　9.50）

细度模数

级配区间

2．砂、石子表观密度试验

种类	编号	烘干试样质量/g	试样、水、瓶和玻璃片总质量/g	水、瓶和玻璃片总质量/g	表观密度/（kg/cm³）	试验结果/（kg/m³）
砂	1					
	2					
石子	1					
	2					

建筑材料试验报告

_____院（系）_____班_____组　　　　　　　　姓名：_____ 学号：_____

试验日期：_____年___月___日　　　　　　　　试验成绩：____指导教师：_____

混凝土试拌试验

一、试验内容

1. 混凝土配合比设计及试拌。

2. 混凝土拌和物和易性的测定与调整。

3. 混凝土拌和物的表观密度试验。

4. 混凝土抗压试件成型。

二、试验目的

三、主要试验仪器

四、试验步骤

1. 混凝土试拌。

2. 混凝土拌和物和易性的测定与调整。

3. 混凝土拌和物的表观密度测定。

4. 混凝土抗压试件成型。

五、试验数据与处理

环境温度：_____℃　　相对湿度：_____%

粗骨粒最大粒径：____mm　　混凝土强度等级：C____　　设计坍落度：_____mm

项　目		各材料用量/kg				坍落度 /mm	黏聚性	保水性
		水泥	砂	石子	水			
和易性调整	初步配合比（1m³用量）					—	—	—
	拌和　　L用量							
	第一次调整增加量							
	第二次调整增加量							
	合　　计					—	—	—
	调整后配合比（1m³用量）					—	—	—
表观密度	试验次数	容器容积 /L	容器质量 /kg	容器与混凝土总质量/kg	混凝土拌和物表观密度/（kg/m³）	试验结果 /（kg/m³）		
	1							
	2							
	3							

建筑材料试验报告

_____院（系）_____班_____组　　　　　　　　　　姓名：_____学号：_____

试验日期：_____年___月___日　　　　　　　　　试验成绩：____指导教师：_____

混凝土抗压强度试验

一、试验内容

测定混凝土立方体抗压强度。

二、试验目的

三、主要试验仪器

四、试验步骤

五、试验数据与处理

混凝土强度等级：C_____　　　龄期：_____d

加荷速度：_____kN/s　　　试件尺寸：____mm×____mm×____mm　　　换算系数：_____

编号	试件尺寸/mm		受压面积 /mm²	破坏荷载 /kN	混凝土立方体抗压强度/MPa		
	边长 1	边长 2			单个值	换算后强度	强度代表值
1							
2							
3							

建筑材料试验报告

_____院（系）_____班_____组   姓名：_____学号：_____

试验日期：_____年___月___日   试验成绩：____指导教师：_____

砂浆试拌试验

一、试验内容

1. 砂浆配合比设计及试拌；

2. 砂浆和易性的测定；

3. 砂浆抗压试件成型。

二、试验目的

三、主要试验仪器

四、试验步骤

1. 砂浆配合比设计及试拌。

2. 砂浆和易性的测定。

3. 砂浆抗压试件成型。

五、试验数据与处理

环境温度：_____℃   相对湿度：_____%

砂浆设计强度等级：M_____   设计稠度：_____mm

砂浆初步配合比/（kg/m³）：水泥_____ 石灰_____ 砂_____ 水_____

次数	拌和 L 各材料用量/kg				初始稠度/mm		静置30min后稠度/mm		分层度/mm
	水泥	石灰	砂	水	测定值	平均值	测定值	平均值	
1									
2									
结果评定	该砂浆拌和物稠度_____mm，分层度_____mm，保水性_____。								

建筑材料试验报告

_____院（系）_____班_____组   姓名：_____学号：_____

试验日期：_____年____月___日   试验成绩：____指导教师：_____

砂浆强度试验

一、试验内容

测定砂浆立方体抗压强度。

二、试验目的

三、主要试验仪器

四、试验步骤

五、试验数据与处理（50 分）

砂浆设计强度等级：M_____   龄期：_____d

加荷速度：_____kN/s   试件尺寸：_____mm×_____mm×_____mm

编号	试件尺寸/mm		受压面积 /mm²	破坏荷载 /kN	砂浆立方体抗压强度/MPa	
	边长 1	边长 2			单个值	强度代表值
1						
2						
3						
4						
5						
6						

建筑材料试验报告

_____院（系）_____班_____组   姓名：_____学号：_____

试验日期：_____年___月___日   试验成绩：____指导教师：_____

沥青试验

一、试验内容

1．石油沥青的针入度试验。

2．石油沥青的延度试验。

3．石油沥青的软化点试验

二、试验目的

三、主要试验仪器

四、试验步骤

1．石油沥青的针入度试验。

2．石油沥青的延度试验。

3．石油沥青的软化点试验。

五、试验数据与处理

室内温度：_____℃　　　相对湿度：_____%

水浴温度 /℃	砝码质量 /g	针入度/（1/10mm）			
		1	2	3	试验结果
水浴温度 /℃	拉伸速度 /（mm/min）	延度 /cm			
		1	2	3	试验结果
加热介质	升温速度 /（℃/min）	软化点 /℃		
		1	2	试验结果
结果评定	该沥青牌号为			

附录：几种典型试验的课程资源

序号	视频名称	二维码	对应知识部分	对应实验部分
1	水泥标准稠度用水量测试		2.3.4 硅酸盐水泥的技术性质与要求	8.1 水泥标准稠度用水量试验
2	水泥凝结时间测定		2.3.4 硅酸盐水泥的技术性质与要求	水泥标凝结时间试验
3	钢筋拉伸试验		6.3.1 力学性能	13.1 钢筋的拉伸性能试验
4	胶砂抗折试验		2.3.4 硅酸盐水泥的技术性质与要求	8.4 水泥胶砂强度试验

序号	视频名称	二维码	对应知识部分	对应实验部分
5	胶砂试件成型试验		2.3.4 硅酸盐水泥的技术性质与要求	8.4 水泥胶砂强度试验
6	沥青马歇尔试验		确定沥青混合料最佳油石比	
7	沥青软化点试验		5.1.2 石油沥青的技术性质	12.3 石油沥青的软化点测定试验
8	沥青延度试验		5.1.2 石油沥青的技术性质	12.2 石油沥青的延伸度测定试验
9	沥青针入度试验		5.1.2 石油沥青的技术性质	12.1 石油沥青的针入度测定试验

续表

序号	视频名称	二维码	对应知识部分	对应实验部分
10	砂子筛分试验		3.2.2　组成材料的技术要求	9.1　建筑用砂试验
11	水泥体积安定性试验		2.3.4　硅酸盐水泥的技术性质与要求	8.3　水泥体积安定性

主要参考文献

迟宗立. 2001. 土木工程材料习题集[M]. 北京：中国建材工业出版社.

符芳. 2003. 建筑材料[M]. 南京：东南大学出版社.

湖南大学，天津大学，同济大学，东南大学. 2002. 土木工程材料[M]. 北京：中国建筑工业出版社.

柯国军. 2006. 土木工程材料[M]. 北京：北京大学出版社.

刘正武. 2005. 土木工程材料[M]. 上海：同济大学出版社.

彭小芹. 2005. 土木工程材料[M]. 重庆：重庆大学出版社.

清华大学土木工程系组. 2004. 建筑材料[M]. 北京：中国水力水电出版社.

苏达根. 2008. 土木工程材料[M]. 2版. 北京：高等教育出版社.

王春阳. 2004. 建筑材料[M]. 北京：高等教育出版社.

吴芳. 2007. 新编土木工程材料教程[M]. 北京：中国建材工业出版社.

西安建筑科技大学. 2004. 建筑材料[M]. 北京：建筑工业出版社.